U0167646

岩土工程新技术及工程应用丛书

# 基坑工程复合支护与联合支护

周同和　郭院成　王　辉　高　伟　著

中国建筑工业出版社

图书在版编目（CIP）数据

基坑工程复合支护与联合支护／周同和等著. —北京：中国建筑工业出版社，2023.10
（岩土工程新技术及工程应用丛书）
ISBN 978-7-112-29291-2

Ⅰ. ①基… Ⅱ. ①周… Ⅲ. ①深基坑支护 Ⅳ. ①TU46

中国国家版本馆 CIP 数据核字（2023）第 198890 号

本书聚焦近年来作者团队围绕基础工程节能减排、渣土减量化、施工便捷化、扬尘管控适应性等方面所开展的基坑工程新技术研究和应用成果，从创新理念、设计理论、施工技术等方面介绍基坑工程复合支护、联合支护技术的最新发展，并附若干工程案例。全书内容包括：复合支护与联合支护技术概念及发展概况；排桩-全粘结锚杆复合支护技术；盆式开挖短支撑支护技术；扩体桩帷幕一体化支护技术；钢管桩-型钢复合支护技术；上部重力式下部支挡式联合支护技术；水平支撑-锚杆联合支护技术；板带与组合型钢支撑联合支护技术；主动区与被动区加固技术理论与应用。

本书可供基坑工程设计、勘察、施工等专业人员参考。

责任编辑：辛海丽　李静伟
责任校对：张　颖
校对整理：赵　菲

岩土工程新技术及工程应用丛书
基坑工程复合支护与联合支护
周同和　郭院成　王　辉　高　伟　著

\*

中国建筑工业出版社出版、发行(北京海淀三里河路 9 号)
各地新华书店、建筑书店经销
北京鸿文瀚海文化传媒有限公司制版
建工社（河北）印刷有限公司印刷

\*

开本：787 毫米×1092 毫米　1/16　印张：14¼　字数：345 千字
2023 年 10 月第一版　　2023 年 10 月第一次印刷
定价：**59.00** 元
ISBN 978-7-112-29291-2
（41861）

版权所有　翻印必究
如有内容及印装质量问题，请联系本社读者服务中心退换
电话：(010) 58337283　　QQ：2885381756
（地址：北京海淀三里河路 9 号中国建筑工业出版社 604 室　邮政编码：100037）

# 前　言

瞄准基坑支护与安全施工技术前沿，从满足不同工程需求、解决疑难杂险问题入手，郑州大学岩土工程研究团队坚持产学研相结合，历经 10 多年的不断积累和持续创新，在基坑工程锚杆复合支护体系、工程设计理论、工艺与工法、安全施工技术、标准编制研究等方面取得丰硕成果，建立了包括排桩-全粘结锚杆复合支护、扩体桩-全粘结锚杆复合支护等多项复合支护技术体系，提出适用于复杂条件下的锚杆施工安全技术。研发过程中，形成具有国内领先水平的技术成果 7 项，获省厅级科技进步一等奖 7 项，省级优秀工程勘察设计行业一等奖 3 项，国家级优秀工程勘察设计行业二等奖 3 项。发表相关论文 40 篇，取得国家专利授权 11 件，编制国家行业、团体及地方标准 4 部，项目培养研究生 14 名（博士生 2 名），推广应用取得经济效益 18 亿元。多项技术指标达到国际先进水平，对推动我国基坑工程设计、施工技术发展具有重要意义。本书涉及的主要技术简单介绍如下：

排桩-全粘结锚杆复合支护，主要由排桩、全粘结锚杆、混凝土面层以及锚杆端部连接件组成。相对于常规桩锚支护结构，排桩-全粘结锚杆复合支护结构在设计计算中充分考虑排桩和混凝土面层的支护作用，在不降低结构安全度和变形控制能力的条件下，有效减短锚杆长度，缩小桩径，减少对周边土体的扰动，合理控制造价，其安全度和抗抗变形能力接近桩锚结构，可以满足基坑工程安全性需求。

扩体桩-全粘结锚杆复合支护，是采用扩体桩作为超前支护的复合支护形式。扩体桩是指在桩身（芯桩）外围设置一定强度的细石混凝土、水泥砂浆混合料、水泥土等包裹体，在预制桩与桩周土体之间形成半刚性过渡体，作为超前支护桩时，一方面桩侧阻力表现为粘结强度或土的抗剪强度，扩体增加了侧阻面积，提高墙背摩擦力，降低土压力；另一方面，扩体桩提高了预制桩抗弯、抗剪能力，保证基坑开挖时土体的稳定性。

双排桩-锚杆复合支护，是由双排桩、桩顶连梁、锚杆组成的复合支护结构。通过对现有双排桩支护技术理论的改进，增加了适用双排桩支护的开挖深度；通过对锚杆布置形式的改进，提出了与短锚杆、大角度斜锚复合技术，增加了环境复杂和空间受限条件下的支护选型，扩展了双排桩-锚杆复合支护的应用范围。

组合桩墙复合锚杆支护，主要包括由加筋水泥土桩墙帷幕、墙后竖向微型桩和混凝土压顶板组成的复合型桩墙支护，与联合水平锚、斜锚形成组合桩墙复合锚杆支护结构。组合桩墙结构具有止水和支护双重技术效果，适用范围广泛，适应性较强。

锚杆柔性支护技术是由按一定间距布置的低预应力锚杆、锚头连接结构以及喷射混凝土面层组成的柔性支护方法，特别适用于大粒径卵石层或碎石土中。该支护技术通过对多排锚杆施加低预应力，在基坑主动变形区产生压应力区，可保持或强化大块土体的咬合作用，大大改善了基坑的受力状态。

盆式开挖-排桩短支撑-锚杆复合支护技术，采用盆式开挖预留土带的方式，利用先期施工完成的地下室结构提供支撑反力或传递支撑内力，通过设置临时支撑、锚杆与排桩或地下连续墙等围护结构形成的支护体系。所谓短支撑，是与常规的整体内支撑相比而言，中部先期施工的主体结构作为支点，减少了支撑长度，减少了支撑结构对主体施工的影响，大大降低工程造价；根据坑外不同的地质、环境条件，在某个标高处设置锚杆来代替支撑，在单个支护断面中实现了因地制宜，提高了支护体系的多样性和适应性。

锚杆施工安全技术，主要包括孔内低压灌浆植入法施工技术、引孔顶进预制钢管聚氨酯锚杆施工技术以及锚杆张拉锁定和检验等技术，解决了锚杆成孔过程中高灵敏度土层缩颈、砂层中塌孔的技术难题，提高锚杆的适用性。

锚杆复合支护具有工艺成熟、可靠性好的优点，相比内支撑体系可大幅度降低支护造价、节约自然资源，减少碳排放，市场前景十分广阔。书中内容基本反映了国内锚杆复合支护先进科研成果，推荐的支护结构设计计算方法、锚杆施工工艺可用于指导锚杆复合支护的设计与施工。

书中涉及的专利包括：一种取土喷射搅拌水泥土桩施工方法（专利号：ZL201810440490.5）；一种排桩复合全粘结锚杆支护结构（专利号：ZL201720201419.2）；一种排桩锚拉水泥土桩连续墙支护结构（专利申请号：ZL201720201420.5）；一种微型桩锚杆支护结构（专利号：ZL201720201469.0）；一种锁定锚杆检测支撑垫块及检测装置（专利号：ZL202020149112.4）；一种全长粘结预应力锚杆（专利号：ZL202123407928.6）；一种用于预应力锚杆再张拉的楔形夹具（专利号：ZL201821106136.0）。如使用可与专利权人协商实施许可。

鉴于作者认知和研究的局限性及岩土工程技术的复杂性，书中一定存在不少错误和疏漏之处，敬请广大读者不吝赐教，以便改正。

期待本书的出版能对我国基坑支护工程科技进步起到积极推动作用！

周同和
2023 年 3 月 1 日于郑州大学

# 目　　录

# 第1章 绪 论

## 1.1 技术概况

随着我国城市化进程的稳步推进，城区建筑密度越来越大，工程地质条件却越来越差，基坑支护结构空间也越来越小。所有这些发展态势为深基坑工程的设计与施工提出了更高更严的要求，同时也促进了深基坑支护技术的快速发展。特别是随着"十四五"规划的新发展，基础建设逐渐步入新型城镇化高质量发展阶段，营建标准提高，对基坑支护在安全、经济、绿色环保等方面的要求也越来越严格。为满足设计施工过程中的多目标要求，一系列变形控制性能好、节能低碳、利用地下空间合理的复合支护、联合支护应运而生。这些新型支护形式通过发挥不同技术手段的各自优点，可以满足不同支护环境、特殊地质条件及复杂工程要求。特别是锚杆复合支护技术充分利用排桩、微型桩、土钉和全粘结锚杆的各自优势，通过不同性质支护结构的复合作用，达到满足多种约束条件的目的，实现技术先进性与经济合理性的协调统一，这在我国基坑工程中大规模使用。

### 1.1.1 复合支护与联合支护的概念

1. 复合支护

由两种或两种以上的支护结构通过水平向（或称 $X$ 方向）受力的组合，共同承担土压力荷载的支护体系。一般为重力式或嵌入式支护体系，如由超前支护桩与土钉组合形成的复合土钉、锚杆与土钉支护组合形成的复合土钉、通过加筋材料或灌浆形成的加筋土支护结构、双排桩支护结构等。

2. 联合支护

基坑工程同一支护剖面中，上下（或称 $Z$ 方向）采用不同支护结构组合形成的支护体系。其中，上部一般采用土钉或复合土钉，下部采用地下连续墙、桩锚、复合土钉、桩锚复合土钉等支护结构。

3. 混合支护

基坑工程同一支护段，沿基坑侧壁方向（或称 $Y$ 方向）采用两种或两种以上支护结构组合形成的支护体系。

### 1.1.2 复合支护与联合支护的常见形式

复合支护与联合支护的常见形式如图 1.1 所示。

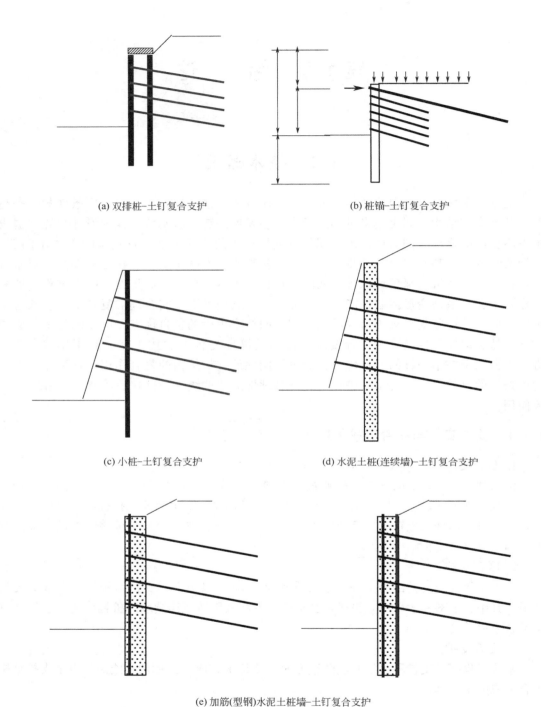

(a) 双排桩–土钉复合支护

(b) 桩锚–土钉复合支护

(c) 小桩–土钉复合支护

(d) 水泥土桩(连续墙)–土钉复合支护

(e) 加筋(型钢)水泥土桩墙–土钉复合支护

图 1.1   复合支护与联合支护常见形式（一）

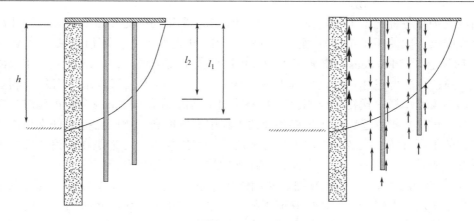

(f) 按减重理论设计的复合桩墙支护技术

图 1.1 复合支护与联合支护常见形式 (二)

### 1.1.3 锚杆支护发展概况

锚杆支护技术就是预先在土体 (或岩体) 中埋入锚杆, 把支护结构和土体 (或岩体) 严密地联锁在一起, 依靠锚杆和土体 (或岩体) 之间的摩擦力来传递锚固体间的拉力以维持锚固系统稳定的技术。依照锚固长度的差异, 可分为端部锚固型锚杆、全长粘结型锚杆和摩擦型锚杆, 如图 1.2 所示。

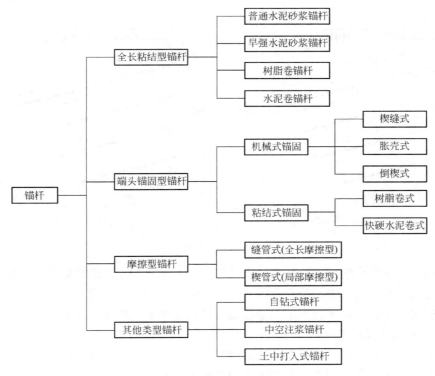

图 1.2 常见锚杆类型

锚杆支护在各种土木工程建设中的使用已有 100 多年的历史。1872 年在英国北威尔的煤矿工程中第一次使用了锚杆加固边坡技术。1912 年美国首先在阿伯施莱辛（Aberschlesin）的弗里登斯（Friedens）煤矿工程中应用锚杆技术支护顶板，1915—1920 年锚固技术应用于金属矿山，并迅速得到推广和发展。从 1934 年预应力锚杆技术在阿尔及利亚的舍尔法坝加高工程中第一次得到应用，到 1925 年土层锚固在德国 Bauer 公司的深基坑工程中使用至今，锚杆支护普遍应用于世界各地的工程中。奥地利、德国已把锚杆支护作为基坑开挖工程的重要方法，在各种土层中都能使用锚杆支护技术。无论是在理论研究方面、技术发展方面还是在工程中的运用方面，锚杆支护技术在国外都有较好的发展。

20 世纪 50 年代以后，我国在河北龙烟铁矿、京西矿务局的安淮煤矿、湖南湘锰矿等地已经开始使用岩石锚杆支护矿山巷道工程。20 世纪 70 年代后，北京国际信托大厦等开始采用土层锚杆支护基坑工程。近年来，基坑支护设计理论、施工技术取得了长足进步，以锚杆-土钉复合支护、排桩-锚杆复合支护等技术为代表的复合支护技术取得了十分显著的发展。

传统锚杆支护结构由锚头、自由段和锚固段三部分组成。自由段是整个锚固体系的传力部分，杆体不注浆或是套上塑料管后再注浆，该部分可自由伸缩，能将施加的预应力由锚头传到锚固段，并将反力由锚固段传回锚头。锚固段是锚杆伸入潜在滑裂面，用以稳定土体的部分，如图 1.3（a）所示。全长粘结锚杆支护为在已形成的孔中插入钢筋并全长注浆，或在注浆孔中植入锚杆筋体，水泥浆或水泥砂浆固结体与锚杆筋体共同形成锚固体。该锚固体不设置自由段，注浆对支护土体具有加固作用，如图 1.3（b）所示。

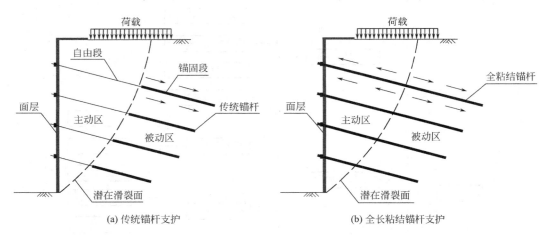

图 1.3 锚杆支护示意图

自 20 世纪 60 年代锚杆支护技术引入我国，经过 60 多年的研究与实践，我国锚固技术获得长足的进步。近年来，随着我国土木、水利和建筑工程建设力度的加大，岩土锚固技术的发展尤为迅速。岩土锚固的主要成就和最新发展集中表现在以下几个方面。

1. 应用领域和规模不断扩大

近年来，岩土锚固技术在城市市政工程建设、水利水电大型地下洞室、高陡边坡、结构抗浮以及混凝土大坝加固等永久性工程中得到了越来越广泛的应用。

**2. 相关规范标准逐渐完善**

随着我国岩土锚固技术的广泛应用，岩土锚固的标准化建设也得到了迅速发展。至今，已建立了较完整的岩土锚固技术标准体系。《锚杆喷射混凝土支护技术规范》GB 50086—2001 及《岩土锚杆（索）技术规程》CECS 22：2005 等技术标准对岩土锚杆的设计、材料、防腐、施工、试验、监测与验收都作了明确的规定，为我国岩土锚杆的设计、施工沿着安全可靠、技术先进、经济合理和有利环保的轨道发展发挥了重要作用。需要特别提及的是，这两本规范除列入了关于荷载分散型锚杆设计、施工的条款外，还对确定锚杆锚固段长度的计算公式进行了修正，引入了锚固长度对粘结强度的影响系数，这在国际同类标准中尚属首次，反映了我国岩土锚固及其标准的先进性。近年来，《岩土锚杆与喷射混凝土支护工程技术规范》GB 50086—2015 和《煤矿巷道锚杆支护技术规范》GB/T 35056—2018 的发布，使得岩土锚固的应用更规范、更安全可靠。

**3. 对岩土锚固效应与荷载传递方式的研究成果显著**

在锚固效应方面，冶金部建筑研究总院与长江科学院紧密结合三峡永久船闸高边坡预应力锚固工程，采用多点位移计、声波、钻孔弹模等综合微风化花岗岩边坡的开挖损伤区的锚固效应。

王辉等[1] 在建立简化力学模型的基础上，推导出锚固界面的非线性剪切滑移模型；视预应力锚杆为弹性体，根据弹性理论得出锚杆的总势能；引入突变理论，将锚杆势函数化简为尖点突变模型的标准形式，构建锚杆失效的临界判据并进行脱粘分析。结果表明在拉拔荷载作用下，锚杆杆体与周围注浆体的界面剪应力分布逐渐演化为单峰曲线，直至极限状态下整个锚固界面发生软化破坏。

荣冠[2] 等通过锚杆的拉拔试验对比研究了光圆钢筋锚杆与带肋钢筋锚杆的极限锚固力。试验结果表明，光圆钢筋锚固体的极限锚固力远小于带肋钢筋锚固体的极限锚固力。

李根红[3] 等结合某基坑工程进行了现场试验，研究了预应力锚杆在基坑开挖过程中锚杆轴力的分布规律及锚杆锚固后对土体参数的影响。结果表明，锚杆注浆部分对周围土体的物理力学性能有提高作用。

鲍先凯[4] 等以全长粘结锚杆与围岩的作用机理为切入点，深入研究了全长粘结锚杆的锚固机理与锚杆的受力情况，为全长粘结锚杆在工程设计与工程实际上的应用提供了参考依据。

杜润泽[5] 等采用室内锚杆试验机对全长粘结型锚杆的受力特性进行了试验研究分析，结果表明锚固作用与锚固岩体的变形密切相关，并揭示了全长粘结式锚杆的受力特性及破坏规律。

伍佑伦[6] 等阐述了锚杆与围岩节理之间在各种应力状态下的作用规律。研究表明锚杆加固后显著降低了裂隙性岩体对煤岩产生的应力破坏强度因子，验证了锚杆能对既有破损性节理岩体进行加固。

张友葩[7] 等在理论分析锚杆拉拔力与锚杆切向位移之间关系的基础上，结合现场锚杆拉拔试验，推导了杆体的拉拔力与切向位移关系的拟合曲线，验证了当锚杆长度达到一定值时，锚杆的锚固长度存在临界值。一旦错过该值，锚固效果就不理想。

在荷载传递方面，朱焕春[8] 等通过三峡工程的现场试验，对锚杆在反复张拉荷载下的变形特征和受力状态进行了研究，揭示了锚杆在循环荷载下的应力大小。

姚显春[9] 等分析了预应力锚杆在压力作用下的内部作用机理，得到锚杆的轴力分布和微观剪应力表达式；并对压力分散型锚杆和压力集中型锚杆的结果进行了对比分析，表明压力分散型锚杆的轴力与剪应力下降明显，避免了应力集中现象的发生。

张季如[10] 等基于锚杆在弹性变形阶段锚杆的变形与锚杆剪应力之间的线性关系，建立了荷载传递的曲线函数模型，分析得到了在该条件下的摩阻力及锚杆轴力的分布规律。

尤春安[11] 等对全长粘结锚杆在拉拔荷载作用下的受力特性进行了试验分析。结果表明，锚杆的轴向应力在静止荷载作用下沿杆体逐渐减小，而锚杆的剪应力在加载端取得最大值，直至锚固远端减小到零。

吴秋红[12] 等基于 SHPB 试验平台，开展了动力扰动下全长粘结锚杆的支护机理研究，得出锚杆支护失效情况，为锚杆支护的设计与施工提出了新方向。

范俊奇[13] 等运用 WES-50B 型万能材料机对全长粘结锚杆进行拉拔试验，根据试验得出的锚杆轴力数据，结合简化假设推导出全长粘结锚杆轴力及第一、第二界面上的剪应力分布式。

姚显春[14] 等根据全长粘结锚杆界面剪应力的特点，提出了锚杆界面的剪应力模型，在此基础上得到中性点位置，总结出全长粘结锚杆的轴力分布规律。

刘兴旺[15] 等探讨了全长粘结锚杆在张拉荷载作用下锚杆杆体、岩体、灌浆体三者的粘结机理和力学特性，分析了沿锚杆长度方向粘结力的变化规律。

刘国庆[16] 等针对全长粘结锚杆分析了锚杆与围岩之间的荷载传递机制，推导出荷载传递的基本微分方程；并采用有限差分法求解该方程，进而得出锚固体轴力与锚固界面剪应力的分布形式。

4. 各种新型锚杆在工程实践中得到大量开发、应用

传统的岩土锚固方法会产生严重的应力集中现象，为了从根本上解决这个问题，国内外对单孔复合锚固方法进行了研究应用；为了解决在松软破碎地层中成孔困难、杆体无法安装的难题，自钻式锚杆得到了很大发展；为避免锚杆留在土层中成为障碍物，开发了可拆芯式锚杆；高强玻璃纤维具有轻质、高强、耐腐蚀的特点，因此近几年大量用于制作锚杆杆体；为提高土层锚杆的承载力，各种类型的扩孔锚杆也得到了大量应用；针对不同地质条件与环境条件，为解决支护结构施工产生的环境问题，开发了孔内灌浆植入式锚杆施工技术及锚杆检测相关技术。

## 1.1.4　复合锚杆支护技术及其发展概况

1. 预应力锚杆复合土钉支护

预应力锚杆复合土钉支护结构由土钉与预应力锚杆两部分组成，土钉支护通过注浆液在原位土体中的渗透将其改造成为自稳能力明显提高的加固体，为预应力锚杆锚固效应的发挥提供先决条件，两者通过协同工作，实现既限制基坑变形又维护基坑稳定的目的。图 1.3 为基坑开挖拉张区与塑性区发展示意图，对比图 1.4（a）、图 1.4（b）可以看出锚杆复合土钉支护土体的拉张区及塑性区滞后出现且范围明显减小，坡脚尽管依旧剪应力集中，但集中范围及集中程度明显减小减弱，塑性区范围缩小且发展延缓，贯穿整体边坡的

破坏带发生滞后且滑移面的半径增大，即意味着边坡的稳定性提高，或者可以使边坡开挖得更深。锚杆复合土钉支护见图 1.4 （c）。

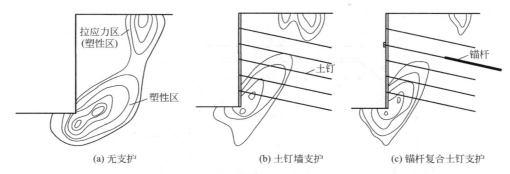

(a) 无支护　　　　　　　(b) 土钉墙支护　　　　　　(c) 锚杆复合土钉支护

图 1.4　基坑开挖拉张区与塑性区发展示意图

国际上，第一个预应力锚杆复合土钉支护结构是 1985 年位于法国的 Montpellier Opera 临时支护工程，该基坑深 21m，采用角钢击入土钉，最上一排设为锚杆；其次是高速铁路旁一处 28m 的高边坡，上部设两排 30m 长的锚杆，下部设 10 排 15m 长的注浆土钉。但相关的理论研究较少，现场试验更是鲜有报道[17]。国内对于该种复合支护结构的最早记载是上海市黄浦区西门广场的一期工程[18]，当时为了限制基坑变形，将原来土钉支护结构中的两排土钉改为预应力锚杆，实践证明改进的设计满足工程需要。2002 年位于深圳市的长城盛世家园二期工程，为限制软黏土地基中的整体变形，将最初设计的土钉支护修改为预应力锚索复合土钉墙分层支护并取得成功，标志着该项技术已达到了较高水平[19]。

室内模型试验方面，相应的研究成果较少，国外更是鲜有报道[20]。肖毅等[21] 通过开展室内模型试验，研究了预应力锚杆复合土钉支护结构施工过程中支护构件的内力发展规律，分析了应力场、应变场，并对该复合支护结构的作用机理进行了阐述。王义重等[22] 通过多组模型试验研究了超载位置对预应力锚杆复合土钉支护结构滑动面的影响规律，认为超载越靠近坑壁，越容易出现直线形滑动面；越远离坑壁，越容易出现圆弧状滑动面。

现场试验方面，Zhu 等[23] 对复合土钉支护结构进行现场原位测试，认为土钉受力沿钉长分布呈弓形，并测得实际的滑移面位于假定的直线滑移面与圆弧滑移面之间。郑志辉等[24] 对杂填土边坡的预应力锚杆复合土钉支护结构进行原位试验，测试结果表明：土钉轴力在杂填土中分布呈双弓形，推断存在两个或两个以上的潜在滑移面，且土钉支护结构的抗动性能较好。

理论研究方面，齐鑫[25] 通过理论分析与实际应用的有机结合，得出预应力锚杆肋梁支护结构在控制基坑变形与平衡受力方面较传统的桩锚支护与土钉墙支护优越的结论，并对基坑工程的设计方法进行了尝试性拓展。王辉[1] 采用原型试验、数值模拟与理论分析相结合的研究手段，对预应力锚杆复合土钉支护体系的施工力学行为、工作性状及灾变机制进行了研究，以此建立了该复合支护体系的灾变理论分析方法，重点阐述了其施工阶段的钉土加固体损伤变形、锚杆脱粘失效及考虑降雨与超载影响的整体稳定性。

工程应用方面，郑州大学设计院科技大楼基坑北邻丰产路，基坑上口线距道路红线2.5m，因地下管线复杂，变形要求严格，采用预应力锚杆复合土钉支护形式。图 1.5 为基坑平面及测点布置示意图,其中南侧的 C1、C2 为单纯的土钉支护,北侧的 C3~C6 为预应力锚杆复合土钉支护,其中 C3、C4 为全长粘结锚杆,C5、C6 的预应力锚杆自由段长度为 2.5m。

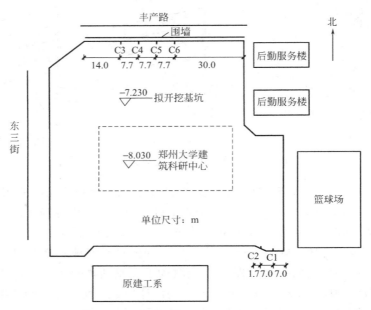

图 1.5 基坑平面及测点布置图示

通过开展原位试验,如图 1.6 所示,分析了预应力施加时段等工况对周边土钉内力的影响规律、松散扰动土体中土钉内力的分布规律及深层土体水平位移的变化曲线,得出如下结论:

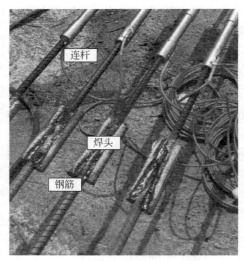

(a) 试验土钉

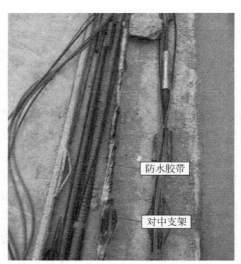

(b) 试验锚杆

图 1.6 试验构件构造示意图

（1）预应力施加的时段影响着周边邻近土钉内力的发展趋势：同步加载，约束该层土体变形的作用明显，上部土钉内力减小较多；推后加载，主要影响下部土钉，说明预应力施加有着"工序效应"。施工时，可根据具体的变形控制要求，有目的地进行推后加载。

（2）位于基坑不同深度的土钉，受预应力影响的程度不同，距离锚杆最近的土钉内力减小幅度最大，说明锚杆张拉对土钉内力的影响有着"相邻效应"。对于同一根土钉而言，端部附近的内力减小幅度最大，说明锚杆张拉对土钉内力的影响有着"端头效应"。

（3）在较均匀的土层中，单一的土钉支护最大拉力作用点连线比较规则，向下延伸后通过坡脚与假定的滑裂面吻合；而预应力锚杆复合土钉支护，由于预应力施加相当于作用于坑壁的初始背拉力，使得基坑土体应力场与位移场发生改变，最大拉力作用点连线出现明显的"拐点"。

2. 微型桩预应力锚杆复合土钉支护

微型桩预应力锚杆复合土钉支护体系由微型桩、预应力锚杆和土钉墙三部分组成，典型的土钉墙支护体系包括三个组成部分：置于土体中的土钉、开挖坡面上的混凝土面层及被加固的土体。因此，可以认为微型桩预应力锚杆复合土钉支护由五个部分构成：微型桩、锚杆、土钉、面层以及被加固的土体。常见的微型桩预应力锚杆复合土钉支护如图 1.7 所示。

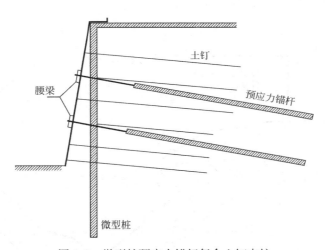

图 1.7 微型桩预应力锚杆复合土钉支护

土钉墙在整个结构中发挥着重要的作用，有效增大了土体抗剪强度，充分发挥了土体的自立性，使土体变成整体性较强的类似加筋土的复合体，大大增强了土体强度和稳定性；预应力锚杆是一种可以承受拉力的结构，一端被固定在稳定地层中，另一端与被加固物紧密结合，可以向被加固土体主动施加压应力，有效限制基坑侧壁的变形；微型桩通过压力注浆使桩周围土体得到有效加固，微型桩自身也有较强的抗弯刚度，可以约束桩后土体的变形。

高伟[26] 基于微型桩预应力锚杆复合土钉支护，通过分析现场实测数据，发现添加预应力锚杆可以有效降低其上层土钉轴力，从而使支护边坡整体稳定性得到提高，最后通过数值模拟分析了微型桩的作用及微型桩间距、微型桩直径、土钉长度及锚杆长度对基坑支护的影响。

闫富有等[27] 以郑州某医院基坑工程为依托，对土钉轴力及锚杆轴力进行实测，发现预应力锚杆的施加使得周边土钉未能正常发挥作用，土钉轴力很小甚至受压；最后，将数值分析结果与实测值进行对比，发现微型桩与锚杆对改善支护结构中的土钉轴力及基坑变形具有重要作用，复合土钉支护比单纯土钉支护设计更合理。

印长俊[28] 依托湘潭市某微型桩-预应力锚杆复合土钉墙支护工程，运用理论计算方法弹性支点法对支护结构进行了不同工况下的变形计算，同时对工程进行变形监测工作，将理论计算结果与现场监测数据进行比较分析，确定微型桩-预应力锚杆复合土钉墙的变形特点，总结变形规律，为类似工程设计与施工提供参考。

杨向前[29] 采用有限元数值分析软件，建立了土钉支护、预应力锚杆复合土钉支护、微型桩复合土钉支护及微型桩预应力锚杆复合土钉支护4种支护结构，对比分析了各种支护结构对基坑施工过程中受力、变形性状影响规律。认为相对于其他3种支护形式，微型桩预应力锚杆复合土钉支护的基坑变形最小，土钉轴力较小，优势滑裂面位置最靠前，是较优的支护形式。

工程应用方面，河南省中医学院第一附属医院国家中医临床研究基地的基坑总平面图如图1.8所示，典型的支护剖面如图1.9所示。

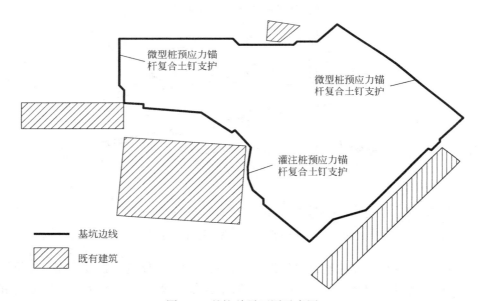

图1.8  基坑总平面图示意图

通过对微型桩预应力锚杆复合土钉支护结构现场监测，得到如下结论：

（1）预应力锚杆的加入可以有效保证锚杆层上部土体的稳定性，降低上层土钉所受拉力，可以为下部土体的开挖做基坑稳定的储备。

（2）预应力锚杆的施加延迟发挥同层土钉的约束作用，这有利于支护结构受力的优化分配，在下一层开挖时可以有效保证本层土体的稳定性。

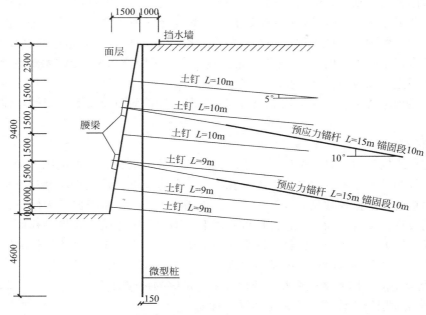

图 1.9 微型桩预应力锚杆复合土钉支护剖面图

### 3. 水泥土桩复合桩墙支护

复合桩墙是由水泥土桩墙止水帷幕与墙后排竖向小桩、硅压顶板组成的竖向复合型桩墙支护，或联合水平锚、斜锚，具有止水和支护双重技术效果，主要技术含义概括为"水泥土桩墙注浆加固土小桩排压顶硅板"。常见形式如图1.10所示。

王坤[30] 采用 ANSYS 软件对单排小桩的复合桩墙支护结构进行了二维有限元分析，指出当开挖深度小于 6m 时，即复合桩墙的宽高比大于 0.3 时，可认为前墙水泥土桩与墙后小桩作为一个整体共同参与工作；当开挖深度大于 6m 时，即复合桩墙的宽高比小于 0.3 时，复合桩墙在土压力作用下产生的倾覆力矩主要依靠前墙水泥土桩的嵌固深度以及墙后小桩的拉力来提供，此时前墙与小桩协同工作的程度主要依赖于桩上压顶板的约束情况。

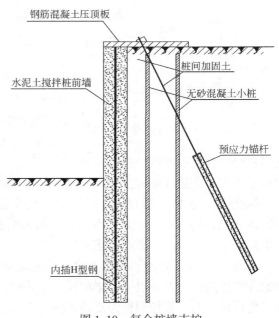

图 1.10 复合桩墙支护

郭院成[31] 通过有限元数值分析方法，利用全局有限差分法建立了灵敏度分析模型，并对诸多设计参数进行了计算分析，讨论了设计参数对复合桩墙支护结构的受力和变形影响，计算出设计参数的灵敏度因子。

工程应用方面，郑东新区 A-16 地块商务楼的基坑工程采用组合桩墙复合锚杆支护方案，其中桩墙采用水泥土排桩+无砂混凝土小桩的复合支护方案，可同时满足止水和挡土的要求；郑州国贸中心基坑工程采用组合桩墙复合锚杆支护方案，基坑侧壁设 950mm 厚喷射搅拌桩水泥土桩墙，内插 12 号工字钢，在水泥土桩墙外 0.8m 处做无砂混凝土小桩两排，在压顶板上做预应力锚杆一排。根据基坑监测结果，两个基坑工程在开挖过程中的变形指标均满足规范要求。两个基坑工程的基本概况、支护剖面及变形监测的具体信息详见第 5.3 节。

4. 桩锚支护

桩锚支护结构是由腰梁、锁口梁、土层锚杆和护坡桩组成的一种基坑支护形式。桩锚支护结构中桩的种类很多，主要有人工挖孔桩、钻孔灌注桩或预制钢筋混凝土板桩等，应用钻孔灌注桩的情况比较常见。随开挖进行，桩锚支护结构中桩身向坑内倾覆，伴随着产生排桩侧向位移，基坑底面以下、排桩桩底以上范围内的土体由于排桩侧移而产生被动土压力，被动土压力联合预应力锚杆共同平衡主动土压力。不同于排桩依靠较大竖向刚度来支护边坡，预应力锚杆加固土体的基本原理[32-37] 主要体现在以下两方面：

（1）充分调动土体的物理特性，获得稳定、足够的预应力值；

（2）增强地层稳定作用，改善土体受力性能。

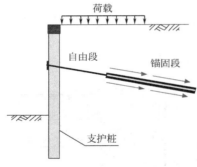

图 1.11 桩锚支护结构受力机理

通常情况下，桩锚支护结构的传力机制[38] 是：坑壁土压力—支护桩—腰梁—锚头—预应力筋—锚固体—周围稳固土体，如图 1.11 所示。

严薇[39]（2008）采用弹性地基梁法，求得桩锚支护结构受力变形随基坑开挖的变化，并与实际监测数据对比后认为，弹性地基梁法和有限差分法在桩土作用模拟和计算模型选型上存在差异，理论和实际结果有所不同；弹性地基梁法适用于强度控制为主的设计，但在支护结构水平位移计算中存在较大误差。

宋卫康[40]（2008）采用 ANSYS 有限元软件模拟桩锚复合土钉支护基坑，研究开挖时基坑变形、土钉锚杆轴力变化和两者相互影响作用，并总结了在不同锚杆锁定值水平下支护结构位移场和内力场随开挖过程的变化规律。

陈捷[41]（2015）通过理论计算结合某桩锚支护基坑实际工程，认为采用"弹性支点法"求解结构内力时，上部三角形、下部梯形土压力分布比现行常用的三角形土压力分布从结果上来看更合理，概念也更清晰。

李浩[42]（2017）结合桩锚支护基坑现场试验发现基坑中部的冠梁对桩顶侧移具有较强的约束作用，而在角点处冠梁的作用则较弱；基坑中上部锚杆对桩顶侧移的影响相当显著，建议施工时尽量控制此深度范围内的开挖速度；基坑变形深受边界效应的影响，表现为长边大于短边、中部大于角点。

工程应用方面，郑州绿地高铁站前广场基坑支护创新性地采用了双排桩复合锚杆支护结构，相比普通桩锚支护具有明显优势。锚杆采用了大角度斜锚技术、扩大与变径技术，有效缩短锚杆长度，解决了锚杆施工对相邻基坑不利影响及锚杆重叠区的土体稳定性问题。绿地中央广场基坑采用上部土钉墙、下部双排桩预应力锚杆的复合支护形式。由监测结果看出，无论是基坑边坡顶部沉降和侧移量，还是支护桩顶部沉降和位移量，变化都比较均匀，没有达到监测报警值并且没有出现突变现象，沉降量变化速率均小于 1mm/d，说明双排支护结构符合基坑支护的要求。图 1.12 为绿地之窗效果图，图 1.13 为绿地中央广场 300m 双塔效果图。

图 1.12　绿地之窗效果图　　　　　图 1.13　绿地中央广场 300m 双塔效果图

## 1.1.5　锚杆复合支护技术背景

随着城市化的不断发展，基坑工程向超大、超深方向发展，各种复杂条件下的基坑工程不断涌现，传统复合支护技术遇到了前所未有的困难，面临新的挑战，主要表现在以下方面：

（1）传统支护体系难以满足工程多方需求

传统锚杆复合支护包括水泥土桩复合土钉支护、微型桩复合土钉支护等，土钉属于被动支护技术，锚杆属于主动支护技术，因土钉墙整体刚度小，无法满足基坑位移控制要求，往往对锚杆施加预应力来预控基坑变形，由于两者共同承担土压力的效力不能采用简单叠加，在雨水入渗或管线渗漏条件下易发生基坑垮塌破坏现象，表现出此类支护结构的整体安全度略显不足。

传统桩锚支护结构，因自由段的设置和锚杆间距、排距设计构造要求，往往会增加锚杆设计长度，易受建筑红线限制，虽可采用旋喷锚杆、扩体锚杆、可回收锚杆等新技术，但也受到土层条件和环境影响等的限制，或因工程造价相对较高，受到一定的限制。

此外，较多的人工湖开挖，深厚杂填土及大量城中村改造项目均涉及复杂环境条件下的深基坑工程，传统支护技术难以满足各种工程需要，亟需研发适应各种土质条件的变形控制性能好、节能低碳、节省地下空间资源的新型支护形式。

（2）传统锚杆施工技术存在发展瓶颈

灵敏度较高的粉土、粉质黏土极易振动液化、浸水后土体强度降低幅度大、土层压缩沉降量大，对于复杂基坑工程，如何降低锚杆设计、施工对支护土体的扰动，降低周边建筑物和地下构筑物沉降变形，成为基坑工程支护施工亟待解决的难题。

（3）应对国家节能减排和"双碳"战略目标需求

随着我国进入"十四五"新发展时期，基础建设逐渐步入新型城镇化高质量发展阶段，营建标准提高，对基坑支护在安全、经济、绿色环保等方面的要求也越来越严格。"2030 碳达峰，2060 碳中和"的双碳战略目标的提出，更是对基坑工程支护施工提出了新挑战。课题组提出的锚杆复合支护技术在"技术可行"的基础上努力做到"经济合理"，充分利用超前支护、加筋水泥土帷幕、扩体桩和全粘结锚杆的各自优势，以助力国家实现节能减碳的战略目标。

# 1.2   主要技术与理论创新

## 1.2.1   技术创新

1. 利用土力学基本原理和工程结构理论，在继承传统技术的基础上创新了锚杆复合支护结构体系。主要包括：

（1）围护桩、水泥土帷幕、混凝土面板与全粘结锚杆组成的排桩–全粘结锚杆复合支护结构；

（2）水泥土扩体桩、混凝土面板与全粘结锚杆组成的扩体桩–全粘结锚杆复合支护结构；

（3）双排桩、水泥土帷幕、混凝土面板与全粘结短锚杆或大角度锚杆组成的双排桩–锚杆复合支护结构；

（4）加筋水泥土帷幕–排桩–全粘结锚杆与大角度锚杆联合支护结构；

（5）混凝土面板–全粘结锚杆–加筋水泥土帷幕柔性支护结构。

2. 基于施工力学理论方法，针对不同地质条件与环境条件，支护结构施工产生的环境影响问题，研发出复杂条件下基坑工程施工安全与变形控制技术。包括：

（1）取土高压旋喷水泥土桩帷幕植入预制桩施工技术；

（2）水泥浆–聚氨酯锚杆技术；

（3）植入法锚杆施工技术；

（4）主动区加固与超期支护孔内灌浆小直径桩施工技术；

（5）预制锚杆与扩体锚杆施工技术；

（6）主编我国基坑工程施工安全的专门标准《建筑深基坑工程施工安全技术规范》JGJ 311—2013。

3. 针对预应力锚杆柔性支护技术开展研究，包括：

（1）基坑侧壁的柔性支护方法；

（2）柔性锚杆的锚固、张拉与锁定技术，补张拉与承载力快速检测技术；

（3）劲芯帷幕桩与护壁桩锚联合支护结构；

（4）劲芯帷幕桩与护壁桩锚联合支护的工字形劲芯拔出方法。

4. 针对预应力锚杆张拉设备开展研究，包括：

（1）旋拉夹片（楔片）型自解锁锚杆；

（2）用于预应力锚杆再张拉的楔形夹具；

（3）多个千斤顶同步张拉锚筋结构；

（4）预制式预应力锚杆施工结构。

## 1.2.2 理论创新

1. 建立了全粘结锚杆复合支护土压力设计理论

（1）通过揭示全粘结锚杆的加筋与遮拦作用效应形成机制，提出了基于全粘结锚杆加筋与遮拦效应的土压力计算理论与支护结构内力计算方法；

（2）首提基坑侧壁近接建（构）筑物复合地基或桩基状态的超载设计计算理论；

（3）首提基坑工程时变土压力的概念，建立了锚杆复合（柔性）支护时变土压力设计方法；

（4）提出了双排桩复合全粘结锚杆的初始土压力模型，前后排桩土压力分配的"体积比"模型。

2. 建立了锚杆复合支护结构变形计算理论和锚杆最小安全度理论

（1）通过揭示柔性支护体系的锚杆和围护结构受力与变形特征，提出了柔性锚杆支护土压力计算与承载力-变形控制设计理论，发展了增量计算方法以及变形计算方法；

（2）通过揭示浸水条件下锚杆受力变化特征及其破坏机制，提出了复合支护锚杆最小安全系数设计方法。

3. 提出了主动区加固与超前支护的设计理论

（1）揭示了主动区加固微型桩减重作用机制，为基坑工程局部堆载或大型移动设备超载的支护设计提供了理论支撑；

（2）通过揭示超前支护水泥土扩体桩控制早期变形的作用机制，发展了超前支护设计理论。

## 1.2.3 技术先进性

1. 与国内外同类技术比较

相比国内外传统的土钉（复合土钉）支护及桩锚支护，先进性阐述如下：

（1）排桩-全粘结锚杆复合支护结构，充分利用全粘结锚杆具有的加筋和遮拦作用，降低了作用在围护结构桩上的土压力，提高了锚杆的韧性，与传统锚杆支护相比，可降低工程造价20%以上。

（2）双排桩-全粘结锚杆组合支护结构，通过调整帷幕设置（外排桩外侧），增强全粘结锚杆对前后排桩的水平约束作用，形成空间组合结构，扩大了双排桩支护结构的适用范围。与传统桩锚支护相比，可节省一定的外锚支护空间。

（3）预制桩帷幕一体化-全粘结锚杆复合支护技术，通过在水泥土帷幕桩中植入预制混凝土桩或钢管桩，与全粘结锚杆、喷射混凝土组合形成一种新型复合锚杆支护结构，具有施工速度快、变形控制能力强、造价优势明显的特点。

（4）水泥土帷幕-注浆微型桩-全粘结柔性锚杆复合支护结构，通过在水泥土帷幕内

（外）侧设置注浆小直径桩，提高帷幕桩和支护土体的抗剪强度，降低了土压力，提升了超前支护作用效果。与传统水泥土桩复合土钉支护、微型桩复合土钉支护技术相比，可增加基坑支护深度，提高变形控制和抗风险能力。

2. 与国内外同类研究比较

（1）建立的全粘结锚杆复合支护土压力理论、复合地基或桩基基础底面超载设计理论和基坑工程时变土压力的概念，与国内外同类研究相比，均属首提，填补了特殊条件下基坑支护土压力计算的空白。

（2）建立的锚杆复合支护结构变形计算理论和锚杆最小安全度理论，与国内外同类研究相比，方法简便、操作性较强。

（3）提出的锚杆施工安全技术，为锚杆复合支护工程施工安全提供了技术保障；提出的主动区加固与扩体桩超前支护技术，用途广泛，均为国内首创。

# 1.3 主要研究成果与应用情况

郑州大学科研团队在对我国近 50 年来基坑工程理论和技术进行全面思考和总结的基础上，历经 10 多年的不断积累和持续创新，瞄准基坑支护技术与安全施工技术前沿，从满足工程亟需、解决疑难杂险问题入手，坚持产学研相结合，进行了一系列复合支护理论与技术创新，开发了排桩-全粘结锚杆复合支护及组合桩墙支护等一系列复合支护技术、设计理论，为推动我国基坑工程设计理论发展做出重要贡献；研发的基坑工程锚杆复合支护技术体系，发明的一系列专利技术和工法可有效降低工程造价，提高施工效率、节省工期；项目的研发符合国家"四节一环保"政策，对我国基坑工程科技进步和节能减排意义重大。

## 1.3.1 主要成果

在基坑工程锚杆复合支护体系、工程设计理论、技术与工法、安全施工技术、标准编制研究等方面取得丰硕成果，形成具有国内领先水平的技术成果 7 项，发表相关论文 40 篇（北大核心 31 篇），项目培养研究生 14 名（博士生 2 名），获得中国国家专利授权 11 件（表 1.1），出版技术专著 2 部（表 1.2），主编、参编国家行业、团体、地方标准 4 部（表 1.3），获得省厅级科技进步一等奖 9 项（表 1.4），省级优秀工程勘察设计一等奖 6 项（表 1.5）。

知识产权列表

表 1.1

| 编号 | 专利号 | 知识产权名称 | 类型 |
|---|---|---|---|
| 1 | ZL201810440490.5 | 一种取土喷射搅拌水泥土桩施工方法 | 发明 |
| 2 | ZL201410156871.2 | 一种压力型 PHA 锚杆及其施工方法 | 发明 |
| 3 | ZL201410156967.9 | 一种 PHA 锚杆及其施工方法 | 发明 |
| 4 | ZL201720201419.2 | 一种排桩复合全粘结锚杆支护结构 | 实用新型 |

续表

| 编号 | 专利号 | 知识产权名称 | 类型 |
|---|---|---|---|
| 5 | ZL201720201420.5 | 一种排桩锚拉水泥土桩连续墙支护结构 | 实用新型 |
| 6 | ZL201920154906.7 | 一种含有混合配筋的新型混凝土桩 | 实用新型 |
| 7 | ZL201720201469.0 | 一种微型桩锚杆支护结构 | 实用新型 |
| 8 | ZL201520487075.7 | 一种箱型预应力混凝土桩及基坑支护装置 | 实用新型 |
| 9 | ZL201520487208.0 | 一种H型预制混凝土桩及基坑支护装置 | 实用新型 |
| 10 | ZL202020149112.4 | 一种锁定锚杆检测支撑垫块及检测装置 | 实用新型 |
| 11 | ZL202123407928.6 | 一种全长粘结预应力锚杆 | 实用新型 |

**专著列表**　　　　表 1.2

| 编号 | 专著名称 | 出版社 | 时间 |
|---|---|---|---|
| 1 | 新型复合支护体系数值分析及工程应用 | 科学出版社 | 2016 |
| 2 | 桩锚土钉复合支护体系施工时变力学 | 科学出版社 | 2013 |

**标准列表**　　　　表 1.3

| 编号 | 标准名称 | 标准编号 | 主/参编情况 |
|---|---|---|---|
| 1 | 建筑深基坑工程施工安全技术规范 | JGJ 311—2013 | 主编 |
| 2 | 河南省基坑工程技术规范 | DBJ 41/139—2014 | 主编 |
| 3 | 孔内灌注浆小直径桩技术规程 | T/ASC 22—2021 | 主编 |
| 4 | 基坑工程复合支护技术标准 | T/ASC 41—2023 | 参编 |

**科技奖励**　　　　表 1.4

| 编号 | 项目名称 | 奖励名称及等级 | 获奖时间 |
|---|---|---|---|
| 1 | 根固桩和扩体桩理论与技术创新及工程应用 | 河南省科技进步一等奖 | 2021 年 |
| 2 | 根固预制混凝土扩体桩成套技术研究及工程应用 | 建华工程奖一等奖 | 2021 年 |
| 3 | 河南省基坑工程技术规范编制与应用 | 河南省建设科技进步奖一等奖 | 2020 年 |
| 4 | 基坑工程复合支护及复杂条件下施工安全技术 | 河南省科技进步二等奖 | 2018 年 |
| 5 | 预应力锚杆复合土钉支护体系协同工作的增量解析方法及工程应用 | 河南省建设科技进步奖一等奖 | 2018 年 |
| 6 | 深厚砂卵石基坑工程柔性锚杆支护设计研究 | 河南省建设科技进步奖一等奖 | 2016 年 |
| 7 | 微型桩预应力锚杆复合土钉墙工作机理及工程应用研究 | 河南省建设科技进步奖一等奖 | 2015 年 |

| 编号 | 项目名称 | 奖励名称及等级 | 获奖时间 |
|---|---|---|---|
| 8 | 双排桩复合锚杆支护结构体系设计方法及工程应用研究 | 河南省建设科技进步奖一等奖 | 2012 年 |
| 9 | 复杂条件下基坑工程变形控制综合技术研究 | 河南省建设科技进步奖一等奖 | 2012 年 |

**勘察设计奖励**                                                    表 1.5

| 编号 | 项目名称 | 奖励名称及等级 | 获奖时间 |
|---|---|---|---|
| 1 | 农投国际中心地基基础设计(含排桩全粘结锚杆复合支护设计) | 河南省优秀工程勘察设计行业一等奖 | 2022 年 |
| 2 | 绿地滨湖国际城岩土工程勘察设计(含排桩全粘结锚杆复合支护及双排桩锚杆支护设计) | 河南省优秀工程勘察设计行业一等奖 | 2021 年 |
| 3 | 郑州凯旋广场项目工程支护降水设计 | 河南省优秀工程勘察设计行业一等奖 | 2020 年 |
| 4 | 洛阳正大广场基坑工程设计 | 全国优秀工程勘察设计行业二等奖 | 2018 年 |
| 5 | 华电郑州机械设计研究院科研技术中心基坑工程设计 | 河南省优秀工程勘察设计一等奖 | 2018 年 |
| 6 | 绿地站前广场 D2/D3 基坑工程设计 | 全国优秀工程勘察设计行业二等奖 | 2016 年 |

## 1.3.2  应用情况

项目研究过程始终伴随技术成果的推广应用,成果共在河南、河北、广东、黑龙江、北京、辽宁、江苏等建筑与市政数百项工程中得到推广应用。经部分统计,在国内 48 项工程中取得经济效益 18 亿元,近三年新增利润 2.18 亿元,累计减少碳排放 20 万 t。成果应用对减少基坑工程事故发生、节省地下空间资源、推动行业科技进步做出积极贡献。典型工程如表 1.6 所示。

**典型工程**                                                        表 1.6

| 编号 | 项目名称 | 支护形式 | 基坑深度/m |
|---|---|---|---|
| 1 | 关虎屯新天地 1 号地块、5 号地块 | 排桩-全粘结锚杆复合支护 | 18 |
| 2 | 金水区东韩砦城中村改造 | 排桩-全粘结锚杆复合支护 | 15 |
| 3 | 郑州华强城市广场项目三期 | 排桩-全粘结锚杆复合支护 | |
| 4 | 郑州·华电科研技术大中心 | 排桩-全粘结锚杆复合支护 | 13.5 |
| 5 | 农投国际中心 | 排桩-全粘结锚杆复合支护 | 15 |

| 编号 | 项目名称 | 支护形式 | 基坑深度/m |
|------|---------|---------|-----------|
| 6 | 中部大观国际商贸中心项目一期、二期 | 排桩-全粘结锚杆复合支护 | |
| 7 | 郑州中原文化广场 | 排桩-全粘结锚杆复合支护 | 16 |
| 8 | 郑州东泽万象城 | 排桩-全粘结锚杆复合支护 | |
| 9 | 郑州新田印象 | 排桩-全粘结锚杆复合支护 | |
| 10 | 郑州市东方鼎盛御府项目 | 排桩-全粘结锚杆复合支护 | |
| 11 | 东方鼎盛·花样城 | 排桩-全粘结锚杆复合支护 | |
| 12 | 郑州绿地滨湖国际城六区 | 排桩-全粘结锚杆复合支护 | 16 |
| 13 | 建业拾捌基坑工程 | 排桩-全粘结锚杆复合支护 | |
| 14 | 创智天地基坑工程 | 排桩-全粘结锚杆复合支护 | 20 |
| 15 | 郑州凯旋广场 | 排桩-全粘结锚杆复合支护/盆式开挖-排桩短支撑-锚杆复合支护 | 20 |
| 16 | 绿地新都会三期工程 | 排桩-全粘结锚杆复合支护/盆式开挖-排桩短支撑复合支护 | |
| 17 | 漯河绿地中央广场基坑工程 | 扩体桩-全粘结锚杆复合支护 | |
| 18 | 郑州绿地中心 | 双排桩-锚杆复合支护 | |
| 19 | 郑州绿地绿地之窗 | 双排桩-锚杆复合支护 | |
| 20 | 郑州绿地滨湖国际城四区 | 双排桩-锚杆复合支护 | |
| 21 | 郑州国贸中心 | 组合桩墙-全粘结锚杆支护 | |
| 22 | A36 | 组合桩墙-全粘结锚杆支护 | |
| 23 | 郑州硅谷广场 | 盆式开挖-排桩短支撑-锚杆复合支护 | |
| 24 | 洛阳正大广场暨市民活动中心 | 锚杆柔性支护 | |
| 25 | 郑州嘉里中心及雅颂居建设项目 | 孔内低压灌浆植入法施工技术 | |
| 26 | 河南省肿瘤医院新病房楼 | 微扰动锚杆施工安全技术 | |

# 1.4 本书主要内容

本书全面阐述了郑州大学团队研发的锚杆复合支护新技术，旨在为广大工程技术人员提供一本体系完整、内容翔实、资料丰富、图文并茂、实用性强并具有一定理论深度的新型复合支护技术专著。

全书共分9章，包括：绪论、排桩-全粘结锚杆复合支护技术、扩体桩-全粘结锚杆复合支护技术、双排桩-锚杆复合支护技术、组合桩墙-锚杆复合支护技术、锚杆柔性支护技

术、盆式开挖-排桩短支撑-锚杆复合支护技术、锚杆施工安全技术、技术展望；涵盖了6
种新型锚杆复合支护设计理论及配套的锚杆施工技术，凝练了作者多年来在工程实践中的
技术创新感悟。本书主要内容框架如图1.14所示。

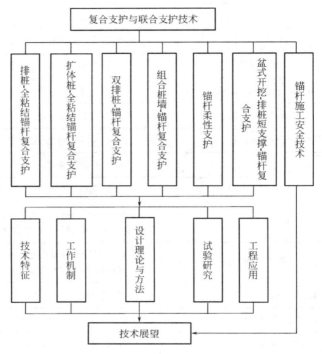

图1.14 本书内容框架

# 参考文献

[1] 王辉. 预应力锚杆复合土钉支护体系施工阶段的灾变机理研究 [D]. 郑州：郑州大学，2016.

[2] 荣冠，朱焕春，周创兵. 螺纹钢与圆钢锚杆工作机理对比试验研究 [J]. 岩石力学与工程学报，
2004，23（3）：469-475.

[3] 李根红，周同和，郭院成. 排桩锚杆复合土钉作用机制的试验研究与分析 [J]. 工程勘察，2014，
42（1）：31-35.

[4] 鲍先凯，李义. 全长粘结式锚杆锚固机理及受力特性分析 [J]. 矿业安全与环保，2010，37（5）：
78-80.

[5] 杜润泽，明世祥，潘贵豪，等. 全长粘结式锚杆锚固性能试验研究 [J]. 煤炭工程，2009（1）：
74-76.

[6] 伍佑伦，王元汉，许梦国. 拉剪条件下节理岩体中锚杆的力学作用分析 [J]. 岩石力学与工程学
报，2003，22（5）：769-772.

[7] 张友葩，高永涛，吴顺川. 预应力锚杆锚固段长度的研究 [J]. 岩石力学与工程学报，2005，24
（6）：980-986.

[8] 朱焕春，吴海滨，赵海斌. 反复张拉荷载作用下锚杆工作机理试验研究 [J]. 岩土工程学报，
1999，21（6）：662-665.

［9］ 姚显春，李宁，陈蕴生．隧洞中全长粘结式锚杆的受力分析［J］．岩石力学与工程学报，2005，24（13）：2272-2276．

［10］ 张季如，唐保付．锚杆荷载传递机理分析的双曲函数模型［J］．岩土工程学报，2002，24（2）：188-192．

［11］ 尤春安，高明，张利民，等．锚固体应力分布的试验研究［J］．岩土力学，2004，63（S1）：63-66．

［12］ 吴秋红，赵伏军，王世鸣，等．动力扰动下全长粘结锚杆的力学响应特性［J］．岩土力学，2019，40（3）：942-950+1004．

［13］ 范俊奇，董宏晓，高永红，等．全长注浆锚杆锚固段剪应力分布特征试验研究［J］．实验力学，2014，29（2）：250-256．

［14］ 姚显春，李宁，陈蕴生．隧洞中全长粘结式锚杆的受力分析［J］．岩石力学与工程学报，2005（13）：2272-2276．

［15］ 刘兴旺，李亮．张拉荷载作用下全长粘结式锚杆工作机理研究［J］．铁道建筑，2006（2）：57-59．

［16］ 刘国庆，肖明，陈俊涛，等．地下洞室全长粘结式锚杆受力分析方法［J］．华中科技大学学报，2017，45（6）：113-119．

［17］ FARNSWORTH C B, LEONARD B, SJOBLOM D. Quality Assurance of Soil Nail Grout for Provo Canyon Reconstruction Project［C］//Earth Retention Conference, 2010, 384（208）: 278-285.

［18］ 杨庆光．复合土钉的有限元数值模拟及其机理分析［D］．长沙：中南大学，2005．

［19］ 冯申铎，杨志银，王凯旭，等．超深复杂基坑复合土钉墙技术的成功应用［J］．工业建筑，2004（S2）：229-235．

［20］ WU J Y, ZHANG Z M. Evaluations of Pullout Resistance of Grouted Soil Nails［C］//Geo Hunan International Conference, 2009（197）: 108-114.

［21］ 肖毅，邹勇，俞季民．钉锚结合支护的模型试验研究［J］．武汉水利电力大学学报，1999，32（1）：73-77．

［22］ 王义重，王其勇，刘欢．土钉墙-锚杆支护技术模型试验及有限元研究［J］．岩土力学，2011，32（S2）：222-227．

［23］ ZHU F B, MIAO L C, GU H D, et al. A case study on behaviors of composite soil nailed wall with bored piles in a deep excavation［J］. Journal of Central South University, 2013, 20（7）: 2017-2024.

［24］ 郑志辉，贺若兰，徐勋长，等．复合土钉支护厚杂填土边坡现场试验研究［J］．岩石力学与工程学报，2005，24（5）：898-904．

［25］ 齐鑫．预应力锚杆肋梁和土钉墙复合支护结构的模拟研究［D］．青岛：中国海洋大学，2005．

［26］ 高伟．微型桩预应力锚杆复合土钉作用机制研究［D］．郑州：郑州大学，2012．

［27］ 闫富有，高伟，周同和，等．微型桩-锚杆-土钉复合支护结构相互作用分析［J］．郑州大学学报（工学版），2012，33（6）：107-111．

［28］ 印长俊，符珏，李建波．深基坑微型桩-预应力锚杆复合土钉墙支护的变形分析［J］．工程勘察，2014，42（10）：15-20．

［29］ 杨向前．微型桩预应力锚杆复合土钉支护结构受力变形性状模拟研究［D］．郑州：郑州大学，2014．

［30］ 王坤．水泥土桩复合桩墙支护结构的设计计算模式研究［D］．郑州：郑州大学，2007．

［31］ 郭院成，王坤，周同和．复合桩墙支护结构变形的有限元分析［J］．岩土工程学报，2008，30（S1）：122-124．

[32] FANNER A. Stress Distribution along a Resin Grouted Anchor [J]. International Journal of Rock Mechanics and Mining Sciences and Geomechanics Abstracts, 1975, 117 (12): 681-686.

[33] FARMER I W, HOLMBERG A. Stress Distribution along a Resin Grouted Rock Anchor [J]. International Journal of Rock Mechanics and Mining Sciences and Geomechanics Abstracts, 1975, 17 (42): 347-351.

[34] CAI Y, ESAKI T, JIANG Y J. An Analytical Model to Predict Axial Load in Grouted Rock Bolt for Soft Rock Tunneling [J]. Tunneling and Underground Space Technology, 2004, 28 (19): 607-618.

[35] STEEN M, VALLES J L. Interface Bond Conditions and Stress Distribution in a Two-dimensionally Reinforced Brittle-aterix Composite [J]. Composites Science and Technology, 1998, 7 (58): 313-330.

[36] 何思明, 张小刚, 王成华. 基于剪切滞模型的预应力锚索作用机制研究 [J]. 岩石力学与工程学报, 2004, 23 (15): 2562-567.

[37] LI C, STILLBORG B. Analytical Models for Rock Bolts [J]. International Journal of Rock Mechanics and Mining Sciences, 1999, 27 (36): 1013-1029.

[38] 张永林. 深基坑桩锚支护体系的应用分析 [J]. 现代城市轨道交通. 2006, 16 (1): 31-34+8.

[39] 严薇, 曾友谊, 王维说. 深基坑桩锚支护结构变形和内力分析方法探讨 [J]. 重庆大学学报, 2008, 31 (3): 344-348.

[40] 宋卫康. 桩锚复合土钉支护结构工作性能的数值分析 [D]. 郑州: 郑州大学, 2008.

[41] 陈捷, 周同和. 桩锚支护土压力计算模型探讨与工程实测分析 [J]. 建筑科学, 2015, 31 (9): 108-114.

[42] 李浩, 宋园园, 周军, 等. 深基坑桩锚支护结构受力与变形特性现场试验 [J]. 地下空间与工程学报, 2017, 13 (1): 264-270.

# 第2章 排桩-全粘结锚杆复合支护技术

桩锚复合支护及复合土钉墙支护结构是我国北方地区深基坑支护的常用形式。对于超过10m的基坑工程，常规的超前支护复合土钉墙支护已不能满足基坑垂直开挖时的经济性和安全性需求，这种支护结构存在变形过大，土钉排数较多，设计考虑超前支护桩作用较弱等问题。桩锚结构适用范围较广，安全度较高，一般应用于环境条件复杂、变形控制严格的基坑工程中，对于软土地区15m左右的基坑工程，常规桩锚结构桩径较大，锚杆长度较长，支护结构施工期间对周边环境影响较为明显。基于此，研发了介于复合土钉墙和桩锚之间的一种新型支护结构：排桩-全粘结锚杆复合支护结构。

排桩-全粘结锚杆复合支护结构特别适合深度在15~20m的深基坑工程，其具有复合土钉墙支护结构的经济性，也具有桩锚支护结构控制变形的能力。经大量项目测算，该支护形式相比常规桩锚结构，可节省工程造价约30%[1-3]。

## 2.1 技术特征与工作机制

### 2.1.1 技术特征

排桩-全粘结锚杆复合支护[4]（图2.1）主要由排桩、全粘结锚杆、混凝土面层以及锚杆端部连接件组成。相对于常规桩锚支护结构（图2.2），排桩-全粘结锚杆复合支护结构在设计计算中充分考虑排桩和混凝土面层的支护作用，在不降低结构安全度和变形控制能力的条件下，有效减短锚杆长度，缩小桩径，减少对周边土体的扰动，合理控制造价，其安全度和抵抗变形能力接近桩锚结构，可以满足基坑工程的安全性需求。

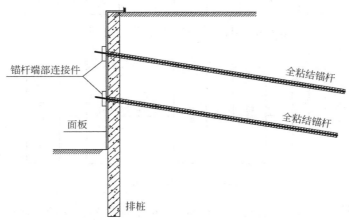

图2.1 排桩-全粘结锚杆复合支护典型剖面示意图

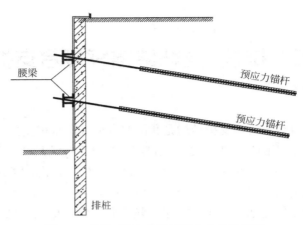

图 2.2 排桩-预应力锚杆复合支护示意图

## 2.1.2 工作机制

排桩-全粘结锚杆复合支护结构主要由排桩承受土压力,由全粘结锚杆提供支点力,由于全粘结锚杆的受力特性,排桩和全粘结锚杆之间通过混凝土面层及锚杆端部连接件来实现传力作用。支护结构工作机制如下。

### 2.1.2.1 传力途径

排桩-全粘结锚杆复合支护结构与常规排桩-预应力锚杆复合支护(简称桩锚支护)形式较为接近,但由于锚杆构造及端部连接的不同,其传力途径也不同。两种支护结构传力途径见图 2.3、图 2.4。

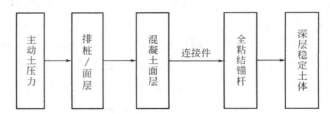

图 2.3 排桩-全粘结锚杆复合支护传力途径

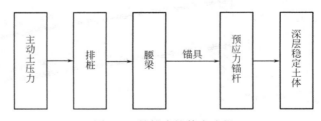

图 2.4 桩锚支护传力途径

对比两种支护结构传力途径可知,排桩-全粘结锚杆复合支护结构中混凝土面层作为主要受力构件,不再设置刚度较大的腰梁,这是由全粘结锚杆的受力特性决定的

（图2.3）。而桩锚支护中预应力锚杆存在自由段，在工作状态下，自由段范围内杆体轴力均处于最大值，需要通过刚度较大的腰梁来实现传力（图2.4）。

### 2.1.2.2 支护结构受力特性

与常规预应力锚杆轴力的梯形分布［图2.5（b）］不同，排桩-全粘结锚杆支护结构中全粘结锚杆不设置自由段，其轴力分布类似于土钉，沿长度方向呈"两端小，中间大"的规律［图2.5（a）］。因此，全粘结锚杆在抗拉拔能力及支点刚度不变的条件下，大大降低了端部轴力值，仅设置锚板或板带通过混凝土面层即可达到传力作用。

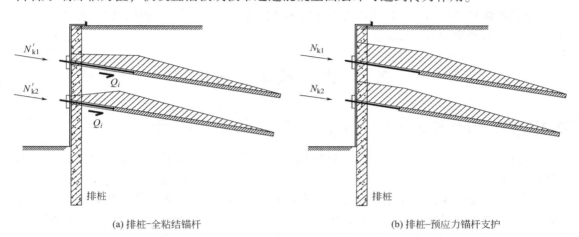

(a) 排桩-全粘结锚杆　　　　　　　　　　　(b) 排桩-预应力锚杆支护

图2.5　锚杆轴力分布示意图

根据《建筑基坑支护技术规程》JGJ 120—2012 排桩-锚杆计算模型，支点力变小时，排桩外侧弯矩将减小，故排桩配筋和直径相比有自由段的桩锚结构较小。

### 2.1.2.3 全粘结锚杆的加筋、遮拦作用

图2.6为全粘结锚杆支护与传统预应力锚杆支护结构示意图。从图2.6可以看出，两者的主要区别在于，全粘结锚杆支护中不设自由段，而传统锚杆支护中分为自由段和锚固段。传统锚杆中设置自由段主要为了张拉锁定预应力时能够获得较大的预应力，此外能够

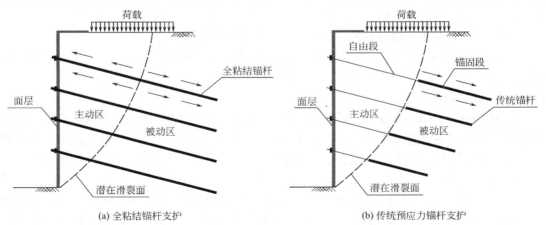

(a) 全粘结锚杆支护　　　　　　　　　　　(b) 传统预应力锚杆支护

图2.6　两种锚杆结构示意图

在较小的变形条件下充分发挥滑裂面外的锚固能力。但是，传统锚杆自由段的设置大多数采用塑料套管或 PVC 管设置黄油内膜隔离的方法，自由段内的筋体材料并不能与注浆固结体形成粘结，对滑裂面范围内的土体起不到加筋作用。而全粘结锚杆在滑裂面内的筋体材料能够与注浆体形成粘结，对滑裂面内的支护土体起到加筋的效果，随着基坑开挖深度的不断增加，支护一侧的土体有向坑内滑移的趋势，此时这种加筋作用可转化为对下滑土体的遮拦作用[5]，减小了支护土体向坑内的移动趋势，从而降低了作用在面层混凝土或排桩上的土压力和支护结构的整体位移。

全粘结锚杆的加筋、遮拦作用需要通过多排锚杆来实现，与普通桩锚结构相比，锚杆排数增多，但长度和直径较小。

## 2.2　设计理论与方法

### 2.2.1　全粘结锚杆支护土压力计算

朱维申[6] 等认为，可以采用提高锚固后土体的力学参数的方法来模拟锚杆支护土体后的锚固效应；张玉军[7] 等也提出了"等效材料"的说法，认为注浆体与岩土体之间相互作用之后能够产生锚固作用，但是因为两者之间的本构关系有所不同，因此假设一种均质、单一的介质使其本构关系与锚固体相同，从而将锚固作用均匀地分担到一定体积的土体中，基于"等效材料"来研究全粘结锚杆加固土体后的力学参数。

#### 2.2.1.1　基本假定

对于天然的纯土坡，采用极限平衡理论所推导出的破裂角为 $45°+\varphi/2$。对于全粘结锚杆加固后的边坡，锚杆与土体间的剪应力以及锚杆的拉力改变了土体原有的应力场和位移场，因此加固后土体的破裂角将发生改变。为了方便分析全粘结锚杆加固土体后的破裂角，做了如下基本假定：

（1）推导采用的是准黏聚理论，即全粘结锚杆支护后只改变加固土体的黏聚力，对加固土体的内摩擦角不产生影响；

（2）全粘结锚杆与土体之间的界面上，锚杆与加固土体之间有较好的接触；

（3）仅考虑全粘结锚杆的抗拉作用，不考虑其抗剪作用；

（4）单元土体仅在单根全粘结锚杆应力场的作用下产生影响，不考虑锚杆应力场的叠加。

#### 2.2.1.2　破裂角的计算

由 Mohr-Coulomb 强度理论可知，只要土体任一平面的剪应力达到极限抗剪强度后该部位的土体就会发生剪切破坏。就土体开挖前、土体开挖后未设置全粘结锚杆与土体开挖后设置全粘结锚杆三种工况（图 2.7），选择潜在滑裂面上的土体单元 A 做应力分析。

（1）开挖前

图 2.7（a）中平面 mn 为土体的任一平面，与水平面之间的夹角为 $\alpha$，$\sigma_\alpha$、$\tau_\alpha$ 分别为平面 mn 上的应力分量，截取斜截面的厚度为单位厚度 1，长度取为 $d_s$，由静力平衡条件列出下式：

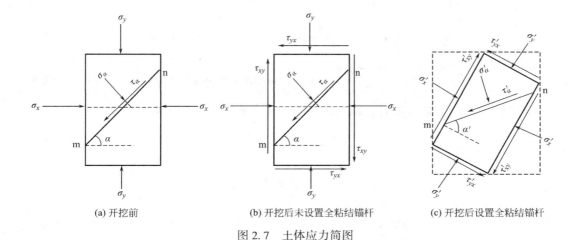

| (a) 开挖前 | (b) 开挖后未设置全粘结锚杆 | (c) 开挖后设置全粘结锚杆 |

图 2.7 土体应力简图

由 $\sum x = 0$，得

$$\sigma_\alpha \sin\alpha d_s - \tau_\alpha \cos\alpha d_s - \sigma_\chi \sin\alpha d_s = 0 \tag{2.1}$$

由 $\sum y = 0$，得

$$\sigma_\alpha \cos\alpha d_s - \tau_\alpha \sin\alpha d_s - \sigma_\chi \cos\alpha d_s = 0 \tag{2.2}$$

由式（2.1）和式（2.2）得:

$$\sigma_\alpha = \frac{\sigma_y + \sigma_x}{2} + \frac{\sigma_y - \sigma_x}{2}\cos2\sigma \tag{2.3}$$

$$\tau_\alpha = \frac{\sigma_y - \sigma_x}{2}\sin2\alpha \tag{2.4}$$

联立式（2.3）、式（2.4），消去式中的 $\alpha$，得到该土体单元的大主应力 $\sigma_1$ 和小主应力 $\sigma_3$ 分别为:

$$\begin{cases} \sigma_1 = \sigma_y \\ \sigma_3 = \sigma_x \end{cases} \tag{2.5}$$

由式（2.5）可以看出，未开挖土体时，土体仅受到重力的作用，只受到水平方向静止侧压力 $\sigma_x$ 和垂直方向土压力 $\sigma_y$，并且 $\tau_{xy} = \tau_{yx} = 0$，可得出大主应力为垂直应力，即 $\sigma_1 = \sigma_y$；小主应力为水平应力，即 $\sigma_3 = \sigma_x$，得到该状态下的摩尔应力圆如图 2.8 中圆 I 所示。

（2）开挖后未设置全粘结锚杆

土体开挖后未设置全粘结锚杆时，土体单元 A 的应力状态如图 2.7（b）所示，按照静力平衡条件列出下式:

$$\sigma_\alpha d_s + (\tau_{xy} d_s \sin\alpha)\cos\alpha - (\sigma_x d_s \sin\alpha)\sin\alpha + (\tau_{yx} d_s \cos\alpha)\sin\alpha - (\sigma_y d_s \cos\alpha)\cos\alpha = 0 \tag{2.6}$$

$$\tau_\alpha d_s + (\tau_{xy} d_s \sin\alpha)\sin\alpha + (\sigma_x d_s \sin\alpha)\cos\alpha - (\tau_{yx} d_s \cos\alpha)\cos\alpha - (\sigma_y d_s \cos\alpha)\sin\alpha = 0 \tag{2.7}$$

由式（2.6）和式（2.7）可得：

$$\sigma_\alpha = \frac{\sigma_x + \sigma_y}{2} + \frac{\sigma_y - \sigma_x}{2}\cos2\alpha - (\tau_{xy} + \tau_{yx})\sin\sigma\cos\alpha \qquad (2.8)$$

$$\tau_\alpha = \frac{\sigma_y - \sigma_x}{2}\sin2\alpha - \tau_{xy}\sin2\alpha + \tau_{yx}\cos2\alpha \qquad (2.9)$$

联立式（2.8）和式（2.9），消去式中的 $\alpha$ 并令 $\tau_\alpha = 0$，可推出：

$$\sigma_{1f} = \frac{\sigma_x + \sigma_y}{2} + \sqrt{\left(\frac{\sigma_y - \sigma_x}{2}\right)^2 - \tau_{xy}^2} \qquad (2.10)$$

$$\sigma_{3f} = \frac{\sigma_x + \sigma_y}{2} + \sqrt{\left(\frac{\sigma_y - \sigma_x}{2}\right)^2 - \tau_{yx}^2} \qquad (2.11)$$

当基坑开挖后，土体的竖向应力 $\sigma_y$ 不变，而水平应力 $\sigma_x$ 不断减小，当减小到主动土压力 $K_a\sigma_y$ 时，土体达到极限平衡状态，$\sigma_{1f} = \sigma_1$，$\sigma_{3f} < \sigma_1$，该状态下的摩尔应力圆如图 2.8 中圆 Ⅱ 所示，与土体的抗剪强度曲线相切。其中曲线上 B 点为其相对应的点在滑裂面上的极限状态，土体的破裂角 $\alpha = 45° + \varphi/2$。

（3）开挖后设置全粘结锚杆

由准黏聚力理论可知，设置全粘结锚杆后，只改变加固土体的黏聚力 $c$，对加固土体的内摩擦角 $\varphi$ 不产生影响，即图 2.8 中圆 Ⅱ 向上平移。当基坑开挖土体发生变形时，由于土体的弹性模量远远小于全粘结锚杆杆体的弹性模量，两者之间将发生剪切位移，锚固界面上会有摩擦力产生，导致加固土体的应力重新分布，全粘结锚杆中因此产生相对应的拉应力并产生水平方向和竖直方向的应力分量。因此，加设全粘结锚杆后土体发生破坏时的水平应力 $\sigma_x'$ 比未加全粘结锚杆时的应力 $\sigma_{3f}$ 小；在竖直分力的作用下，加设全粘结锚杆后的垂直应力 $\sigma_y'$ 比未加全粘结锚杆时的应力 $\sigma_{1f}$ 大，在此基础上，加设全粘结锚杆后对土体的剪应力产生影响，$\tau_{xy}' \neq 0$，可得加设全粘结锚杆后土体的大、小主应力 $\sigma_1'$、$\sigma_3'$ 分别为：

$$\sigma_1' = \frac{\sigma_x' + \sigma_y'}{2} + \sqrt{\left(\frac{\sigma_y - \sigma_x}{2}\right)^2 + \tau_{xy}'^2} > \sigma_y' > \sigma_{1f} \qquad (2.12)$$

$$\sigma_3' = \frac{\sigma_x' + \sigma_y'}{2} + \sqrt{\left(\frac{\sigma_y - \sigma_x}{2}\right)^2 + \tau_{yx}'^2} < \sigma_x' < \sigma_{3f} \qquad (2.13)$$

由式（2.12）和式（2.13）可知，基坑开挖土体中设置全粘结锚杆后，潜在滑裂面上的单位土体单元的大主应力要比之前大、小主应力比之前要小，此时的摩尔应力圆如图 2.8 中的 Ⅲ 所示。与之前相比，土体单元 A 转移到 A'，$\angle AO'A' = 2\theta$，其中 $\theta$ 为全粘结锚杆与水平面之间的夹角，滑裂面与水平面之间的夹角 $\alpha' = \angle A'O'B'/2$。由几何关系可得：

$$2\alpha' + 2\theta = 90° + \varphi \Rightarrow \alpha' = (45° + \varphi/2) - \theta \qquad (2.14)$$

由式（2.14）可知，全粘结锚杆的加筋与遮拦效应提高了土体的抗剪强度，加固后土体的主应力方向发生了偏转，破裂角随之发生变化，变为如式（2.15）所示：

$$\alpha' = (45° + \varphi/2) - \theta \qquad (2.15)$$

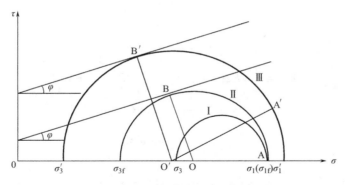

图 2.8 三种工况下摩尔应力圆对比图

### 2.2.1.3 类黏聚力的确定

为确定全粘结锚杆支护体系的类黏聚力参数，在上述所得破裂角的基础上，利用功率平衡法进行分析，全粘结锚杆支护体系破裂角的公式应用到如图 2.9 所示情况，则有：

$$\beta = \frac{\pi}{4} + \frac{\varphi - \theta}{2} - \alpha \qquad (2.16)$$

式中：$\beta$——潜在破裂面与水平方向之间的夹角；

$\theta$——坡面与竖直方向之间的夹角。

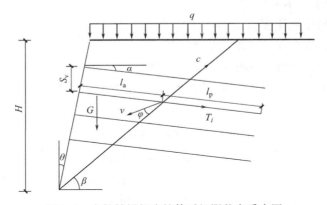

图 2.9 全粘结锚杆支护体系极限状态受力图

图 2.9 中，各排全粘结锚杆等长布置，长度为 $l_a + l_p$（m），其中，$l_a$ 为粘结锚杆在滑裂面内的长度，$l_p$ 为全粘结锚杆在稳定土体内的长度；全粘结锚杆的设置倾角为 $\alpha$（°）；全粘结锚杆之间的水平间距为 $S_h$（m），竖向间距为 $S_v$（m）；坡顶的均布荷载为 $q$（kN/m²）。

在极限平衡的状态下，土体内部存在着应力场与速度场，应力场满足静力平衡的条件，速度场指土体进入塑性状态后各点相对应的塑性应变速率，即相对于时间应变的变化率。对于全粘结锚杆支护的边坡，由塑性极限分析的上限定理可知，对于任意一点土体所在的容许速度场 $v_i$，外力的功率不大于该体系土体因为变形而消耗的功率及沿速度间断线上消耗的功率之和。

利用虚功原理可得：

$$w_0 = w_i \tag{2.17}$$

$$w_0 = w_G + w_q \tag{2.18}$$

$$w_i = w_c + w_T \tag{2.19}$$

$$W_G = \frac{1}{2}\overline{\gamma}H2v\sin(\beta - \overline{\varphi})(\cot\beta - \tan\theta)S_h \tag{2.20}$$

$$W_q = qHv\sin(\beta - \overline{\varphi})(\cot\beta - \tan\theta)S_h \tag{2.21}$$

$$W_c = \frac{\overline{c}H}{\sin\beta}v\cos\overline{\varphi}S_h \tag{2.22}$$

$$w_T = \sum_{i=1}^{n} T_i\cos(\beta - \overline{\varphi} + \alpha) \tag{2.23}$$

式中：$w_0$——外力功；

$\quad w_i$——内力功；

$\quad w_G$——土体重力所做的功；

$\quad w_c$——土体黏聚力所做的功；

$\quad w_T$——全粘结锚杆拉力所做的功；

$\quad v$——土体滑动所具有的滑动速度（m/s）；

$\quad \overline{c}$——土体的平均黏聚力（kPa）；

$\quad \overline{\varphi}$——土体的平均内摩擦角（°）；

$\quad \overline{\gamma}$——土体的平均重度（kN/m³）；

$\quad H$——全粘结锚杆支护边坡的临界高度（m）；

$\quad T_i$——第 $i$ 排全粘结锚杆所受的拉力（kN）。

全粘结锚杆支护结构在极限平衡状态下，$T_i$ 为极限抗拔力值，则有：

$$T_i = \pi D l_p^i \cdot \tau_u^i \tag{2.24}$$

$$\tau_u^i = c_i + (q + \overline{r}h_i)\tan\varphi_i \tag{2.25}$$

$$h_i = z_i + (l_a^i + l_p^i)\sin\alpha \tag{2.26}$$

$$l_a^i = (H - z_i)(\cos\beta - \tan\theta\sin\beta)/\sin(\alpha + \beta) \tag{2.27}$$

式中：$D$——全粘结锚杆的直径（m）；

$\quad l_a^i$——第 $i$ 排全粘结锚杆在滑裂面内的长度（m）；

$\quad l_p^i$——第 $i$ 排全粘结锚杆在稳定土体内的长度（m）；

$\quad \tau_u^i$——第 $i$ 排全粘结锚杆的剪应力（kPa）；

$\quad c_i$——第 $i$ 排全粘结锚杆所在土层的黏聚力（kPa）；

$\quad \varphi_i$——第 $i$ 排全粘结锚杆所在土层的内摩擦角（°）；

$\quad z_i$——第 $i$ 排全粘结锚杆锚头到水平面的距离（m）；

$\quad h_i$——第 $i$ 排全粘结锚杆在稳定土体内中点位置处距地面高度（m）。

将式（2.27）代入式（2.26）中，并结合 $l_a^i + l_p^i = l_i$（$l_i$ 为第 $i$ 排全粘结锚杆的长度），可得：

$$h_i = z_i + \left[\frac{(l_i + l_a^i)}{2}\right]\sin\alpha$$

$$= z_i + \left[l_i + (H - z_i)(\cot\beta - \tan\theta)\sin\frac{\beta}{\sin(\alpha + \beta)}\right]\sin\frac{\alpha}{2} \qquad (2.28)$$

$$= z_i + \left[l_i - z_i(\cot\beta - \tan\theta)\sin\frac{\beta}{\sin(\alpha + \beta)}\right]\sin\frac{\alpha}{2} +$$

$$\left[H(\cot\beta - \tan\theta)\sin\alpha\sin\beta\right]/\left[2\sin(\alpha + \beta)\right]$$

令：

$$z_i + \left[l_i - z_i(\cot\beta - \tan\theta)\sin\frac{\beta}{\sin(\alpha + \beta)}\right]\sin\frac{\alpha}{2} = m \qquad (2.29)$$

$$(\cot\beta - \tan\theta)\sin\alpha\sin\beta/\left[2\sin(\alpha + \beta)\right] = n \qquad (2.30)$$

将式（2.29）、式（2.30）代入式（2.25）中，可得：

$$\tau_u^i = c_i + \left[q + \bar{r}(m + Hn)\right]\tan\varphi_i \qquad (2.31)$$

将式（2.27）、式（2.31）代入式（2.24）中，可得：

$$T_i = \left\{\pi D\left[l_i + z_i(\cot\beta - \tan\theta)\sin\frac{\beta}{\sin(\alpha + \beta)}\right] - H(\cot\beta - \tan\theta)\sin\frac{\beta\pi D}{\sin(\alpha + \beta)}\right\} \cdot$$

$$\left\{\left[c_i + (q + \bar{r}m)\tan\varphi_i\right] + \tan\varphi_i\bar{r}nH\right\} \qquad (2.32)$$

令：

$$\pi D\left[l_i + \frac{z_i(\cot\beta - \tan\theta)\sin\beta}{\sin(\alpha + \beta)}\right] = a \qquad (2.33)$$

$$(\cot\beta - \tan\theta)\sin\frac{\beta\pi D}{\sin(\alpha + \beta)} = b \qquad (2.34)$$

$$c_i + (q + \bar{r}m)\tan\varphi_i = c \qquad (2.35)$$

$$\tan\varphi_i\bar{r}n = d \qquad (2.36)$$

则有：

$$T_i = -bdH^2 + (ad - bc)H + ac \qquad (2.37)$$

将式（2.37）代入式（2.23），并联立式（2.17）~式（2.22），可得：

$$a_1H^2 + b_1H + c_1 = 0 \qquad (2.38)$$

其中，

$$a_1 = \frac{1}{2}\bar{r}\sin(\beta - \bar{\varphi})(\cot\beta - \tan\theta)S_h + \sum bd\cos(\beta - \bar{\varphi} + \alpha) \qquad (2.39)$$

$$b_1 = q\sin(\beta - \bar{\varphi})(\cot\beta - \tan\theta)S_h + \sum(bc - ad)\cos(\beta - \bar{\varphi} + \alpha) - \frac{\bar{c}\cos\bar{\varphi}S_h}{\sin\beta} \qquad (2.40)$$

$$c_1 = \sum ac\cos(\beta - \bar{\varphi} + \alpha) \qquad (2.41)$$

将式（2.38）进行简化推导，可得全粘结锚杆支护结构的临界高度 $H$：

$$H = \frac{-b_1 + \sqrt{b_1^2 - 4a_1c_1}}{2a_1} \qquad (2.42)$$

将式（2.42）代入杨育文提出的有关临界自稳高度 $H_u$ 的计算公式中，可得全粘结锚杆支护结构的类黏聚力参数 $c'$：

$$c' = \frac{\gamma \left[ 1 - \cos(\beta - \varphi) \right]}{4\sin\beta\cos\varphi} \cdot \frac{-b_1 + \sqrt{b_1^2 - 4a_1c_1}}{2a_1} \tag{2.43}$$

### 2.2.2　结构内力计算

#### 2.2.2.1　全粘结锚杆端部轴力计算方法

全粘结锚杆端部轴力可用式（2.44）表示。

$$N'_{ki,j} = N_{ki,j} - Q_{i,j}/2 \tag{2.44}$$

式中：$N'_{ki,j}$——第 $i$ 排土钉在第 $j$ 开挖工况端部轴向拉力标准值（kN）；

$\quad\quad\;\;N_{ki,j}$——排桩复合土钉模型对应的桩锚结构第 $i$ 排锚杆在第 $j$ 开挖工况端部轴向拉力标准值（kN）；

$\quad\quad\;\;Q_{i,j}$——排桩复合土钉结构第 $i$ 排土钉第 $j$ 开挖工况在滑裂面内的摩阻力（kN）。

#### 2.2.2.2　排桩弯矩计算方法

排桩–全粘结锚杆复合支护结构中排桩内力可按桩锚支护结构方法进行计算，再结合全粘结锚杆端部轴力计算结果对排桩弯矩进行调整。

在工程应用中，可以假定排桩在基坑内侧的弯矩起控制作用，计算得出各工况对应桩锚结构基坑内侧最大弯矩点，将各排锚杆的支点反力调减值对最大弯矩点取矩，得出最大弯矩的调减值，根据调减后的排桩弯矩对桩身配筋进行计算。排桩应按折减后弯矩最大工况进行配筋设计，一般情况下开挖至基底深度的最终工况即为最不利工况，故对最终工况进行排桩内力计算即可满足包络设计要求。

调整后的桩身弯矩可以按下式表示：

$$M'_{max} = M_{max} - \sum \Delta F_{hi} H_i \tag{2.45}$$

$$\Delta F_{hi} = (N_k - N'_k)\cos\alpha \tag{2.46}$$

式中：$M'_{max}$——调整后的排桩最大负弯矩（kN·m）；

$\quad\quad\;\;M_{max}$——调整前的排桩最大负弯矩（kN·m）；

$\quad\quad\;\;\Delta F_{hi}$——各排锚杆支反力调减值（kN）；

$\quad\quad\;\;\alpha$——锚杆倾角（°）；

$\quad\quad\;\;H_i$——各支反力作用位置与最大负弯矩点的距离（m）。

### 2.2.3　变形计算

#### 2.2.3.1　变形作用机制

排桩–全粘结锚杆支护结构首先对灌注桩施工，然后对基坑边开挖边施工全粘结锚杆，并根据需要对全粘结锚杆施加相应的预应力。第一层土体开挖完成之后，由于全粘结锚杆还没有施工，此时只有排桩对土体进行支护，且土体开挖深度较浅，排桩本身的刚度又较大，排桩发生较小的变形。第一排全粘结锚杆安装后，继续开挖土体，随着开挖范围的加大，排桩的变形也随之增加。由于全粘结锚杆和排桩通过面层形成一个整体，第一排全粘结锚杆在排桩的带动下有向坑内发生滑动的趋势，此时全粘结锚杆锚固作用得以体现，排桩在全粘结锚杆锚头力的作用下变形开始减小。因为排桩的刚度较大且此时排桩在整个支护体系中发挥着主导作用，锚头对其拉拽效果不是很明显，此时排桩的变形为桩顶大、桩底小。随着基坑开挖深度和全粘结锚杆排数的增加，全粘结锚杆的锚头力对排桩的作用加大，排桩的变形在全粘结锚杆的设置处出现"回敛"趋势，但排桩的整体变形仍为上大、下小。

排桩−全粘结锚杆复合支护结构中的排桩水平侧移可代表支护结构整体位移变形情况。实际工程中的排桩侧移由两部分组成：一是排桩桩底位置处的绝对位移量；二是排桩桩身上各点相对排桩桩底的相对位移量。在计算桩身各点相对位移量时，假定排桩为一底端固定梁，在开挖情况下，排桩在土压力和土钉力共同作用下产生变形，土钉由于排桩变形而产生的新钉头力再反过来作用在排桩上使之又一次发生变形。在这样反复互相作用下，基于两构件间受力变形协调条件，排桩和土钉最终趋于一稳定状态，此时即为排桩自身弯曲变形，也就是相对位移量；再将排桩桩底绝对位移量与桩身各点相对位移量叠加，即为排桩最终水平位移。排桩在主动土压力和被动土压力作用下位移的相对值已有学者推导；排桩桩底位移的绝对值，根据相关经验，一般取值为 $5 \sim 10\text{mm}$[8]；本书只对排桩在全粘结锚杆锚头力作用下位移相对值进行理论推导，并对全粘结锚杆的刚度进行了简化推导。

#### 2.2.3.2 基本假定

（1）在计算排桩桩身各点位移相对量时，假定排桩桩底固定；

（2）全粘结锚杆的极限承载力在正常工作范围内，剪切力在界面上均匀分布，全粘结锚杆轴力简化为直线分布；

（3）全粘结锚杆锚头力直接作用于排桩上，不考虑实际工程中混凝土面层的横向传力作用和变形损失，全粘结锚杆与排桩之间变形协调；

（4）基坑潜在滑裂面为过基坑坑底的楔形。

#### 2.2.3.3 排桩在全粘结锚杆锚头力作用下的相对变形

为简化计算，全粘结锚杆的锚头力直接作用于排桩上，全粘结锚杆的锚头与排桩之间变形协调。如图2.10所示，在第 $i$ 排全粘结锚杆锚头力作用下排桩桩身弯矩为：

$$\frac{d^2 N_i(x)}{dx^2} = -\frac{M_i(x)}{E_p I_p} \qquad (2.47)$$

式中：$M_i(x)$——在第 $i$ 排全粘结锚杆锚头力作用下的桩身弯矩（kN·m）。

根据桩身弯矩 $M_i(x)$ 可以算出排桩在第 $i$ 排全粘结锚杆锚头力的作用下排桩的相对变形 $N_i(x)$，计算过程如下：

$$\frac{d^2 N_i(x)}{dx^2} = -\frac{M_i(x)}{E_p I_p} \qquad (2.48)$$

$$N_i(x) = \frac{1}{E_p I_p}\left[M_i(x)\,dx^2 + Qx + R\right] \qquad (2.49)$$

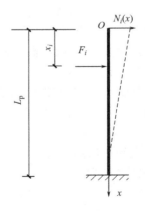

$F_i$—第 $i$ 排全粘结锚杆的锚头力（kN）；

$x_i$—第 $i$ 排全粘结锚杆到排桩桩顶的距离（m）；

$L_p$—排桩的桩身长度（m）

图2.10 排桩在全粘结锚杆锚头力作用下变形的计算简图

式中：$E_p I_p$——排桩抗弯刚度（$kN \cdot m^2$）；

$Q$、$R$——积分常数。

$x \in [x_i, L_p]$ 时，

$$E_p I_p \theta_i(x) = \int F_i(x - x_i) dx + Q = \frac{1}{2} F_i (x - x_i)^2 + Q \qquad (2.50)$$

$$E_p I_p N_i(x) = F_i(x - x_i) dx^2 + Qx + R = \frac{1}{6} F_i (x - x_i)^3 + Qx + R \qquad (2.51)$$

式中：$\theta_i(x)$——排桩在第 $i$ 排全粘结锚杆轴力作用下的转角。

$$\begin{cases} \theta_i(L_p) = 0 \\ N_i(L_p) = 0 \end{cases} \qquad (2.52)$$

将桩身连续性、边界条件式（2.49）代入式（2.47）、式（2.48）中，求得常数项：

$$Q = -\frac{1}{2} F_i (L_p - x_i)^2 \qquad (2.53)$$

$$R = F_i L_p (L_p - x_i)^2 - \frac{1}{6} F_i (L_p - x_i)^3 \qquad (2.54)$$

由上面计算可得出排桩的最终位移为：

$$f_i'(x) = S_a(x) - S_b(x) - N_i(x) + \Delta \qquad (2.55)$$

式中：$f_i'(x)$——排桩位移；

$S_a(x)$——排桩在主动土压力作用下的相对变形；

$S_b(x)$——排桩在被动土压力作用下的相对变形；

$N_i(x)$——排桩在全粘结锚杆锚头力作用下的相对变形；

$\Delta$——排桩桩底位移的绝对值。

### 2.2.3.4 全粘结锚杆杆体刚度的简化推导

1. 第一排全粘结锚杆刚度

根据工程实践结果，第一排全粘结锚杆受排桩桩顶位移作用明显，全粘结锚杆轴力最大值点在邻近基坑边缘处，为简化计算过程，假定第一排全粘结锚杆只受全粘结锚杆锚头力 $F_1$ 和沿全粘结锚杆全长指向支护土体外侧的剪应力 $\tau_1$，锚杆的轴力为三角形分布，如图 2.11 所示。

根据简化后的计算模型，第一排全粘结锚杆杆体的轴向弹性变形为：

$$\delta_1 = \int_0^{L_1} \frac{\dfrac{F_i}{L_i} x}{E_n A_n} dx = \frac{F_i L_i}{2 E_n A_n} \qquad (2.56)$$

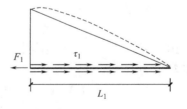

$F_1$—第一排全粘结锚杆的锚头力（kN）；

$L_1$—第一排全粘结锚杆的长度（m）

图 2.11 第一排全粘结锚杆受力简化模型

式中：$\delta_1$——第一排全粘结锚杆的轴向弹性变形（m）；

$E_n$——全粘结锚杆注浆体的弹性模量（MPa）；

$A_n$——全粘结锚杆杆体的横截面面积（$m^2$）。

　　假定全粘结锚杆均在正常承载力的范围内工作，锚固体界面上的剪应力为均匀分布，则第一排全粘结锚杆的剪应力 $\tau_1$ 和剪切位移 $\mu_1$ 分别为：

$$\tau_1 = \frac{F_1}{\pi D_n L_1} \tag{2.57}$$

$$\mu_1 = \frac{\tau_1}{K_s} = \frac{F_i}{K_s \pi D_n L_i} \tag{2.58}$$

式中：$\tau_1$——第一排全粘结锚杆所受的剪应力（kN/m²）；

　　　　$\mu_1$——第一排全粘结锚杆的剪切位移量（m）；

　　　　$D_n$——全粘结锚杆的孔径（m）；

　　　　$K_s$——全粘结锚杆杆体与周围锚固体之间的剪切位移系数（MPa/cm）。

　　其中，$K_s$ 的取值与土的特性和土体上荷载的分布情况等因数相关，可参考秦四清[9]等统计的经验数据取值，也可根据下式来近似计算：

$$K_s = \frac{\sum\limits_{i}^{n-1} \Delta F_i \cos\theta / (\Delta u_i L \pi D_n)}{n-1} \tag{2.59}$$

式中：$n$——试验加载的次数；

$\Delta F_i$、$\Delta u_i$——荷载的增加量和锚头位移的增加量；

　　　　$\theta$——全粘结锚杆的倾角；

　　　　$L$——全粘结锚杆的抗拔长度；

　　　　$D_n$——全粘结锚杆孔径。

　　因此，第一排全粘结锚杆全长位移量的表达式 $d_1$ 为：

$$d_1 = \delta_1 + \mu_1 \tag{2.60}$$

　　故第一排全粘结锚杆的拉拔刚度为：

$$K_1 = \alpha \frac{F_1}{d_1} = \alpha \frac{2 E_n A_n K_s \pi D_n L_1}{K_s \pi D_n L_1^2 + 2 E_n A_n} \tag{2.61}$$

式中：$K_1$——第一排全粘结锚杆的拉拔刚度（kN/m）；

　　　　$d_1$——第一排全粘结锚杆的全长位移量（m）；

　　　　$\alpha$——考虑实际工况中水平刚度小于理论计算值的修正系数。

　　2. 其他排全粘结锚杆的刚度

　　考虑到重力效应，假定基坑的优势滑裂面为过坑底的楔形，除第一排全粘结锚杆和预应力全粘结锚杆外，该滑裂面把全粘结锚杆分为主动区和稳定区，如图 2.12 所示；全粘结锚杆轴力分布曲线如图 2.13 中虚线所示，在不同区段内锚固体界面上的剪力方向相反，故将全粘结锚杆轴力的分布简化为如图 2.13 中的实线所示。

　　由几何关系可得出第 $i$ 排全粘结锚杆在不同区段的长度：

$$L_{ia} = \frac{(H - x_i)\cos\left(45° + \dfrac{\varphi}{2}\right)}{\sin\left(135° - \dfrac{\varphi}{2} - \theta\right)} \tag{2.62}$$

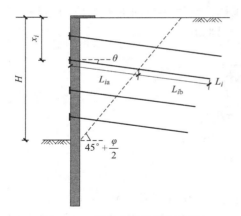

图 2.12 假定土体滑裂面位置

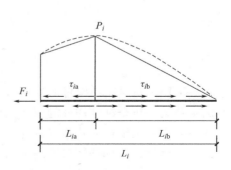

图 2.13 全粘结锚杆受力简化模型

$$L_{ib} = L_i - L_{ia} \tag{2.63}$$

式中：$L_{ia}$——第 $i$ 排全粘结锚杆在主动区的锚杆长度（m）；

$L_{ib}$——第 $i$ 排全粘结锚杆在稳定区的锚杆长度（m）；

$L_i$——第 $i$ 排全粘结锚杆的长度（m）；

$H$——基坑的开挖深度（m）；

$x_i$——第 $i$ 排全粘结锚杆与桩顶的距离（m）；

$\varphi$——土体的有效内摩擦角（°）；

$\theta$——全粘结锚杆的倾角（°）。

依据前文假定，全粘结锚杆都在极限承载力的范围内工作，在同一土体状态下，锚固界面上的剪力沿该区段锚杆长度均匀分布，则第 $i$ 排全粘结锚杆在主动区内杆体的轴向弹性变形量 $\delta_{ia}$、剪应力 $\tau_{ia}$ 和剪切位移 $\mu_{ia}$ 分别为：

$$\delta_{ia} = \int_0^{L_{ia}} \frac{\dfrac{P_i - F_i}{L_{ia}}x + F_i}{E_n A_n}\mathrm{d}x = \frac{(P_i + F_i)L_{ia}}{2E_n A_n} \tag{2.64}$$

$$\tau_{ia} = \frac{P_i - F_i}{\pi D_n L_{ia}} \tag{2.65}$$

$$\mu_{ia} = \frac{\tau_{ia}}{K_s} = \frac{P_i - F_i}{K_s \pi D_n L_{ia}} \tag{2.66}$$

式中：$\delta_{ia}$——第 $i$ 排全粘结锚杆在主动区段锚固体的轴向弹性变形量（m）；

$\tau_{ia}$——第 $i$ 排全粘结锚杆在主动区段杆体所受的剪应力（kN/m²）；

$\mu_{ia}$——第 $i$ 排全粘结锚杆在主动区段杆体的剪切位移量（m）；

$P_i$——第 $i$ 排全粘结锚杆的最大轴力值（kN）；

$F_i$——第 $i$ 排全粘结锚杆锚头力（kN）。

同样，第 $i$ 排全粘结锚杆在稳定区内杆体的轴向弹性变形量 $\delta_{ib}$、剪应力 $\tau_{ib}$ 和剪切位移 $\mu_{ib}$ 分别为：

$$\delta_{ib} = \int_0^{L_{ib}} \frac{\dfrac{P_i}{L_{ib}}x}{E_n A_n} \mathrm{d}x = \frac{P_i L_{ib}}{2 E_n A_n} \tag{2.67}$$

$$\tau_{ib} = \frac{P_i}{\pi D_n L_{ib}} \tag{2.68}$$

$$\mu_{ib} = \frac{\tau_{ib}}{K_s} = \frac{P_i}{K_s \pi D_n L_{ib}} \tag{2.69}$$

式中：$\delta_{ib}$——第 $i$ 排全粘结锚杆在稳定区段锚固体的轴向弹性变形量（m）；

$\tau_{ib}$——第 $i$ 排全粘结锚杆在稳定区段杆体所受的剪应力（$kN/m^2$）；

$\mu_{ib}$——第 $i$ 排全粘结锚杆在稳定区段杆体的剪切位移量（m）。

所以，第 $i$ 排全粘结锚杆的位移量表达式 $d_i$ 为：

$$d_i = \delta_{ia} + \mu_{ia} + \delta_{ib} + \mu_{ib} \tag{2.70}$$

故第 $i$ 排全粘结锚杆的拉拔刚度表达式为：

$$K_i = \frac{P_i}{d_i} = \frac{2 E_n A_n K_s \pi D_n L_{ia} L_{ib}}{\left[(1+\beta)L_{ia} + L_{ib}\right] K_s \pi D_n L_{ia} L_{ib} + 2\left[(1-\beta)L_{ib} + L_{ia}\right] E_n A_n} \tag{2.71}$$

$$\frac{F_i}{P_i} = \beta \tag{2.72}$$

式中：$\beta$——全粘结锚杆锚头力与轴力最大值的比值。

### 2.2.3.5 开挖工况下支护结构的位移推导

假定排桩在第 $i$ 排全粘结锚杆作用下变形为 $N_i(x)$，第 $i$ 步开挖排桩在主动与被动土压力的作用下变形为 $y_i(x) = S_{ai}(x) - S_{bi}(x)$，基坑达到稳定时排桩的自身弯曲变形为 $f_i(x)$。

（1）第一步基坑开挖

第一步开挖工况下排桩仅受土压力的作用，故排桩的变形为 $f_1(x) = y_1(x)$，假定第一步基坑开挖完成后施工的第一排全粘结锚杆在第二步基坑开挖前不受力，所以第一排全粘结锚杆 $D_1$ 位置处排桩的变形为 $f_1(x_1)$。

（2）第二步基坑开挖

第二步基坑开挖时第一排全粘结锚杆 $D_1$ 开始受力，此时第一排全粘结锚杆 $D_1$ 锚头的初始位移为 $\Delta D_1^1 = y_2(x_1) - f_1(x_1)$，依据前文假设，$D_1$ 初始锚头力为 $F_1^1 = K_1 \cdot \Delta D_1^1$，排桩在 $D_1$ 锚头力 $F_1^1$ 作用下的变形为 $N_1^1(x)$，在土压力和锚头力共同作用下对排桩的变形进行了第一次叠加，叠加后的变形为 $f_2(x) = y_2(x) - N_1(x)$，此时与初始位置相比，$D_1$ 锚头处的新位移量为 $\Delta D_1^2 = f_2^1(x_1) - f_1(x_1)$，新的锚头力为 $F_1^2 = K_1 \cdot \Delta D_1^2$，在新的锚头力作用下排桩的变形为 $N_1^2(x)$，将土压力与锚头力作用下排桩的变形再次进行叠加，得到新的变形 $f_2^2(x) = f_2^1(x) - N_1^2(x)$ ……以此类推，通过反复迭代直至排桩的变形趋于某一稳定值，即为第二步开挖工况下排桩的最终变形 $f_2(x)$。第二步开挖完成后施工第二排全粘结锚杆 $D_2$，此时 $D_2$ 锚头处的初始位移为 $f_2(x_2)$。

（3）第 $i$ 步基坑开挖

在进行第 $i$ 步基坑开挖时，在土压力作用下排桩的变形为 $y_i(x)$，$D_1$、$D_2$、$D_3$、…、

$D_{i-1}$ 将共同参与受力，此时各排全粘结锚杆锚头处的初始位移量为：

$$\Delta D_1^1 = y_i(x_1) - f_1(x_1) \tag{2.73}$$

$$\Delta D_2^1 = y_i(x_2) - f_2(x_2) \tag{2.74}$$

$$\Delta D_3^1 = y_i(x_3) - f_3(x_3) \tag{2.75}$$

$$\Delta D_{i-1}^1 = y_i(x_{i-1}) - f_{i-1}(i-1) \tag{2.76}$$

各排全粘结锚杆初始锚头力为：

$$F_1^1 = K_1 \Delta D_1^1 \tag{2.77}$$

$$F_2^1 = K_2 \Delta D_2^1 \tag{2.78}$$

$$F_3^1 = K_3 \Delta D_3^1 \tag{2.79}$$

$$F_{i-1}^1 = K_{i-1} \Delta D_{i-1}^1 \tag{2.80}$$

排桩在各排全粘结锚杆初始锚头力的作用下变形依次为：

$$N_1^1(x) \text{、} N_2^1(x) \text{、} N_3^1(x) \text{、} \cdots \cdots \text{、} N_{i-1}^1(x)$$

在土压力和各排全粘结锚杆锚头力共同作用下对排桩的变形进行了第一次叠加，叠加后的变形为 $f_i^1(x) = y_i(x) - \sum_{j=1}^{i-1} N_j^1(x)$，此时与初始位置相比，各排全粘结锚杆锚头处的新位移量依次为：

$$\Delta D_1^2 = f_i^1(x_1) - f_1(x_1) \tag{2.81}$$

$$\Delta D_2^2 = f_i^1(x_2) - f_2(x_2) \tag{2.82}$$

$$\Delta D_3^2 = f_i^1(x_3) - f_3(x_3) \tag{2.83}$$

$$\Delta D_{i-1}^2 = f_i^1(x_{i-1}) - f_{i-1}(x_{i-1}) \tag{2.84}$$

各排全粘结锚杆新的锚头力依次为：

$$F_1^2 = K_1 \Delta D_1^2 \tag{2.85}$$

$$F_2^2 = K_2 \Delta D_2^2 \tag{2.86}$$

$$F_3^2 = K_3 \Delta D_3^2 \tag{2.87}$$

$$F_{i-1}^2 = K_{i-1} \Delta D_{i-1}^2 \tag{2.88}$$

在各排全粘结锚杆新的锚头力作用下排桩的变形依次为：

$$N_1^2(x) \text{、} N_2^2(x) \text{、} N_3^2(x) \text{、} \cdots \cdots \text{、} N_{i-1}^2(x)$$

将土压力与各排全粘结锚杆锚头力作用下排桩的变形再次进行叠加，得到新的变形：

$$f_i^2(x) = f_i^1(x) - \sum_{j=1}^{i-1} N_j^2(x) \tag{2.89}$$

以此类推，通过反复迭代直至排桩的变形趋于某一稳定值，即为该开挖工况下排桩的最终变形 $f_i(x)$。

因此，第 $i$ 步基坑开挖完成后，排桩的最终水平位移为：

$$f_i'(x) = f_i(x) + \Delta \tag{2.90}$$

## 2.2.4 锚杆连接构造

根据全粘结锚杆端部轴力大小的不同，混凝土面层与锚杆间可采用锚板连接、水平板带（贴面槽钢）连接以及具有一定抗弯刚度的 H 型钢或槽钢梁 3 种连接形式。

### 2.2.4.1 锚板连接

当全粘结锚杆端部轴力相对较小时，土钉端部设置锚板与混凝土面层连接，如图 2.14、图 2.15 所示。

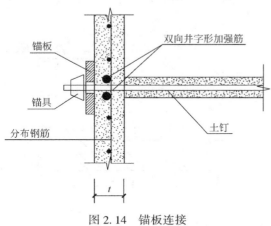

图 2.14 锚板连接

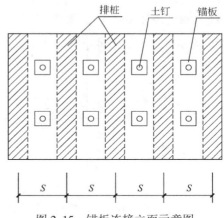

图 2.15 锚板连接立面示意图

该连接通过锚板及锚具将土钉锁定于混凝土面层上，通过具有一定刚度的混凝土面层（厚度不小于 100mm）实现全粘结锚杆、排桩的整体作用。锚杆端部设置双向井字形加强筋，当锚杆倾角大于 25°时，可设置楔形支座。锚板一般为方形钢板，锚板边长一般为 150~300mm，厚度 20~30mm，验算结果不满足强度要求时，可采用连续板带或双拼型钢连接。

### 2.2.4.2 连续板带连接

当全粘结锚杆端部轴力适中，设置锚板难以满足混凝土冲切要求时，可采用连续板带连接。将独立的锚板调整为通长设置的板带或贴面槽钢，可增加支护结构的整体性，分散锚杆对面层的压力。在面层带裂缝工作时，可充分发挥板带的抗拉性能，实现锚杆、排桩及面层的整体作用。土钉端部设置双向井字形加强筋，对土钉端部面层加强。连续板带连接如图 2.16、图 2.17 所示。

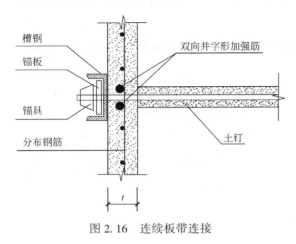

图 2.16 连续板带连接

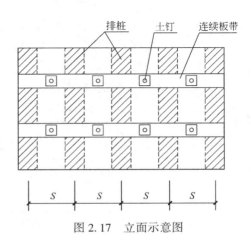

图 2.17 立面示意图

### 2.2.4.3    双拼型钢连接

当全粘结锚杆端部轴力较大时，设置锚板和连续板带均无法满足混凝土冲切要求时，可采用双拼型钢腰梁。双拼型钢可采用双拼槽钢或 H 型钢，考虑土钉端部力全部由腰梁承担，类似桩锚结构腰梁。混凝土面层中除设置分布钢筋外，还需设置纵向双根加强筋。双拼型钢连接如图 2.18、图 2.19 所示。

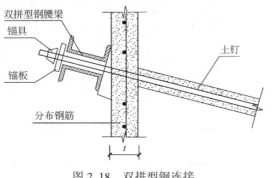

图 2.18    双拼型钢连接

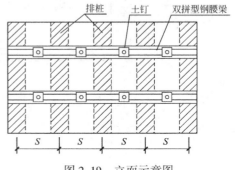

图 2.19    立面示意图

## 2.2.5    面层设计

### 2.2.5.1    混凝土面层局压

混凝土面层局压按下式计算：

$$\gamma_0 \gamma_F N_k \leqslant 1.35 \eta_s \beta f_c A_{ln} \tag{2.91}$$

$$\beta = \sqrt{\frac{A_b}{A_l}} \tag{2.92}$$

式中：$\gamma_0$——支护结构重要性系数；

$\gamma_F$——分项系数，可取 1.25；

$N_k$——全粘结锚杆端部轴力标准值；

$\eta_s$——混凝土局压修正系数，混凝土面层强度等级一般为 C20，取 1.0；

$f_c$——混凝土轴心抗压强度设计值；

$A_b$——局部受压时的计算底面积，对于锚板及腰梁，计算底面积可按图 2.20 计算；

$A_{ln}$——扣除锚孔后受压面积；

$A_l$——不扣除锚孔的受压面积，即锚板面积。

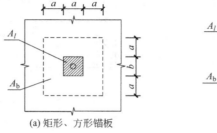

(a) 矩形、方形锚板

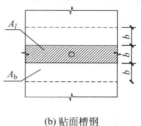

(b) 贴面槽钢

图 2.20    局压计算面积示意图

#### 2.2.5.2 混凝土面层冲切

考虑土压力主要由排桩承受，而排桩一般位于冲切破坏锥体以外，冲切破坏锥体范围内的土反力可根据锚头位移及土的水平反力系数估算（图2.21）。

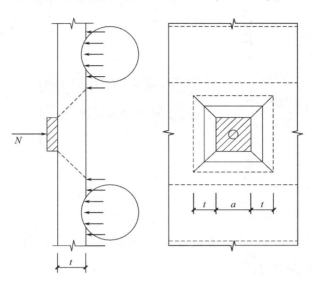

图 2.21　面层冲切验算

面层冲切按下式验算：

$$\gamma_0 \gamma_F (N_k - N_j) \leqslant 0.7 f_t u_m t \tag{2.93}$$

$$u_m = 4(a + t) \tag{2.94}$$

$$N_j = k_s v (a + 2t)^2 \tag{2.95}$$

式中：$N_j$ ——冲切锥范围内土反力；

　　　$f_t$ ——混凝土抗拉强度设计值；

　　　$u_m$ ——计算截面周长；

　　　$t$ ——混凝土面层厚度；

　　　$a$ ——锚板边长；

　　　$k_s$ ——土的水平反力系数，可根据经验取值；

　　　$v$ ——锚头部位的土体变形量，可按 20mm 取值。

#### 2.2.5.3 混凝土面层抗剪

当采用连续板带连接形式时，混凝土面层在桩间土作用下发生变形，使面层紧贴板带，充分发挥板带的抗拉强度，面层在板带边缘的抗剪强度应满足要求（图2.22）。

面层抗剪按下式验算：

$$0.5 \gamma_0 \gamma_F (N_k - N_j) \leqslant 0.7 f_t s t \tag{2.96}$$

$$N_j = k_s v h s \tag{2.97}$$

式中：$N_j$ ——板带对应面积内土反力；

　　　$f_t$ ——混凝土抗拉强度设计值；

　　　$h$ ——板带宽度；

$s$ ——排桩间距；

$t$ ——混凝土面层厚度。

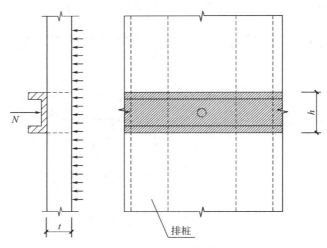

图 2.22 面层抗剪验算

#### 2.2.5.4 混凝土面层配筋设计

面层可按简支双向板计算内力，板上作用荷载为锚板局压面积以外部分板块土压力，以桩间距和锚杆间距围成的矩形板为计算单元，荷载位于板块中间，如图 2.23 所示。

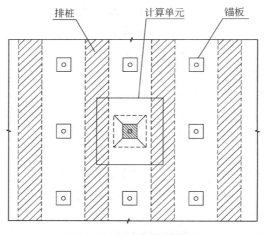

图 2.23 板弯矩计算简图

由于计算对象为单跨板，实际工程中一般为多跨连续板，计算弯矩按 0.8 倍折减。

#### 2.2.5.5 锚板厚度计算

锚板厚度、尺寸可按悬挑板计算，悬挑长度为锚板超出锚具部分长度。

锚板厚度应满足下式：

$$t \geqslant \sqrt{\frac{6M}{f}} \tag{2.98}$$

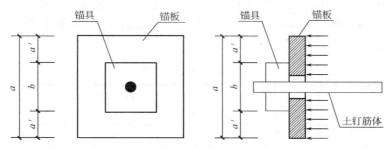

图 2.24　锚板弯矩计算简图

$$M = \frac{1}{2}qa'^2 \qquad\qquad (2.99)$$

$$a' = (a - b)/2 \qquad\qquad (2.100)$$

式中：$t$ ——锚板厚度；

　　$M$ ——锚板弯矩设计值（图 2.24）；

　　$f$ ——钢板抗弯强度设计值；

　　$q$ ——锚板所受均布压力；

　　$a'$ ——锚板悬挑长度；

　　$b$ ——锚具换算边长，采用圆形锚具时应将圆形截面转换为方形截面，锚具换算截面边长 $b = 0.8d_c$，$d_c$ 为锚具直径。

当锚杆筋体为钢绞线时，可采用夹片式锚具连接；筋体为预应力钢筋或普通钢筋时，可采用端部套丝或焊接丝杠后通过螺母连接。

采用贴面槽钢时，可按上述方法验算槽钢腹板厚度。当厚度不满足要求时，可在腹板内侧增设锚板。锚板尺寸及槽钢高度应根据混凝土面层抗剪以及锚板的厚度验算综合确定。

当采用型钢腰梁时，腰梁抗弯按多跨连续梁计算，梁跨中集中力为全粘结锚杆端部轴力。当排桩间距不大于 2 倍桩径且满足桩间土稳定性要求时，采用 H 型钢腰梁时可不对面层进行验算。

## 2.3　试验研究

### 2.3.1　全粘结锚杆与传统锚杆支护的模型试验

为研究全粘结锚杆的加筋与遮拦作用，分别进行排桩-全粘结锚杆支护和传统桩-锚支护两种支护形式的模型现场试验。分别在排桩-全粘结锚杆支护和传统桩-锚支护两种支护形式上布设监测点，监测基坑开挖过程中两种锚杆的受力。本章在对该模型试验过程记录的基础之上，对试验数据的整理与结果的分析进行了论述。

#### 2.3.1.1　场地地质条件

根据现场钻探、静力触探测试及土工试验结果等资料，勘探深度范围内均为第四纪全新世冲积形成的地层，第一层为杂填土，其余以粉土、粉质黏土、粉砂为主，勘察期间地下水位埋深约 11m，地下水的补给主要为大气降水，环境类别为Ⅱ类。各土层参数如表 2.1 所示。

试验场地各土层参数 表 2.1

| 土层名称 | 厚度 /m | 重度 $\gamma$ /(kN/m³) | 黏聚力 $c$ /kPa | 内摩擦角 $\varphi$/° | 性状描述 |
|---|---|---|---|---|---|
| 杂填土 | 0.5~1.2 | 17.0 | 7.0 | 13.0 | 杂色,稍湿,松散 |
| 粉土 | 1.9~3.2 | 18.1 | 12.8 | 22.5 | 黄褐色,稍湿,密实 |
| 粉质黏土 | 5.9~6.5 | 19.0 | 13.5 | 21.0 | 黄褐色,稍湿—湿,密实 |
| 粉质砂土 | 8.5~9.0 | 17.4 | 8.5 | 23.6 | 黄褐色,密实,湿 |
| 粉土 | 10.9~11.4 | 18.2 | 14.0 | 25.0 | 黄褐色,密实,饱和 |
| 粉土 | 12.2~12.5 | 19.7 | 15.8 | 22.1 | 黄褐色,密实,湿 |

### 2.3.1.2 试验模型设计

模型试验的基坑周边环境平面图如图 2.25 所示。拟开挖基坑长为 11.4m，宽为 4m，开挖深度为 4m，分两层开挖。基坑西侧为空地，东侧、南侧、北侧为 1~2 层建筑物，场地周边环境单一。

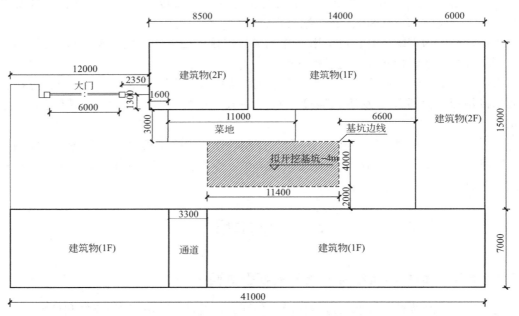

图 2.25 基坑周边环境平面图

基坑支护平面图如图 2.26 所示，由于地下场地条件的限制，只在基坑开挖边线的北侧进行桩锚支护的试验研究，其余三侧均采用混凝土面层的支护形式进行支护。基坑边线北侧一共布设排桩 10 根，桩长为 7m，排桩的直径为 300mm，排桩与排桩之间的间隔为1.2m，机械成孔；锚杆上下布置两排，第一排锚杆距开挖水平面为 1.5m，第二排锚杆距基坑开挖面为 3.0m，每根锚杆分布在两根桩的中间位置，间距为 1.2m，长度都为 6m，洛阳铲成孔。后期施工时发现，由于地下埋有管线，北侧的右边上下两排 6 根锚杆达不到设计锚杆的长度，所以只研究左侧上下两排的 12 根锚杆。最左侧的上下两排 6 根为全粘结锚杆，长度为 6m，直径为 100mm，插入角为 15°，支护剖面图如图 2.27 所示，依次编号为 1、2、3 号全粘结锚杆，全粘结锚杆的设计参数如表 2.2 所示；中间的上下两排 6 根为传统锚杆，其中锚固段长度为 4m，自由段长度为 2m，锚固直径为 100mm，预应力设计值为 20kN，插入角为 15°，支护剖面图如图 2.28 所示，依次编号为 4、5、6 号传统锚杆，传统锚杆的设计参数如表 2.3 所示。

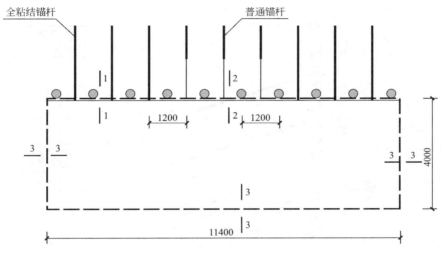

图 2.26 基坑支护平面图

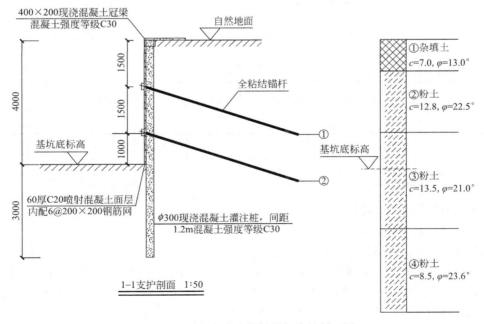

图 2.27 排桩复合全粘结锚杆支护剖面图

全粘结锚杆的设计参数 表 2.2

| 全粘结锚杆 | 埋深/m | 配筋 | 锚固体直径/mm | 长度/m | 倾角/° | 水平间距/m |
|---|---|---|---|---|---|---|
| 第一排 | 1.5 | 1$\Phi$20 | 100 | 6.0 | 15 | 1.2 |
| 第二排 | 3.0 | 1$\Phi$20 | 100 | 6.0 | 15 | 1.2 |

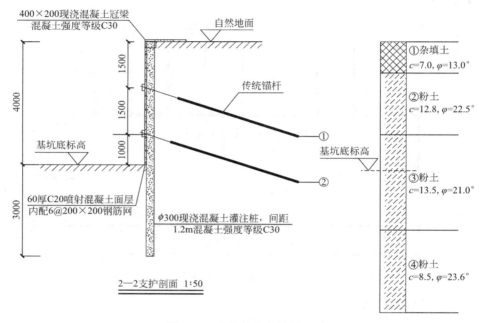

图 2.28 传统桩锚支护剖面图

传统锚杆的设计参数 表 2.3

| 传统锚杆 | 深度/m | 配筋 | 锁定值/kN | 锚固体直径/mm | 长度/m | 自由段/m | 锚固段/m | 倾角/° | 水平间距/m |
|---|---|---|---|---|---|---|---|---|---|
| 1 | 1.5 | 1$\Phi$20 | 20 | 100 | 6.0 | 2.0 | 4.0 | 15 | 1.2 |
| 2 | 3.0 | 1$\Phi$20 | 20 | 100 | 6.0 | 2.0 | 4.0 | 15 | 1.2 |

### 2.3.1.3 试验构件方案设计

1. 全粘结锚杆内力设计方案

在距第一排全粘结锚杆 1m 处布置第一个钢筋测力计，之后的间距分别为 2.0m、1.0m、1.0m，共布设 4 个钢筋测力计。在距第二排全粘结锚杆 0.8m 处布置第一个钢筋测力计，之后的间距依次为 1.2m、1.5m、1.5m，共布设 4 个钢筋测力计，排桩-全粘结锚杆支护方案中全粘结锚杆上的钢筋测力计布置如图 2.29 所示。

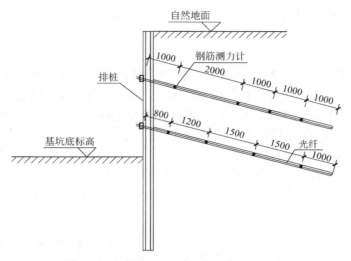

图 2.29 全粘结锚杆钢筋测力计布置示意图

2. 传统预应力锚杆内力设计方案

在距第一排传统锚杆 1.0m 处布置第一个钢筋测力计,之后的间距分别为 1.6m、1.4m、1.0m,共布设 4 个钢筋测力计。在距第二排传统锚杆 1.0m 处布置第一个钢筋测力计,之后的间距分别为 1.5m、1.5m、1.5m,共布设 4 个钢筋测力计,传统桩-锚支护方案中传统锚杆上的钢筋测力计布置如图 2.30 所示。

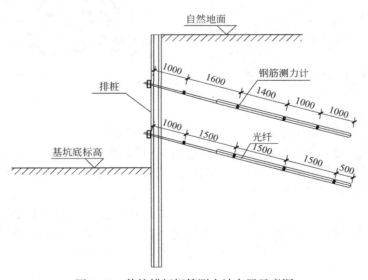

图 2.30 传统锚杆钢筋测力计布置示意图

#### 2.3.1.4 测试构件的制作

为研究全粘结锚杆与传统锚杆两种支护形式中锚杆轴力随基坑开挖过程的受力差异,本模型试验采用在两种锚杆的钢筋上安设钢筋测力计的方法,以监测基坑开挖的整个过程中两种锚杆轴力的变化情况。监测全粘结锚杆与传统锚杆轴力采用 FY-GJ16 型钢筋测力计，数据通过 CTY-202 振弦式测读仪读取。钢筋测力需要固定在锚杆的杆体上，分别由传感器、钢筋连杆、导线三部分组成，如图 2.31 所示。

1. 试验排桩的制作

按照试验排桩的设计长度裁剪钢筋，钢筋笼主筋接头要错开，每一截面上接头数量不超过 50%，按设计要求的钢筋位置布置好箍筋，箍筋与主筋连接缠绕紧密，将箍筋点焊在主筋上。加强筋设于主筋内侧，第一道加强筋布置在距桩顶 0.3m 处，最后一道设于钢筋底面 0.3m 处，中间部分自上而下每 1.5m 设一道，余数可在最下两段平均分配，但不得大于 2.5m。加强筋与主筋的连接要采用电弧焊，必须焊牢，要求严格控制电流大小，严禁烧伤主筋。钢筋笼制作完成后，将钢筋测力计用扎丝绑扎在设计的位置，每一个断面绑扎两个钢筋测力计并对称分布，随后沿筋体整理导线，并用扎带与筋体绑扎在一起，如图 2.32 所示。

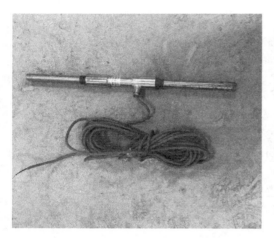

图 2.31 FY-GJ16 型钢筋测力计图

图 2.32 试验排桩构造示意图

2. 试验锚杆的制作

按照锚杆的设计长度截断锚杆筋体，将钢筋测力计的固定段（传感器及钢筋连杆）与主筋焊接在一起，随后沿锚杆筋体整理导线，并采用防水胶带将导线与锚杆体粘牢固定。焊接时，应注意保证焊头的焊接质量，要求其强度不低于母材，还要保证整根钢筋的平直度。此外，为防止传感器受热损坏，焊接过程中需采用湿布覆盖传感器与钢筋连杆结合的部位，并不断浇水降温，以冷却传感器。全粘结锚杆与传统锚杆的构造分别如图 2.33、图 2.34 所示。传统锚杆与全粘结锚杆的不同之处在于自由段的加工，加工时先将自由段部分涂满黄油，再套 PVC 波形管与锚固段连接处采用铅丝绑扎。

**2.3.1.5 试验结果与分析**

删除异常值后，对 2 号、3 号全粘结锚杆和 5 号、6 号传统锚杆的轴力进行分析。

1. 传统锚杆轴力分析

图 2.35、图 2.36 分别为基坑开挖过程中 5 号、6 号传统锚杆第一排、第二排锚杆轴力沿锚杆长度的变化情况，从图中可以看出：

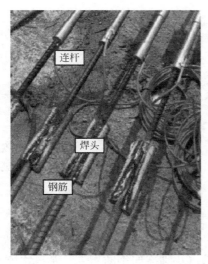

图 2.33 全粘结锚杆构造示意图

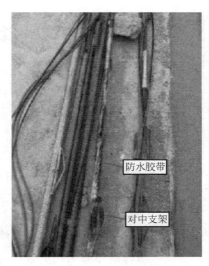

图 2.34 传统锚杆构造示意图

（1）传统锚杆所受轴力随着基坑开挖深度的逐步加深而不断增大，基坑土体开挖导致支护一侧土体有向坑移动的趋势，由此产生的土压力将作用于支护结构，传统锚杆在锚头处预先施加的预应力通过自由段杆体的弹性变形传递到锚固土体中，起到了加固土体的作用并承担了主要土压力作用。

（2）传统锚杆的轴力在自由段均匀分布，在锚固段与自由段的连接处轴力值最大，之后沿锚杆长度逐渐减小；锚杆轴力最大值随着开挖显著增加。

（3）两个编号的第一排锚杆，在第二步开挖后，整个锚杆的轴力值都有所增大。

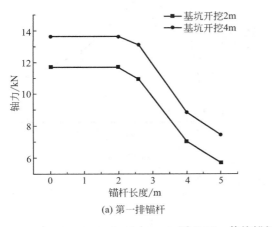

(a) 第一排锚杆

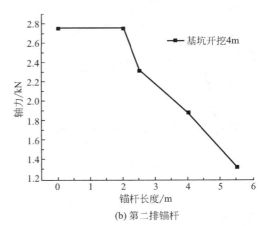

(b) 第二排锚杆

图 2.35 传统锚杆（5号）轴力图

**2. 全粘结锚杆轴力分析**

图 2.37、图 2.38 分别为基坑开挖过程中 2 号、3 号全粘结锚杆第一排、第二排锚杆轴力沿锚杆长度的变化情况，从图中可以看出：

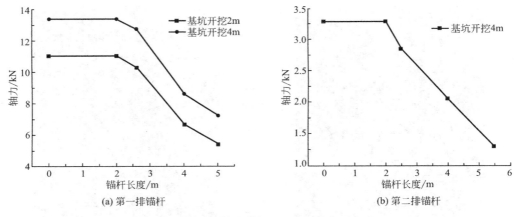

图 2.36    传统锚杆（6 号）轴力图

（1）全粘结锚杆所受轴力随着基坑开挖深度的逐步加深而不断增大，基坑土体开挖导致支护一侧土体有向坑滑动的趋势，由此产生的土压力将作用于支护结构，致使基坑侧壁土体向坑内发生移动，此时全粘结锚杆开始发挥作用。

（2）全粘结锚杆的轴力沿锚杆全长呈现两端小、中间大的分布形式，并随着基坑开挖深度的增加，全粘结锚杆轴力最大值向后移动。

（3）就同一编号全粘结锚杆，在同一工况下，第一排全粘结锚杆比第二排全粘结锚杆受力要大，基坑开挖 4m 时，排桩的存在使第一排锚杆此时所受的不平衡力更加明显。

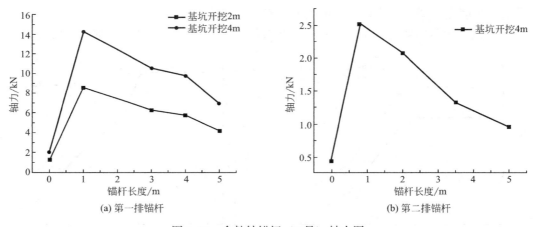

图 2.37    全粘结锚杆（2 号）轴力图

### 2.3.1.6    试验结论

开展了关于排桩复合全粘结锚杆支护和传统桩锚支护两种支护结构的对比试验，由于受疫情影响，试验未能实施加载，仅对已完成工作的试验数据进行了整理与分析，得到如下结论：

（1）全粘结锚杆的轴力沿锚杆全长呈现两端小、中间大的分布形式，随着基坑开挖深度的增加，全粘结锚杆的轴力沿整长都有增大的趋势且锚杆轴力最大值向后移动。

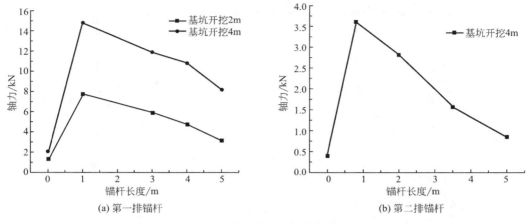

(a) 第一排锚杆      (b) 第二排锚杆

图 2.38　全粘结锚杆（3 号）轴力图

（2）传统锚杆的轴力在锚固段沿锚固段长度呈现不断减小的分布形式，锚杆轴力也随着基坑开挖深度的增加而有所增大。

（3）在试验条件下，全粘结锚杆的轴力最大值为 14.8kN，对应的传统锚杆轴力值为 13.4kN，全粘结锚杆轴力最大值略大于传统锚杆轴力最大值，但前端全粘结锚杆的轴力远小于传统锚杆的轴力。

## 2.3.2　全粘结锚杆面板加载试验

通过混凝土面层加载试验研究其工作过程中锚板部位土压力的变化情况、锚板位移、混凝土面层的开裂情况及发展范围、钢筋的屈服程度和曲线的变化趋势。

### 2.3.2.1　试验条件

试验条件详见本书第 2.3.1.1 节。

### 2.3.2.2　试验设计

试验以水平放置的梁+板结构来模拟排桩+面板结构，以竖向放置的锚杆来代替水平的全粘结锚杆，通过锚杆施加预应力来达到面板加载的效果。试验占地为 7.9m×2m，试验分为横向 5 跨，共纵向布置 6 根地梁，梁间距为 1.5m，全粘结锚杆采用直径 300mm，长 13m 配置带肋钢筋的锚杆，每根锚杆布置在两个梁中间的位置，间距为 1.5m，试验装置如图 2.39 所示。

试验所布设 6 根长度为 2m 的地梁，截面尺寸为 400mm×500mm，梁作为排桩模拟受力，梁与梁之间的间距为 1.5m，梁内配置 6φ14 的钢筋笼，见图 2.40；全粘结锚杆布置在两根梁中间，采用孔内灌浆小直径桩，桩径 300mm、桩长 13m、内置 φ32 的带肋钢筋；锚板采用方形钢板，尺寸分为 150mm×150mm×20mm 和 300mm×300mm×20mm；混凝土面层采用 C20 混凝土，面层内配置 φ8@200 钢筋网，锚杆部位设置横向和纵向各 2 根Φ14 的加强筋。

地梁浇筑完成后在室外养护 28d 后埋设土压力盒来测量地基反力，土压力盒布置见图 2.41。

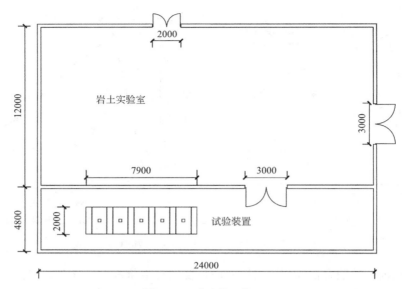

图 2.39 试验装置位置

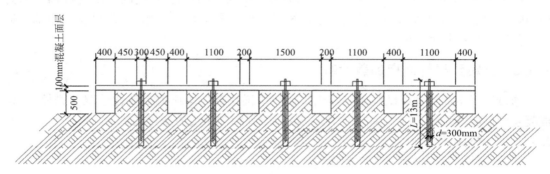

图 2.40 试验布置剖面示意图

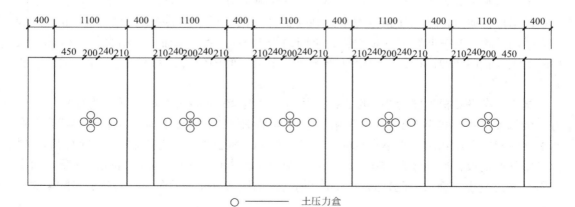

○ —— 土压力盒

图 2.41 土压力盒的埋设位置

由于试验主要需要测量锚板下方受力情况，所以土压力盒埋设在锚板下方部位需将全粘结锚杆桩头位置部分剔除 50cm，然后使用砂土进行回填，土压力盒布置在距离面层 25cm 的位置处（图 2.42、图 2.43）。

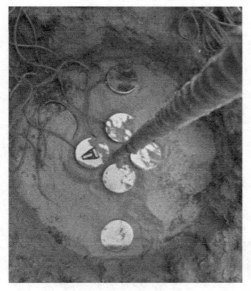

图 2.42　锚杆位置处土压力盒埋设情况

图 2.43　回填土

土压力盒布设完成、回填土已经挤压密实后，进行面层钢筋的布置，面层配筋采用 $\phi 8@ 200 \times 200$ 的单层钢筋网，每根锚杆位置横向纵向各设置两根 $\phi 14$ 加强筋。先布置单层钢筋网，再布置双向加强筋，如图 2.44 所示。

图 2.44　面层配筋的布置

为了研究混凝土面层在试验过程中的受力情况，使用分布式光纤传感测量技术来测试分析加载时面层的受力（图 2.45）。

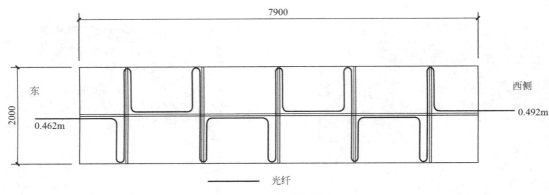

图 2.45 光纤布设图

部分现场布设节点位置如图 2.46、图 2.47 所示。

图 2.46 光纤布置（一）　　　　　　　　图 2.47 光纤布置（二）

### 2.3.2.3 试验加载

试验设想对比分析两种不同尺寸的锚板在加载过程中的受力，故试验过程中需要进行锚板更换，初始加载采用 300mm×300mm×20mm 的锚板进行锚固并分级加载至 160kN，每级加载完成 10min 后开始读取土压力盒和电子位移计的数值以及采集光纤的数值，20min 后开始进行下一级的加载。

试验加载前先重新读取所有土压力盒的初始值并记录，对光纤传感器的数据进行初始值的采集（表 2.4）。

| 荷载等级 | 1 | 2 | 3 | 4 | 5 | 6 | 7 | 8 |
|---|---|---|---|---|---|---|---|---|
| 加载/kN | 20 | 40 | 60 | 80 | 100 | 120 | 140 | 160 |

第二次试验将 5 根锚杆的锚板从 300mm×300mm×20mm 更换为 150mm×150mm×20mm 的锚板，按照每级 15kN 继续加载至混凝土面层破坏，并记录最终破坏时的加载量（表 2.5）。

**第二次试验加载分级表** 表 2.5

| 荷载等级 | 1 | 2 | 3 | 4 | 5 | 6 | 7 | 8 |
|---|---|---|---|---|---|---|---|---|
| 加载/kN | 15 | 30 | 45 | 60 | 75 | 90 | 105 | 120 |

| 荷载等级 | 9 | 10 |
|---|---|---|
| 加载/kN | 135 | 150 |

#### 2.3.2.4 位移计的数据采集与分析

本节主要采集两次试验过程中 10 个测点所布置的电子位移计的数据，随着荷载的增加，位移量也不断增加，并在混凝土面层破坏时位移量存在突变值，记录每级荷载增量下的位移变化值。

在第一次试验中，使用尺寸为 300mm×300mm×20mm 的锚板，对 5 根全粘结锚杆同时加载得到的全粘结锚杆锚板两侧位置随加载过程的位移曲线如图 2.48 所示。

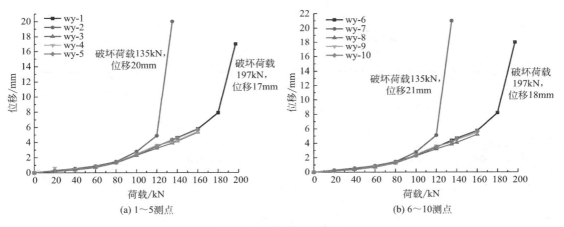

(a) 1~5测点    (b) 6~10测点

图 2.48　位移测点曲线

第二次试验中对 3~5 号全粘结锚杆进行加载，该次试验所使用的是 150mm×150mm×20mm 的锚板，图 2.49 为 3~5 号锚杆锚板部位布设的 6 台电子位移计所采集到的荷载-位移曲线。

#### 2.3.2.5 土压力盒数据采集与分析

本节主要对试验过程中采集到的 28 个测点分析了两次试验加载过程中随着荷载的增加，锚板下方以及锚杆两侧土压力的变化值，并分析土反力的大小及变化规律。

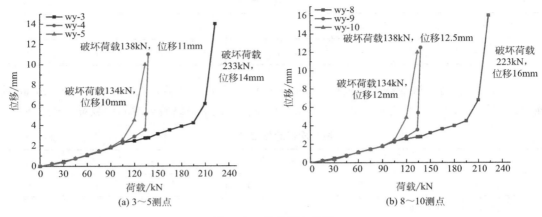

图 2.49　位移测点曲线

图 2.50 为第一次试验加载过程中，1~5 号全粘结锚杆对应单元内的土压力的变化值。

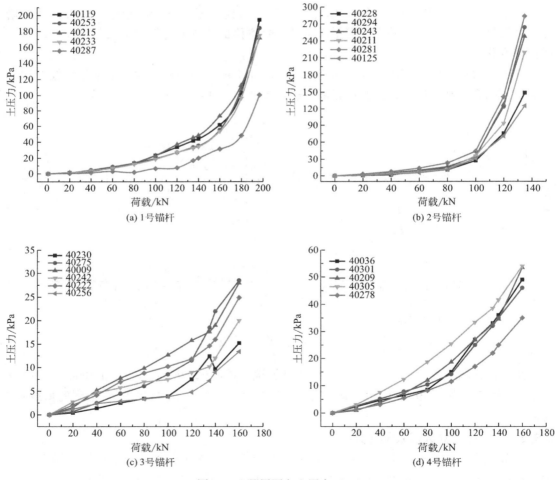

图 2.50　面层下方土压力（一）

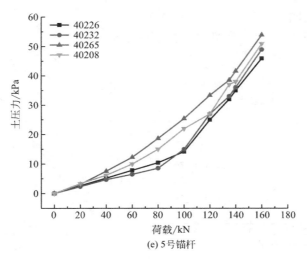

(e) 5号锚杆

图 2.50 面层下方土压力 (二)

图 2.51 为第二次试验加载过程中，3~5 号全粘结锚杆对应单元内的土压力的变化值。

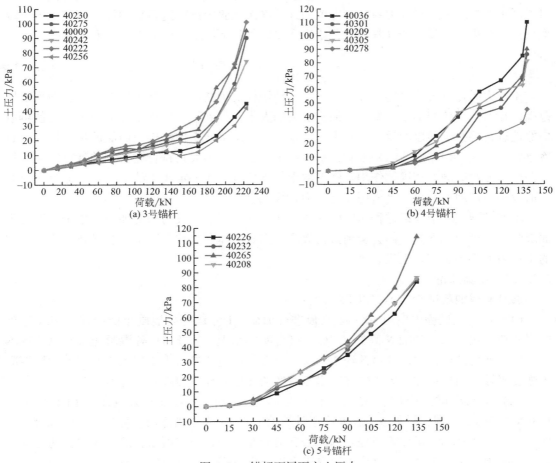

(a) 3号锚杆

(b) 4号锚杆

(c) 5号锚杆

图 2.51 锚杆面层下方土压力

#### 2.3.2.6 土反力的计算

两次试验的土反力–位移曲线见图 2.52、图 2.53。

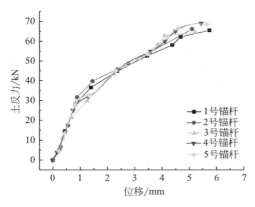

图 2.52 第一次试验土反力–位移曲线　　　图 2.53 第二次试验土反力–位移曲线

不同条件下的土由于 $c$、$\varphi$ 值的不同进而会导致土的水平反力系数大小有所差异，针对不同土体对应的水平反力系数参考值的计算本次试验中没有进行更加深入探究，但可以根据试验结果与土反力的计算公式，给出本试验条件下该土体的水平反力系数参考值：

$$k_s = \frac{N_j}{v(a + 2h_0)^2} = 1.46 \times 10^4 \tag{2.101}$$

土反力的计算公式可用于计算排桩全粘结锚杆支护结构中锚杆锚板部位墙后冲切锥体范围内在不同土体变形量下所对应的土反力的大小，得到不同位移条件下的土反力值可以更好地进行混凝土面层的设计，对于研究排桩全粘结锚杆支护结构中面层的抗冲切性能有着重要的影响。根据试验结果来看，锚板部位土反力大小大致符合此公式的计算结果，但在锚板下方对应的冲切锥体作用范围外的土体虽然也存在一定大小的土反力，但是土反力的值较小，作用不明显，不适用此土反力计算式。

本次模型试验中加载过程为竖向加载，而实际工程中一般为横向加载；由于在混凝土面层受压过程中，下方土体会受到挤密效应，本身土体存在重力因素，会导致试验中得到的土反力值略小于实际工程。

#### 2.3.2.7 试验结论

通过面板加载试验，得到以下结论：

（1）第一次试验中使用 300mm 锚板进行加荷，1 号锚杆处混凝土面层在 197kN 达到极限荷载，比计算值 187kN 高约 5.3%，符合实际情况；2 号锚杆处混凝土面层在 135kN 提前发生冲切破坏，比计算值低约 27.8%，推测原因是浇筑时人工拌和不均匀，面层混凝土强度不够，面层下方回填土体存在未压密实的部位而导致加载时受力不均匀。

（2）第二次试验中使用 150mm 锚板进行加荷，4、5 号锚板处混凝土面层分别于 138kN、134kN 达到极限承载力，略高于计算值 132kN；3 号锚杆加载至 223kN 时混凝土面层才发生冲切破坏，比计算值提高 68.9%，分析是由于该位置所布置的双向加强筋完全受力，混凝土面层人工浇筑时该位置混凝土面层强度偏高，下方回填土挤压密实使面层可以均匀受力。

（3）锚板下方土反力的大小变化较为规律，伴随加载随土体位移量的增大而增加，不同位移条件下土反力值可按 $N_{ij} = k_s \nu (a + 2h_0)^2$ 计算，试验结果显示土反力主要作用于锚板下方冲切锥体范围内，在冲切范围外土反力存在但数值较小。

（4）加载过程中，混凝土面层裂缝主要出现在锚板周围，达到极限荷载时锚板位置处面层出现明显下陷，破坏为冲切破坏，面层钢筋在试验过程中均未达到屈服状态；提出考虑土反力作用下的混凝土面层受冲切承载力的设计计算方法 $\gamma_0 \gamma_F (N_k - N_{ij}) \leqslant 1.2 f_t \eta u_m h_0$，并针对混凝土面层的设计与施工提出改进性建议。

# 2.4　工程应用

## 2.4.1　深厚杂填土基坑工程

1. 工程概况

绿地滨湖国际城规划 200 万 m² 复合型生态城市综合体，项目位于郑州市二七区南部大学南路与南四环交叉口东北角。其中，六区位于场地东南部，东邻规划星月路，北邻规划芳仪路，西邻规划望桥路，南邻规划南四环辅道。场地周边环境相对简单，且无地下管线等设施。基坑开挖深度 16.5m。

场地内分布有大量杂填土，深度最深处约 31.5m，杂填土为近 5 年内拆迁工地倾倒建筑垃圾、生活垃圾等形成。杂填土成分分布极不均匀，呈多种土混合状态，局部地段素土居多，局部地段建筑垃圾居多，局部地段生活垃圾居多。杂填土含大量砖块、混凝土块、水泥块等建筑垃圾及生活垃圾，给基坑支护设计、施工带来巨大困难。

2. 工程地质条件

（1）地质条件

①₁ 层：杂填土（$Q_{4-3}^{ml}$），杂色，稍湿，松散，以建筑垃圾为主，建筑垃圾占 50% ~ 95%，充填土主要为粉土，局部混有生活垃圾，含砖瓦块、石子、混凝土块（少量混凝土块含钢筋）、混凝土桩桩头等建筑垃圾及少量生活垃圾，局部大块建筑垃圾集中，土质不均匀。

①₂ 层：杂填土（$Q_{4-3}^{ml}$），杂色，稍湿，松散，以生活垃圾为主，生活垃圾占 50% ~ 90%，土体臭味较大，主要成分为塑料袋、碎布、腐殖质等，充填土主要为粉土，混有少量建筑垃圾，土质不均匀。

①₃ 层：素填土（$Q_{4-3}^{ml}$），褐黄—浅黄色，稍湿，松散，以粉土为主，土体占 60% ~ 95%，偶见砖瓦块、石子、混凝土块等建筑垃圾及塑料袋、碎布、腐殖质等生活垃圾。

⑦ 层：粉质黏土（$Q_3^{al}$），褐红色，硬塑—坚硬，干强度中等，无摇振反应，韧性中等，有光泽，含铁、锰质氧化物，较多 1 ~ 4cm 直径姜石，局部姜石富集，局部地段夹有钙质胶结薄层，芯样不连续，取芯率低，呈短柱状，钻进比较困难。

⑧ 层：粉质黏土（$Q_2^{al+pl}$），褐红色，硬塑—坚硬，干强度中等，无摇振反应，韧性中等，有光泽，含铁、锰质氧化物，较多 1 ~ 4cm 直径姜石，局部姜石富集，局部地段夹有钙

质胶结薄层，芯样不连续，取芯率低，呈短柱状，钻进比较困难。局部地段夹有粉土薄层。

⑧$_1$层：粉砂（$Q_2^{al+pl}$），褐黄—黄褐色，饱和，密实，颗粒级配一般，成分主要为长石、石英，含铁锰质氧化物、云母、蜗牛壳碎片。该层呈透镜体形式出现，仅在个别地段揭露。

⑨层：粉质黏土（$Q_2^{al+pl}$），褐红—棕红色，硬塑—坚硬，干强度高，无摇振反应，韧性高，有光泽，含铁、锰质氧化物、钙质条纹、姜石较多。局部地段夹有钙质胶结薄层，芯样不连续，取芯率低，呈短柱状，钻进比较困难。

⑩层：粉质黏土（$Q_2^{al+pl}$），褐红—棕红色，硬塑—坚硬，干强度高，无摇振反应，韧性高，有光泽，含铁、锰质氧化物、钙质条纹、姜石较多。局部地段夹有钙质胶结薄层，芯样不连续，取芯率低，呈短柱状，钻进比较困难。

⑪层：细砂（$Q_2^{al+pl}$），褐黄色，饱和，密实，颗粒级配一般，成分主要为长石、石英，含云母、蜗牛壳碎片。

典型地层剖面图见图 2.54。

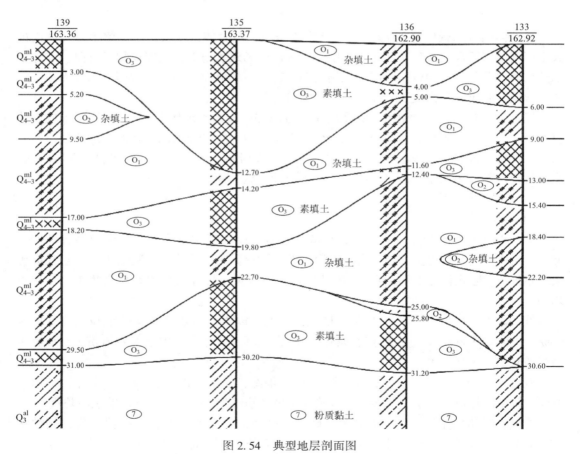

图 2.54　典型地层剖面图

### 3. 水文地质条件

根据含水层的埋藏条件和水理特征，场地内勘探深度范围内地下水类型为潜水。粉土、粉质黏土为弱透水层，砂土层为强透水层。勘测期间初见水位位于地面下 33.0~40.0m，实测稳定水位埋深为现地面下 36.6~43.0m，绝对高程介于 120.36~121.21m 之间。

4. 现场直剪试验

为了确定本工程杂填土抗剪强度指标，选择代表性位置进行现场大型直剪试验和水平推剪试验。素填土中进行 6 组直剪试验（图 2.55），块体较大的杂填土中进行 9 组推剪试验（图 2.56）。剪切试验结果见表 2.6。

图 2.55 现场直剪试验

图 2.56 现场推剪试验

剪切试验结果                                     表 2.6

| 素填土直剪试验 | | | 杂填土推剪试验 | | |
|---|---|---|---|---|---|
| 编号 | $c$/kPa | $\varphi$/° | 编号 | $c$/kPa | $\varphi$/° |
| 1 | 8.746 | 21.04 | 1 | 2.827 | 51.88 |
| 2 | 39.645 | 18.88 | 2 | 0.523 | 49.29 |
| 3 | 29.462 | 18.13 | 3 | 1.613 | 65.07 |
| 4 | 5.451 | 18.27 | 4 | 1.294 | 62.75 |
| 5 | 62.608 | 12.99 | 5 | 4.818 | 59.47 |
| 6 | 24.696 | 20.49 | 6 | 4.121 | 68.56 |
| | | | 7 | 4.557 | 58.13 |
| | | | 8 | 3.912 | 68.65 |
| | | | 9 | 2.127 | 52.49 |

本场地杂填土填筑时间持续 20~30 年，受雨水作用后有一定量充填物。当杂填土中有大量块体建筑垃圾分布时，因块体本身具有较高的强度且相互之间存在良好的咬合，使其具有较大的内摩擦角。在支护结构水平位移较小的条件下，杂填土能保持较高的抗剪强度。根据试验成果，素填土抗剪强度指标取标准值；杂填土抗剪强度指标考虑填土状态进行了大幅折减，如表 2.7 所示。

填土设计参数 表 2.7

| 土层编号 | 土层名称 | 重度 $\gamma$ /(kN/m³) | 抗剪强度 | |
|---|---|---|---|---|
| | | | $c$/kPa | $\varphi$/° |
| ①₁ | 杂填土 | 20.0 | 5 | 35 |
| ①₂ | 杂填土 | 20.0 | 5 | 35 |
| ①₃ | 素填土 | 20.0 | 10 | 18 |

**5. 支护方案**

周边环境及支护平面布置见图 2.57、图 2.58。

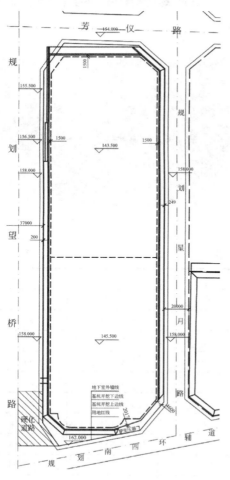

图 2.57 周边环境图

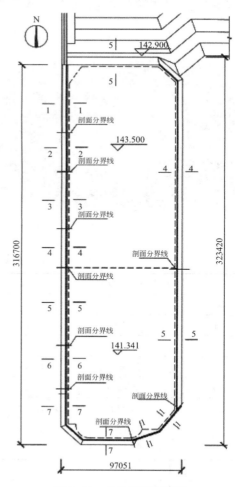

图 2.58 支护平面布置图

基坑西侧南段上部无放坡空间，开挖深度16.5m，采用排桩复合全粘结锚杆支护。桩径1200mm，间距1.5m，设置7排锚杆，竖向间距2m，锚杆长度21~29m，直径180mm。锚板尺寸200mm×200mm×20mm，面层厚度100mm，内配$\phi8@200$mm钢筋网，锚头部位设置$2\phi14$加强筋。基坑支护设计采用排桩-全粘结锚杆复合支护形式，支护结构见图2.59，现场照片见图2.60、图2.61。

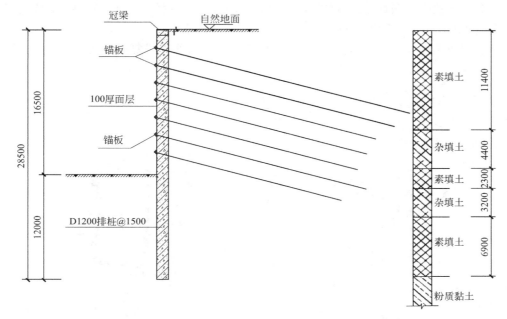

图 2.59　典型支护剖面图（5-5 剖面）

图 2.60　排桩-全粘结锚杆复合支护

图 2.61　全粘结锚杆端部锚板照片

6. 应用情况

六区基坑自2016年5月开始施工，2017年6月全部开挖至基坑底。截至2017年10月支护结构最大水平位移为10.28mm。支护结构最大沉降10.12mm，各项变形指标均满足规范要求。经测算，节省工程造价约1200万元，节省工期约2个月。

## 2.4.2 软土基坑工程

### 1. 工程概况

郑州凯旋广场项目位于郑州市花园路与农科路交叉口西北角，总占地面积 34175m²，总建筑面积约 27 万 m²，该项目包括 2 栋 32 层超高层建筑（高度 141.3m）、多栋商业裙房以及 3 层整体地库。项目总投资约 30 亿元。本项目基坑开挖深度 19.4m，局部 23m，基坑东西宽约 150m，南北长约 210m。

基坑周边四面邻近城市道路，其中主干道两条，地下管线复杂，支护难度较高（图 2.62）。

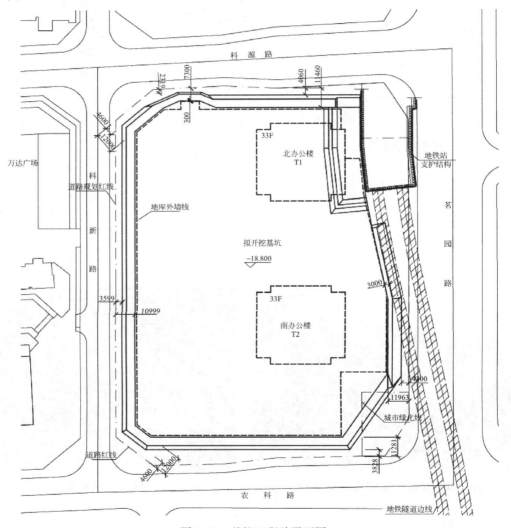

图 2.62 基坑工程总平面图

### 2. 工程地质条件和水文地质条件

基坑侧壁上部 13m 左右主要由 Q4 地层的粉质黏土、粉土层构成，13~16m 处有较厚的淤泥层；16～30m 主要为粉砂、细砂层；30m 以下为 Q3 地层的粉土、粉质黏土。地下水位在自然地面下 9.30～0.90m。主要地质分层描述如下：

①层：粉土（$Q_{4-3}^{al}$），褐黄色，稍湿，中密，干强度低，摇振反应中等，无光泽反应，韧性低，土质不均匀。土中含云母、铁质氧化物、少量蜗牛屑、植物根等，上部 0.3～0.5m 为耕植土，该层在场地内均有分布。

②层：粉质黏土（$Q_{4-3}^{al}$），黄褐色，可塑，干强度中等，无摇振反应，韧性中等，稍有光泽，土质不均匀，土中含铁质、少量小姜石、锈斑等，该层在场地内局部有缺失。

③层：粉质黏土（$Q_{4-3}^{al}$），黄褐—黄褐色，可塑，干强度中等，无摇振反应，韧性中等，稍有光泽，土质不均匀，土中含铁质、少量小姜石、锈斑等，局部夹粉土薄层。该层在场地内均有分布。

④层：粉土（$Q_{4-2}^{l}$），褐灰色，湿，稍密—中密，干强度低，摇振反应中等，无光泽反应，韧性低，土质不均匀。土中含云母、少量铁质氧化物、蜗牛屑等，局部夹粉砂薄层。该层在场地内均有分布。

⑤层：粉质黏土（$Q_{4-2}^{l}$），灰褐色，软塑，干强度中等，无摇振反应，韧性中等，稍有光泽，土质不均匀，土中含少量铁质、少量小姜石等，局部夹淤泥质粉质黏土薄层。该层在场地内局部缺失。

⑤₁层：粉土（$Q_{4-2}^{l}$），褐灰色，湿，中密，干强度低，摇振反应中等，无光泽反应，韧性低，含少量小姜石。该层在场地内均有分布。

⑥层：粉土（$Q_{4-2}^{l}$），褐灰色，湿，中密—密实，干强度低，摇振反应中等，无光泽反应，韧性低，含少量有机质、少量腐殖质、云母、蜗牛屑等。

⑦层：淤泥（$Q_{4-2}^{l}$），灰色—灰黑色，软塑—流塑，干强度中等，无摇振反应，韧性中等，稍有光泽，土质不均匀，土中含少量铁质、有机质、腐殖质、泥炭质等。该层局部为淤泥质粉质黏土和粉土薄层。该层在场地内均有分布。

⑧层：粉砂（$Q_{4-1}^{al+pl}$），灰褐—褐灰色，饱和，中密—密实，颗粒级配一般，主要成分为云母、石英、长石，含铁质氧化物、少量小姜石、蜗牛屑等，局部夹有粉土薄层。该层在场地内均有分布。

⑨层：细砂（$Q_{4-1}^{al+pl}$），褐灰—黄褐色，饱和，密实，颗粒级配一般，主要成分为云母、石英、长石，含铁质氧化物、少量小姜石、蜗牛屑等，局部为粉砂。层底夹少量小卵石，直径 1～3cm。该层在场地内均有分布。

⑩层：粉土（$Q_{3}^{al}$），黄褐色，湿，密实，干强度低，无摇振反应，韧性中等，局部夹有粉质黏土薄层。该层在场地内均有分布。

⑩₁层：细砂（$Q_{3}^{al}$），黄褐色，饱和，密实，颗粒级配一般，主要成分为云母、石英、长石，含铁质氧化物、少量小姜石、蜗牛屑等。该层在场地内分布不均。

⑪层：粉质黏土（$Q_{3}^{al}$），黄褐色，可塑—硬塑，稍有光泽，干强度中等，韧性中等，无摇振反应，土中含有少量姜石、铁锰质结核。该层在场地内分布均匀。

⑫层：粉质黏土（$Q_{3}^{al}$），黄褐色，硬塑，稍有光泽，干强度中等—高，韧性中等，无摇振反应，土中含有较多姜石、铁锰质结核及钙质条纹。局部夹 0.2～0.5m 厚钙质胶结层。该层在场地内分布均匀。

⑬层：粉质黏土（$Q_3^{al}$），褐黄—褐色，可塑—硬塑，干强度中等—高，韧性中等，无摇振反应，土中含有较多姜石、铁锰质结核及钙质条纹。局部夹0.3~0.6m厚钙质胶结层。该层在场地内分布均匀。

⑭层：粉土（$Q_2^{al+pl}$），褐黄—褐色，湿，密实，干强度低，无摇振反应，土中含有较多姜石、铁锰质结核及钙质条纹。局部夹0.3~0.5m厚钙质胶结层。该层在场地内分布均匀。

⑮层：粉质黏土（$Q_2^{al+pl}$），褐黄色，硬塑，切面稍有光泽，干强度中等—高，韧性中等，无摇振反应，土中含有较多姜石、铁锰质结核及钙质条纹，局部夹0.2~0.6m厚钙质胶结层。该层在场地内分布均匀。

典型地质剖面图见图2.63。

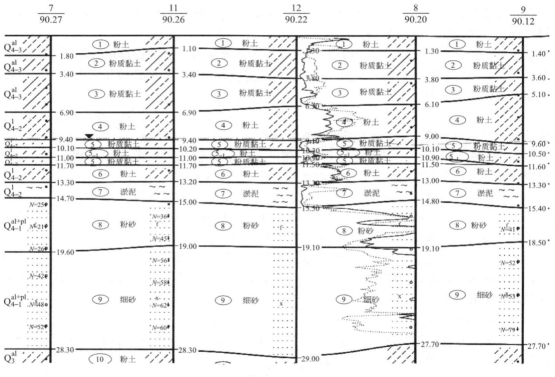

图2.63 典型地质剖面图

3. 支护方案

基坑南侧东段支护结构设计采用排桩-全粘结锚杆复合支护形式（排桩桩径800mm，4排全粘结锚杆），西段采用桩锚支护形式（桩径1m，3排预应力锚杆）。排桩-全粘结锚杆复合支护和桩锚支护典型剖面图如图2.64、图2.65所示。

4. 应用情况

基坑南侧、北侧采用的排桩复合全粘结锚杆支护形式变形监测最大值小于25mm，为相邻位置桩锚支护结构的2/3，工程造价节省约1000万元，节省工期约3个月。

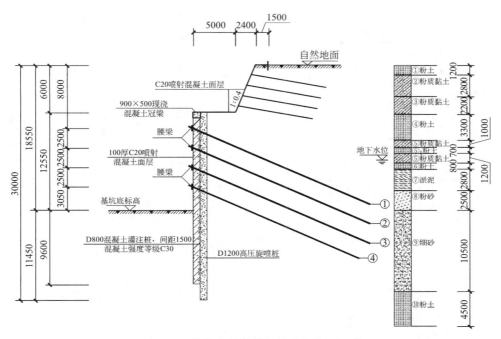

图 2.64 排桩全粘结锚杆复合支护剖面图

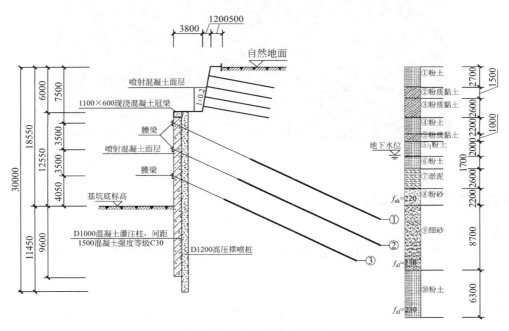

图 2.65 传统桩锚支护剖面

不同支护形式坑壁水平位移对比见图 2.66，现场开挖至基底见图 2.67。

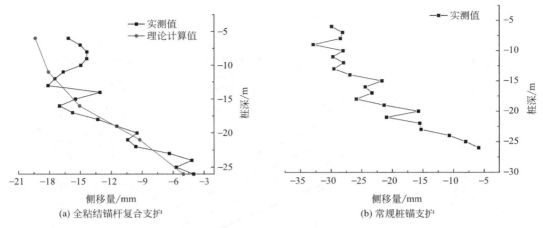

图 2.66 不同支护形式坑壁水平位移对比

图 2.67 现场开挖至基底

## 2.4.3 砂性土基坑工程

### 1. 工程概况

郑州市某基坑工程，设计开挖深度 15.6m，周边无需要保护的建（构）筑物。

### 2. 工程地质条件

（1）地质条件

场地属于黄河冲积平原区，地貌单一。场地现为耕地，地形较平坦，最大高差约 1.0m。

根据野外静探、钻探揭示，场地勘探深度 80m 范围内主要为第四纪全新世、晚更新世沉积的地层。现将勘察深度内的土层按其不同的成因、时代及物理力学性质差异分为 13 个工程地质单元层，上部主要土层的岩性特征及埋藏条件分述如下：

①粉土夹粉砂（$Q_4^{al}$）：层底埋深 1.7～3.6m，层底高程 80.42～82.06m，层厚 1.7～3.6m。

地层呈黄褐色，稍湿，中密，干强度低，韧性低，偶见锈黄色斑纹，触摸稍有砂感。局部夹粉砂，稍密，主要矿物成分为石英、长石及少量云母。该层浅部 0.3～0.4m 为耕植土，以粉土为主，含大量植物根系及少量腐殖质。

②粉砂夹粉土（$Q_4^{al}$）：层底埋深 4.5～7.5m，层底高程 76.48～79.25m，层厚 2.3～4.5m。

地层呈黄褐色、灰褐色，稍湿—饱和，稍密，主要矿物成分为石英、长石及少量云母，偶见蜗牛壳碎片及褐灰色腐殖质斑纹。夹粉土，稍湿—湿，中密—密实，干强度低、韧性低，触摸稍有砂感。该层局部发育有②₁层粉土。

②₁粉土（$Q_4^{al}$）：层底埋深 2.9～5.9m，层底高程 78.13～80.98m，层厚 0.5～1.6m。

地层呈黄褐色、灰褐色，稍湿—湿，稍密—中密，干强度低、韧性低，触摸稍有砂感。局部为粉质黏土薄层，软塑—可塑，切面稍光滑。

③粉质黏土夹粉土（$Q_4^{al}$）：层底埋深 7.4～10.8m，层底高程 72.96～76.43m，层厚 0.5～4.0m。

地层呈灰黑色，局部褐灰色，软塑—可塑，干强度中等，韧性中等，含少量腐殖质，稍有腥臭味，触摸有砂感。局部夹粉土，稍密—中密，触摸砂感强。本层局部混杂少量细砂、中砂。

④中砂（$Q_4^{al}$）：层底埋深 12.0～14.5m，层底高程 69.24～71.77m，层厚 1.5～6.5m。

地层呈灰褐色、黄褐色，饱和，中密—密实，主要矿物成分为石英、长石及少量云母。

⑤粉土夹粉质黏土（$Q_4^{al}$）：层底埋深 12.7～15.5m，层底高程 68.26～71.07m，层厚 0.5～1.6m。地层呈黄褐色，湿，密实，干强度低、韧性低，触摸砂感强，偶见蜗牛壳碎片。局部夹粉质黏土薄层，可塑，切面稍光滑。

⑥粉砂（$Q_4^{al}$）：层底埋深 16.0～18.6m，层底高程 65.43～67.76m，层厚 1.5～4.6m。

地层呈黄褐色，饱和，中密—密实，主要矿物成分为石英、长石及少量云母，偶见蜗牛壳碎片。局部夹粉土薄层，中密—密实，触摸砂感强。

⑦细砂（$Q_4^{al}$）：层底埋深 31.5～33.3m，层底高程 50.72～52.25m，层厚 15.4～16.8m。

地层呈黄褐色，饱和，密实，主要矿物成分为石英、长石及少量云母，偶见蜗牛壳碎片。该层局部发育有⑦₁层粉质黏土薄层、透镜体。

⑦₁粉质黏土（$Q_4^{al}$）：层底埋深 53.26～56.26m，层底高程 27.5～30.5m，层厚 0.5～1.5m。地层呈黄褐色，可塑，干强度中等，韧性中等，切面稍光滑。该层仅在场地中、南部局部呈薄层、透镜体状分布。

基坑施工过程中，⑦₁层以下土层对基坑稳定性影响较小，故不再列出。

（2）水文地质条件

勘察期间，本场地地下水水位埋深在自然地面以下 5.2～5.5m（高程约 78.5m）。据调查，本场地历史最高地下水位埋深约 1.0m（高程约 83.0m），自然条件下地下水位年变幅约 1.5m，推测其设计基准期内年平均最高地下水位约为 1.0m（高程约 83.0m）。

地下水的补给主要为大气降水补给，排泄主要为蒸发、人为开采地下水及工程建设施工降水等。根据本场地地下水埋藏、分布特征及区域水文地质资料，本场地地下水类型可分为潜水及微承压水，受降水入渗及农田灌溉影响，勘察期间场地浅部地下水位以上第①、②、②₁ 层土含水量局部偏高。地下水主要赋存于约 42.0m 以浅粉砂、细砂、中砂及粉土层中。8.0~9.0m 以浅的粉土、粉质黏土层主要为潜水弱透水层；以下至 42.0m 左右深度范围内的粉砂、细砂层主要为微承压水透水层。

（3）土层参数

根据本场地室内土工试验结果并结合本场地周边已有试验成果资料，对地基土的快剪和三轴不固结不排水（UU）剪切试验结果进行统计，分别列于表 2.8、表 2.9。

**直剪（快剪）试验成果建议值**　　　　　　　表 2.8

| 层号 | ① | ② | ②₁ | ③ | ④ | ⑤ | ⑥ | ⑦ |
|---|---|---|---|---|---|---|---|---|
| 黏聚力 $c_k$ /kPa | 12.9 | 8.5 | 17.0 | 14.8 | 0* | 13.0 | 2.0* | 0* |
| 内摩擦角 $\varphi_k$ /° | 22.2 | 22.6 | 21.7 | 7.5 | 30.0* | 16.0 | 25.0* | 30.0* |
| 层号 | ⑦₁ | ⑧ | ⑨ | ⑩ | ⑪ | ⑫ | ⑬ | |
| 黏聚力 $c_k$ /kPa | 27.4 | 23.7 | 0* | 29.6 | 45.0 | 30.9 | 2.0* | |
| 内摩擦角 $\varphi_k$ /° | 8.9 | 11.0 | 30.0* | 13.5 | 10.5 | 17.7 | 25.0* | |

注：带 * 者为经验值。

**三轴不固结不排水（UU）剪切试验抗剪强度指标建议值**　　　　　　　表 2.9

| 层号 | ① | ② | ②₁ | ③ | ④ | ⑤ | ⑥ | ⑦ |
|---|---|---|---|---|---|---|---|---|
| 黏聚力 $c_u$ /kPa | 11.7 | 6.0 | 12.1 | 11.6 | 0* | 12.5 | 2.0* | 0* |
| 内摩擦角 $\varphi_u$ /° | 17.3 | 21.8 | 15.2 | 7.0 | 30.0* | 15.5 | 25.0* | 30.0* |

注：带 * 者为经验值。

根据原位测试及土工试验结果，结合地区建筑经验，综合确定地基土承载力特征值及压缩模量，结果见表 2.10。

**地基土承载力特征值及压缩模量**　　　　　　　表 2.10

| 层号 | ① | ② | ②₁ | ③ | ④ | ⑤ | ⑥ | ⑦ | ⑦₁ | ⑧ |
|---|---|---|---|---|---|---|---|---|---|---|
| 土名 | 粉土夹粉砂 | 粉砂夹粉土 | 粉土 | 粉质黏土夹粉土 | 中砂 | 粉土夹粉质黏土 | 粉砂 | 细砂 | 粉质黏土 | 粉质黏土夹粉土 |
| $f_{ak}$/kPa 建议值 | 140 | 130 | 105 | 95 | 240 | 160 | 200 | 260 | 200 | 240 |
| 压缩模量 $E_{s0.1-0.2}$ | 9.0 | 12.0 | 5.6 | 4.5 | 22.0 | 10.5 | 18.5 | 23.0 | 8.0 | 9.5 |
| 压缩性评价 | 中 | 中 | 中 | 高 | 低 | 中 | 低 | 低 | 中 | 中 |

3. 工程设计

根据场地条件和土质情况，采用上部放坡、下部排桩全粘结锚杆复合支护结构方案。排桩直径 0.6m，设置 4 排全粘结锚杆，水平间距 1.5m，排距 2.0m，锚固体直径 150mm，长度分别为 15m 和 14m。支护剖面示意图如图 2.68 所示。

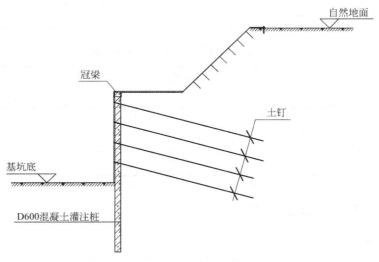

图 2.68　支护剖面示意图

4. 工程应用情况

该基坑工程在完成地下二层施工时，桩顶水平位移、桩身深层水平位移、基坑顶部沉降、锚杆轴力监测结果如图 2.69、表 2.11 和表 2.12 所示。

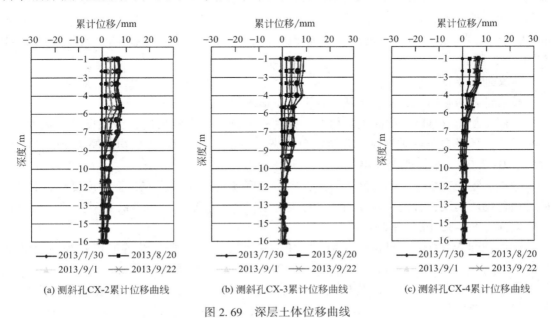

(a) 测斜孔CX-2累计位移曲线　　(b) 测斜孔CX-3累计位移曲线　　(c) 测斜孔CX-4累计位移曲线

图 2.69　深层土体位移曲线

水平位移及沉降监测结果与计算结果比较 表 2.11

| 监测项目 | 基坑顶部水平位移/mm | 桩顶水平位移/mm | 最大土体水平位移/mm | 基坑顶部沉降/mm |
|---|---|---|---|---|
| 监测数据平均值 | 8.2 | 4.8 | 8.2 | 16.56 |
| 设计计算值 | — | 27 | 33 | 31 |

锚杆端部轴力监测结果与计算结果比较 表 2.12

| 监测项目 | 第一排锚杆/kN | 第二排锚杆/kN | 第三排锚杆/kN | 第四排锚杆/kN |
|---|---|---|---|---|
| 开挖至坑底后锚杆端部轴力平均值 | 64.58 | 135.53 | 182.31 | 176.54 |
| 计算结果 | 84.17 | 131.11 | 161.43 | 161.57 |

## 2.4.4 中原文化广场基坑工程

1. 工程概况

中原文化广场一期项目位于郑州市中原区，为多栋高层商住楼及连通 3 层地下室。基坑深度为自然地面下 16.40m。基坑西侧 3.8m 为用地红线，红线外 6.45m 为二砂家属院多栋 7 层建筑物，基础形式、埋深不详；基坑北侧 1~5m 为用地红线，红线外为机六院用地，场地内有多栋 5~7 层建筑，基础形式、埋深不详，机六院北侧为中原路；基坑东侧 6m 为用地红线，红线外为桐柏路；基坑东南侧为 1 栋 18 层建筑及 2 层地下室，1 栋 30 层建筑及 1 层地下室，1 栋 29 层建筑及 1 层地下室，主楼下为 CFG 桩复合地基；基坑南侧 6m 为用地红线，红线外为洛河路。基坑周边环境如图 2.70 所示。现场施工环境如图 2.71 和图 2.72 所示。

水文地质条件

按岩性及力学特征，地基土从上到下分层描述如下：

①层：粉土（Q4），黄褐色，稍湿，稍密—中密，无光泽反应，干强度低，韧性低，砂感较强，偶见白色钙质网纹，含锈黄色浸染。层厚 3.0~7.0m，平均层厚 4.49m；层底埋深 3.0~7.0m，平均埋深 4.49m。

②层：粉土（Q4），黄褐色，稍湿，中密—密实，无光泽反应，干强度低，韧性低。偶见白色钙质网纹，含锈黄色浸染，局部夹薄层粉砂。层厚 3.0~6.0m，平均层厚 4.27m；层底埋深 6.50~12.0m，平均埋深 8.76m。

③层：细砂（Q4），褐黄色，稍湿，中密—密实。主要成分以石英长石为主。层厚 1.0~4.0m，平均层厚 1.94m；层底埋深 8.60~13.5m，平均埋深 10.70m。

④层：粉质黏土（Q3），黄褐—灰黄色，可塑，切面稍光滑。干强度中等，韧性中等。局部夹薄层粉土。层厚 0.70~4.60m，平均层厚 2.42m；层底埋深 10.0~16.2m，平均埋深 13.12m。

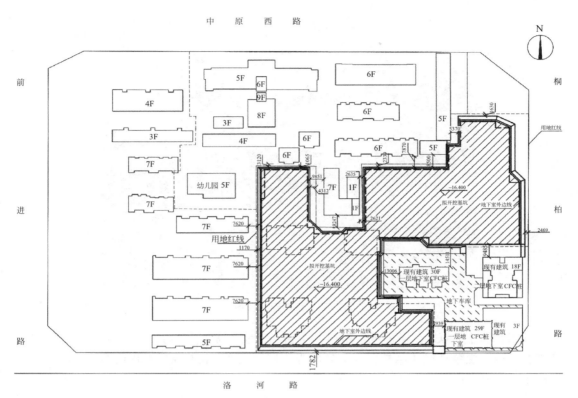

图 2.70 基坑周边环境平面示意图

图 2.71 现场施工环境一

图 2.72 现场施工环境二

⑤层：粉土（Q3），褐黄色，稍湿，中密—密实。无光泽反应，干强度低，韧性低。含姜石及少量黑色铁锰质结核，局部砂感强。层厚 3.70~6.50m，平均层厚 4.74m；层底埋深 14.4~21.3m，平均埋深 17.86m。

⑥层：粉质黏土（Q3），黄褐—灰黄色，可塑，切面稍光滑。含黑色铁锰质斑点，干强度中等，韧性中等。局部夹薄层粉土。层厚 1.0~2.80m，平均层厚 1.75m；层底埋深 16.0~24.0m，平均埋深 19.52m。

⑦层：粉土（Q3），黄褐色，稍湿，密实。无光泽反应，干强度低，韧性低。含黑色铁锰质斑点及较多 0.5~1.0cm 小姜石，局部姜石较富集，见白色钙质条纹。层厚 2.3~7.00m，平均层厚 4.31m；层底埋深 19.6~27.5m，平均埋深 23.77m。

⑧层：粉质黏土（Q3），黄褐色，可塑—硬塑，切面稍光滑，含黑色铁锰质斑点，干强度高，韧性高。层厚 1.2~5.0m，平均层厚 3.36m；层底埋深 21.4~30.9m，平均埋深 26.81m。各土层力学性质参数如表 2.13 所示。

**基坑工程设计土层参数采用值** 表 2.13

| 土层编号 | 土层名称 | 重度 $\gamma$ /（kN/m³） | 黏聚力 $c$ /kPa | 内摩擦角 $\varphi$ /° | 地基承载力 /kPa | 压缩模量 /MPa |
|---|---|---|---|---|---|---|
| ① | 粉土 | 18.1 | 19.0 | 28.0 | 110 | 6.6 |
| ② | 粉土 | 18.2 | 17.0 | 28.0 | 180 | 11.2 |
| ③ | 细砂 | 20.0 | 4.0 | 27.0 | 190 | 16.5 |
| ④ | 粉质黏土 | 19.4 | 29.0 | 16.0 | 180 | 6.0 |
| ⑤ | 粉土 | 19.0 | 19.0 | 28.0 | 200 | 12.0 |

续表

| 土层编号 | 土层名称 | 重度 γ /(kN/m³) | 黏聚力 c /kPa | 内摩擦角 φ /° | 地基承载力 /kPa | 压缩模量 /MPa |
|---|---|---|---|---|---|---|
| ⑥ | 粉质黏土 | 19.4 | 29.0 | 16.0 | 200 | 7.0 |
| ⑦ | 粉土 | 18.8 | 18.0 | 28.0 | 210 | 10.2 |
| ⑧ | 粉质黏土 | 19.4 | 35.0 | 16.0 | 220 | 7.6 |

场地地下水水位埋深在自然地面以下 24.3~27.9m，年变幅约为 2.0m。本场地历史最高地下水位埋深约 23.0m。本场地地下水主要受大气降水补给，地下水类型为潜水类型。

2. 设计说明

（1）本工程基坑西侧设计采用上部土钉下部桩锚联合支护，北侧设计采用上部复合土钉下部桩锚联合支护，东侧、南侧设计采用排桩复合土钉支护，如图 2.73 所示。基坑 1-1、2-2、3-3 剖面支护结构安全等级为一级，变形控制等级为一级，如图 2.74~图 2.76 所示。各支护剖面土钉/锚杆设计参数如表 2.14~表 2.16 所示。基坑周边超载设计取值 20kPa，5 层建筑基底局部超载设计取值 90kPa，6 层建筑基底局部超载设计取值 108kPa，7 层建筑基底局部超载设计取值 126kPa。基坑上口 2m 内不考虑堆载。

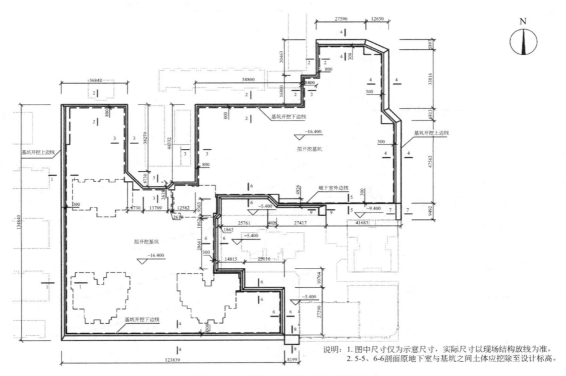

图 2.73　基坑支护平面布置示意图

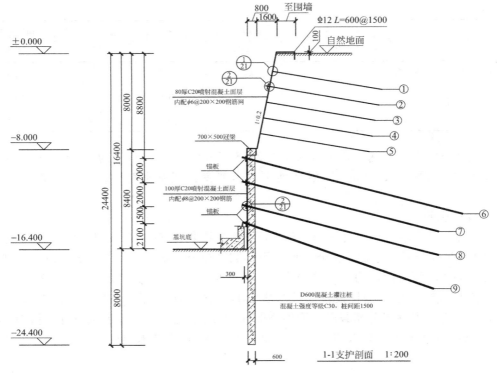

图 2.74　1-1 支护剖面图

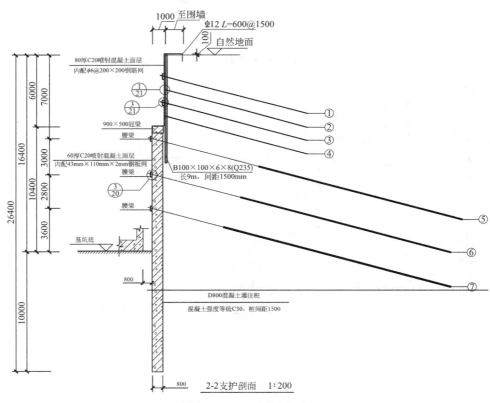

图 2.75　2-2 支护剖面图

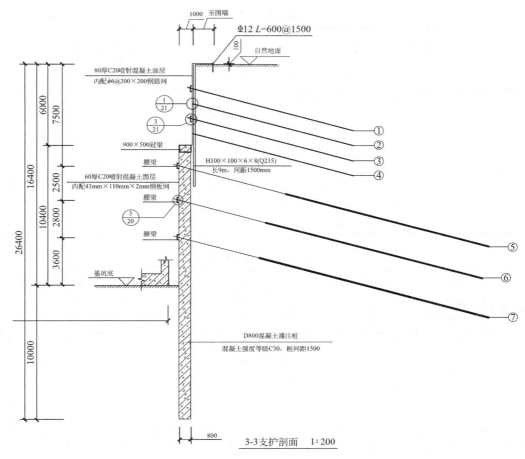

图 2.76 3-3 支护剖面图

**1-1 剖面土钉/锚杆设计表**                                    表 2.14

| 土钉/锚杆编号 | 位置深度/m | 承载力设计值/kN | 锚定设计值/kN | 锚固体直径/mm | 土钉/锚杆长度/m | 自由段长度/m | 锚固段长度/m | 倾斜角度/° | 水平间距/m |
|---|---|---|---|---|---|---|---|---|---|
| 1 | 1.50 | 75 | — | 120 | 9.00 | — | — | 10 | 1.50 |
| 2 | 2.80 | 75 | 50 | 120 | 9.00 | — | — | 10 | 1.50 |
| 3 | 4.10 | 75 | — | 120 | 9.00 | — | — | 10 | 1.50 |
| 4 | 5.40 | 75 | — | 120 | 9.00 | — | — | 10 | 1.50 |
| 5 | 6.70 | 75 | — | 120 | 9.00 | — | — | 10 | 1.50 |
| 6 | 8.80 | 500 | 160 | 150 | 18.00 | — | 18.00 | 15 | 1.50 |
| 7 | 10.80 | 450 | 160 | 150 | 16.00 | — | 16.00 | 15 | 1.50 |
| 8 | 12.80 | 500 | 220 | 150 | 16.00 | — | 16.00 | 15 | 1.50 |
| 9 | 14.30 | 450 | 160 | 150 | 16.00 | — | 16.00 | 20 | 1.50 |

**2-2剖面土钉/锚杆设计表**                                                                                    表2.15

| 土钉/锚杆编号 | 位置深度/m | 承载力设计值/kN | 锚定设计值/kN | 锚固体直径/mm | 土钉/锚杆长度/m | 自由段长度/m | 锚固段长度/m | 倾斜角度/° | 水平间距/m |
|---|---|---|---|---|---|---|---|---|---|
| 1 | 1.80 | 135 | 80 | 120 | 12.00 | — | — | 15 | 1.50 |
| 2 | 2.90 | 135 | — | 120 | 12.00 | — | — | 15 | 1.50 |
| 3 | 4.00 | 135 | 80 | 120 | 12.00 | — | — | 15 | 1.50 |
| 4 | 5.10 | 135 | — | 120 | 12.00 | — | — | 15 | 1.50 |
| 5 | 7.00 | 680 | 240 | 180 | 26.00 | 9.00 | 17.00 | 15 | 1.50 |
| 6 | 10.00 | 720 | 260 | 180 | 25.00 | 7.50 | 17.50 | 15 | 1.50 |
| 7 | 12.80 | 760 | 260 | 180 | 25.00 | 6.00 | 19.00 | 15 | 1.50 |

**3-3剖面土钉/锚杆设计表**                                                                                    表2.16

| 土钉/锚杆编号 | 位置深度/m | 承载力设计值/kN | 锚定设计值/kN | 锚固体直径/mm | 土钉/锚杆长度/m | 自由段长度/m | 锚固段长度/m | 倾斜角度/° | 水平间距/m |
|---|---|---|---|---|---|---|---|---|---|
| 1 | 1.80 | 135 | 80 | 120 | 12.00 | — | — | 15 | 1.50 |
| 2 | 2.90 | 135 | — | 120 | 12.00 | — | — | 15 | 1.50 |
| 3 | 4.00 | 135 | 80 | 120 | 12.00 | — | — | 15 | 1.50 |
| 4 | 5.10 | 135 | — | 120 | 12.00 | — | — | 15 | 1.50 |
| 5 | 7.50 | 590 | 220 | 180 | 23.00 | 8.00 | 15.00 | 15 | 1.50 |
| 6 | 10.00 | 620 | 260 | 180 | 22.50 | 6.50 | 16.00 | 15 | 1.50 |
| 7 | 12.80 | 700 | 280 | 180 | 23.00 | 6.00 | 17.00 | 15 | 1.50 |

（2）混凝土强度等级：灌注桩、冠梁为C30，喷射混凝土面层为C20。钢筋保护层厚度：喷射混凝土面层为30mm，灌注桩为35mm，冠梁为25mm。

（3）1-1剖面钢筋混凝土排桩设计桩径600mm，2-2、3-3剖面钢筋混凝土排桩设计桩径800mm，4-4、5-5、6-6剖面钢筋混凝土排桩设计桩径400mm。D600排桩支护结构桩顶设计700mm×500mm现浇混凝土冠梁，D800排桩支护结构桩顶设计900mm×500mm现浇混凝土冠梁，D400排桩支护结构桩顶设计500mm×350mm现浇混凝土冠梁。

（4）普通锚杆设计倾角15°，孔径80mm。全粘结锚杆设计倾角15°，孔径150mm，锚杆通过200mm×200mm×20mm锚板与喷射混凝土面层连接。1-1剖面锚杆按全粘结锚杆设计，施工中应预留不少于1.0m的自由段。

3. 基坑变形监测

共设65个竖向沉降观测点，具体布置情况如图2.77所示。2021年7月27日通过对65个观测点进行初始高程（m）、本次高程（m）、上次高程（m）、本次变化量（mm）、上次变化量（mm）监测，得出变化速率（mm/d）为-0.03mm/d有4点、-0.02mm/d有3点，-0.01mm/d有2点，其余均为0.00，说明基坑变形较小，符合规范要求。

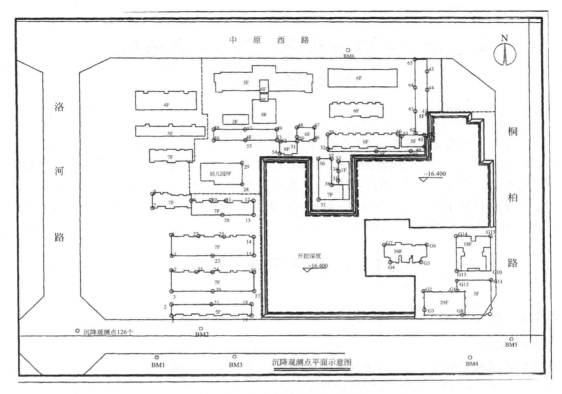

图 2.77　竖向沉降观测点布置图

# 参考文献

［1］李根红，周同和，郭院成．排桩锚杆复合土钉作用机制的试验研究与分析［J］．工程勘察，2014，42（1）：31-35.

［2］陈占鹏，高伟，李永辉．排桩复合土钉支护结构在深基坑工程中的应用［J］．建筑科学，2016，32（9）：114-130.

［3］郭院成，李永辉，周亮．排桩复合土钉支护结构受力变形机理分析［J］．地下空间与工程学报，2017，13（3）：692-697.

［4］李永辉，陈宁，郭院成．土钉施加预应力对排桩复合土钉支护的影响分析［J］．混凝土与水泥制品，2017，253（5）：79-83.

［5］许豹．全粘结锚杆的加筋与遮拦作用研究［D］．郑州：郑州大学，2020.

［6］程良奎等．岩土加固使用技术［M］．北京：中国建筑工业出版社，2003.

［7］张玉军，孙钧．锚固岩体的流变模型及计算方法［J］．岩土工程学报，1994，16（3）：33-45.

［8］中华人民共和国住房和城乡建设部．建筑基坑支护技术规程：JGJ 120—2012［S］．北京：中国建筑工业出版社，2012.

［9］秦四清，王建党．土钉支护机理与优化设计［M］．北京：地质出版社，1999.

# 第3章 扩体桩帷幕一体化-全粘结锚杆复合支护技术

近年来，超前支护桩作为一种常用手段，广泛应用于基坑工程复合支护结构中。常规的超前支护措施，如一般微型桩、水泥土桩等，其抗弯剪能力差，一般用于基坑较浅的复合土钉结构，设计计算时一般不考虑其对支护结构稳定性和变形的贡献[1]，造成一定浪费。为了有效发挥超前支护的作用，研发了以扩体桩为主的超前支护构件，与全粘结锚杆组合形成扩体桩-全粘结锚杆复合支护技术。

## 3.1 技术特征与工作机制

### 3.1.1 技术特征

扩体桩作为超前支护与全粘结锚杆、混凝土面板组成扩体桩-全粘结锚杆复合支护结构。扩体桩-全粘结锚杆复合支护基本形式如图 3.1 所示。

扩体组合桩作为一种新型的桩基形式，由混凝土桩或型钢外包裹水泥土混合料、水泥砂浆混合料、低强度等级混凝土等固结体组成。根据扩体桩材料、承载体形式的不同，扩体桩按表 3.1 进行分类。

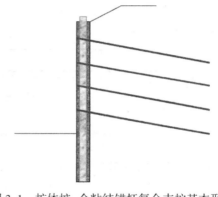

图 3.1 扩体桩-全粘结锚杆复合支护基本形式

扩体桩桩型

表 3.1

| 序号 | 桩型 | 芯桩或承载体 | 扩体、非承载体材料 |
|---|---|---|---|
| 1 | 投石注浆无砂混凝土桩 | 钢管、H 型钢 | 碎石、水泥浆 |
| 2 | 注浆钢管桩 | 钢管 | 水泥浆 |
| 3 | 预制混凝土扩体桩 | 混凝土预制桩、钢管混凝土预制桩 | 水泥土、水泥砂浆混合料、细石混凝土 |
| 4 | 型钢扩体桩 | 钢管、H 型钢 | 细石混凝土、水泥砂浆混合料 |

扩体桩-全粘结锚杆复合支护结构材料与构造一般满足以下要求：

（1）扩体桩桩径 300~500mm，内插型材最大外径与桩径之差不小于 100mm；

（2）全粘结锚杆杆体材料可采用预应力钢筋、钢绞线等；

（3）混凝土面板厚度和配筋应通过计算确定，且不应小于 80mm，面板混凝土强度等级不应低于 C20；

（4）扩体桩桩身强度不宜低于 5MPa。

### 3.1.2　工作机制

与常规劲性复合桩不同，扩体桩是将预制混凝土管桩或型钢的水泥土外包裹材料改为水泥砂浆混合料、低强度等级混凝土或者预拌水泥土等固结体。这样的外包裹材料相对均一、材料强度相对较高（水泥砂浆抗压强度大于 10MPa），这种组合桩可称为扩体桩。扩体桩技术引入长螺旋压灌浆、取土喷射搅拌扩孔（机械扩孔）等创新工艺，成功解决了既有复合桩技术（劲性水泥土搅拌桩、混凝土芯搅拌桩、水泥土复合管桩等）有效桩长短、土层适用性和施工能力有限的弊端，外包扩体后有效提高预制桩的水平承载性能。

扩体桩-全粘结锚杆复合支护结构在设计阶段充分考虑扩体桩的抗剪能力，大大增加无支锚条件下的单工况开挖深度，全粘结锚杆端部施加低预应力（锁定值为锚杆承载力设计值的 30%），有效控制支护结构变形。

相比常规复合土钉墙支护形式，扩体桩-全粘结锚杆支护结构的优点如下：

（1）扩体桩具有较高的抗弯、抗剪能力，作为超前支护桩可保证水平支锚构件施工前土体的稳定性，增加单次开挖深度。

（2）内插预制构件提高了桩体抗弯能力，采用复合土钉墙模式进行整体稳定性计算时，可计入扩体桩的抗滑力矩。

（3）基坑有截水要求时，可采用支护与帷幕一体化设计，将扩体桩与帷幕桩咬合形成一体化结构。

（4）扩展了复合土钉支护结构适用深度。

# 3.2　设计理论与施工技术

### 3.2.1　整体稳定性验算方法

由于扩体桩的存在，支护结构的整体圆弧滑动将存在以下两种情况：

（1）整体稳定圆弧滑动面通过扩体桩桩底，抗滑力矩均由滑动面上的土体提供。

（2）整体圆弧滑动面通过扩体桩嵌固段，抗滑力矩由滑动面上的土体及扩体桩的抗剪强度提供（图 3.2）。

对于第 1 种情况，整体稳定性验算方法参照现行行业标准《建筑基坑支护技术规程》JGJ 120 中桩锚支护结构进行整体稳定性验算。对于第 2 种情况，扩体桩-全粘结锚杆复合支护结构的整体稳定性验算应考虑超前支护桩抗剪作用 [式（3.1），图 3.3]。

$$K_{sj} = \frac{\sum \{ c_j l_j + [(q_j l_j + \Delta G_j) \cos\theta_j] \tan\varphi_j \} + \sum R'_{k,k} [\cos(\theta_j + \alpha_k) + \psi_v] / s_{x,k} + V_p}{\sum (q_j b_j + \Delta G_j) \sin\theta_j}$$

$$(3.1)$$

式中：$K_{sj}$——第 $j$ 个滑动圆弧的抗滑力矩与滑动力矩的最小比值，不应小于 1.3；

$c_j$、$\varphi_j$——第 $j$ 土条滑弧面处土的黏聚力（kPa）、内摩擦角（°）；

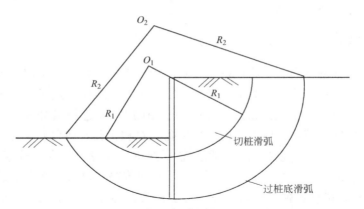

图 3.2　扩体桩支护整体稳定性验算

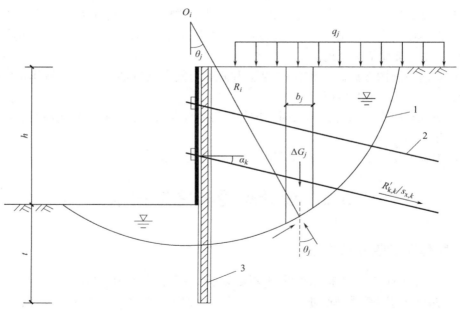

1—任意圆弧滑动面；2—锚杆；3—超前支护桩

图 3.3　圆弧滑动条分法整体稳定性验算

$b_j$——第 $j$ 土条的宽度（m）；

$\theta_j$——第 $j$ 土条滑弧面中点处的法线与垂直面的夹角（°）；

$l_j$——第 $j$ 土条的滑弧段长度（m），取 $l_j = b_j/\cos\theta_j$；

$q_j$——作用在第 $j$ 土条上的附加分布荷载标准值（kPa）；

$\Delta G_j$——第 $j$ 土条的自重（kN），按天然重度计算；

$R'_{k,k}$——第 $k$ 层锚杆或土钉在圆弧滑动体外锚固段的极限抗拔承载力标准值与杆体抗拉承载力标准值的较小值（kN）；

$\alpha_k$——第 $k$ 层锚杆的倾角（°）；

$s_{x,k}$——第 $k$ 层锚杆的水平间距（m）；

$\psi_v$——计算系数，可按 $\psi_v = 0.5\sin(\theta_k + \alpha_k)\tan\varphi$ 取值；

$V_p$——超前支护桩提供的抗滑力（kN/m），按式（3.2）计算。

超前支护桩抗剪强度提供的抗滑力可按下式计算确定：

$$V_p = \frac{f'_{v,k}A'}{\cos a_i} \tag{3.2}$$

式中：$f'_{v,k}$——桩身材料抗剪强度标准值（kPa），水泥土桩（墙）可按 $f_{cuk}/6$ 取值；

　　　 $A'$——折合到单位延米支护长度上的超前支护桩截面积（m²）。

### 3.2.2　超前支护预制混凝土扩体桩工作性能试验研究

为了研究扩体桩水平承载力，开展包裹材料分别为水泥土和水泥砂浆的预制混凝土桩水平承载足尺试验，探讨水泥土和水泥砂浆对预制混凝土管桩水平承载性能的影响，揭示水泥土和水泥砂浆两种不同材料对超前支护预制混凝土桩抗变形性能提高的作用机制[3]。

#### 3.2.2.1　试验场地地质条件

试验条件详见本书第 2.3.1.1 节，典型地质剖面图及试验桩深度见图 3.4。

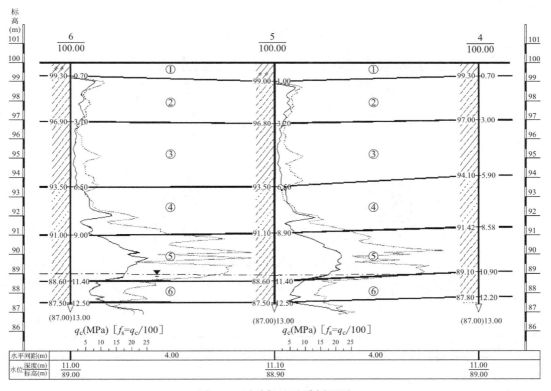

图 3.4　试验场地地质剖面图

#### 3.2.2.2　试验方案

试验采用两桩对推法，互为反力桩，如图 3.5 所示。水泥土扩体桩和水泥砂浆扩体桩的间距取 5 倍的桩径为 2.5m，扩体桩试验平面布置图见图 3.6。采用单向多循环水平加载，该方法用于模拟地震作用、风荷载、制动力等循环性荷载且试验所得承载力偏于安全。每级荷载施加后，恒载 4min 后测读水平位移，然后卸载至零，停 2min 后测读残余水平位移，至此完成一个加卸载循环。当水平位移超过 40mm 或水平位移增量发生突变时，终止加载。

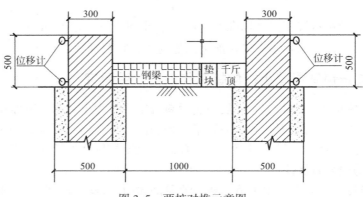

图 3.5 两桩对推示意图

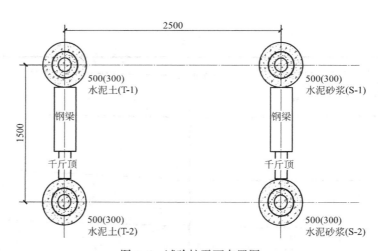

图 3.6 试验桩平面布置图

试验桩参数如表 3.2 所示。

试验桩参数 表 3.2

| 试验类型 | 试桩桩号 | 试桩类型 | 桩长/m | 外径/mm | 管桩型号 |
|---|---|---|---|---|---|
| 水平承载试验 | T-1<br>T-2 | 水泥土扩体桩 | 6.5 | 500 | PHC300AB70-7 |
| | S-1<br>S-2 | 水泥砂浆扩体桩 | 6.5 | 500 | PHC300AB70-7 |

扩体材料中水泥、砂、水配合比为 $1:3:0.8$；水泥土中水泥、土配比为 $1:4$，水泥掺入量 25%，土体为粉土。扩体材料的抗压强度见表 3.3。

扩体材料无侧限抗压强度    表 3.3

| 试块 | 1 | 2 | 3 | 平均值 |
|---|---|---|---|---|
| 水泥土/MPa | 2.18 | 2.27 | 3.6 | 2.68 |
| 水泥砂浆/MPa | 9.45 | 10.3 | 9.9 | 9.89 |

### 3.2.2.3  量测系统

试验采用位移计来测量桩的水平位移，桩身应变监测采用分布式光纤监测技术，通过数学公式的换算得出不同位置处的桩身弯矩。分布式光纤传感技术以普通光纤为传感和传输介质，无需其他外置传感器件且光纤纤细柔韧，易植入管桩体内或体表。本次试验采用 BOTDA 技术，其工作原理是分别从光纤两端注入脉冲光和连续光，制造布里渊放大效应，根据光信号布里渊频移与光纤温度和轴向应变之间的线性变化关系。传感光纤主要采用预先浇筑、表面粘贴和开槽埋入三种方法植入到结构构件中。作为预制桩，无法将

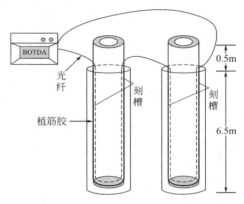

图 3.7  光纤监测示意图

光纤浇筑到其中，仅粘贴在桩表面的光纤极易在桩打入过程中与桩周土石摩擦脱离桩体，导致光纤的变形与桩体不同步，而采用开槽埋入光纤后再胶封的方法使光纤与桩体合为一体，大大提高了传感光纤的成活率。光纤监测示意见图 3.7。

### 3.2.2.4  水平加载方案

试验采用单向多循环水平加载，该方法用于模拟地震作用、风荷载、制动力等循环性荷载且试验所得承载力较为保守安全：

（1）荷载分级：预估水泥土扩体桩最大承载力为 100kN，共分为 10 级加载，分级荷载 10kN；预估水泥砂浆扩体桩最大承载力 200kN，分 10 级荷载，分级荷载 20kN。

（2）加载程序与位移观测：每级荷载施加后，恒载 4min 后测读水平位移，然后卸载至零，停 2min 后测读残余水平位移，至此完成一个加卸载循环。如此循环 5 次，并采集最后一次循环的光纤光栅解调仪示数再进行下一级荷载的试验加载。当水平位移接近或超过指定位移（取 40mm）时，终止加载。

（3）试验终止条件：《建筑基桩检测技术规范》JGJ 106—2014 中规定水平荷载试验终止的条件为：

① 恒定荷载下，桩的横向位移急剧增加，变位速率逐渐加快；

② 达到试验所要求的最大荷载或最大位移，最大位移为 40mm；

③ 桩身折断或出现较大裂缝。

### 3.2.2.5  水平承载力

据《建筑基桩检测技术规范》JGJ 106—2014，单向多循环加载的单桩取 $H\text{-}t\text{-}Y_0$ 曲线

出现拐点的前一级水平荷载值或 $H-\Delta Y_0/\Delta H$ 曲线第一拐点对应的水平荷载值为临界荷载；取 $H-t-Y_0$ 曲线发生明显陡降的前一级水平荷载值或取 $H-\Delta Y_0/\Delta H$ 曲线第二拐点对应的水平荷载值为极限荷载。图 3.8 中 $H_{cr}$ 为水平临界荷载，$H_u$ 为水平极限荷载。

试验结果如图 3.8 所示，水泥土扩体桩 T-1 桩和 T-2 桩的临界荷载均为 50kN；水泥砂浆扩体桩 S-1 桩和 S-2 桩的临界荷载均为 80kN。水泥土扩体桩 T-1 桩和水泥砂浆扩体桩 S-1 桩的极限荷载均为 120kN；水泥土扩体桩 T-2 桩和水泥砂浆扩体桩 S-2 桩的极限荷载均为 100kN。相比于水泥土，由于水泥砂浆的强度更高，水泥砂浆扩体桩的临界荷载比水泥土扩体桩提高了 60%。水泥土扩体桩 T-1 桩和 T-2 桩在 50kN 时，最大弯矩分别达到 30.86kN·m 和 27.12kN·m，接近预制管桩的抗裂弯矩 30kN·m，继续加载，管桩受拉侧混凝土开裂，退出工作，钢筋承担的拉力增加。因此，水泥土扩体桩荷载–位移梯度曲线在水平荷载 50kN 后均出现了突变。

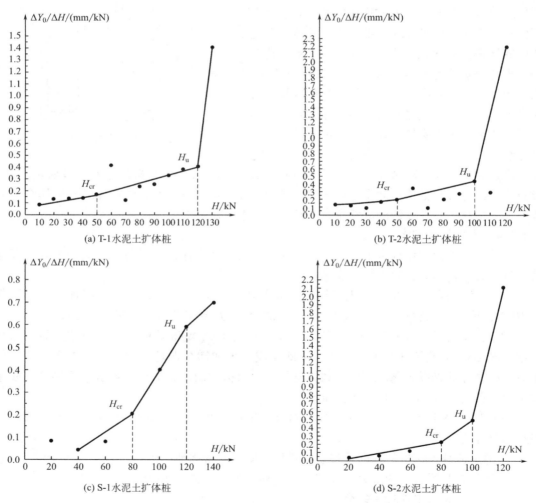

图 3.8    水平力–位移梯度关系曲线

　　试验结果比较如图 3.9 所示，在扩体桩达到破坏荷载前，水泥砂浆扩体桩在各级荷载作用下，桩顶水平位移均小于水泥土扩体桩。桩顶水平位移 8mm 左右时，水泥砂浆扩体桩和水泥土扩体桩分别达到各自临界荷载 50kN 和 80kN。在荷载 60kN 时，两种桩的位移差最大，水泥土扩体桩和水泥砂浆扩体桩的桩顶位移分别为 10.7mm、4mm。在达到极限荷载时，水泥砂浆扩体桩和水泥土扩体桩的位移非常接近，T-1 桩和 S-1 桩在极限荷载 120kN 时，T-1 桩的位移为 27.44mm，S-1 桩的位移为 25.76mm；T-2 桩和 S-2 桩在极限荷载 100kN 时，T-2 桩的位移为 21.04mm，S-2 桩的位移为 18mm。在达到极限荷载时，水泥土扩体桩和水泥砂浆扩体桩的地面水平位移相差不大。

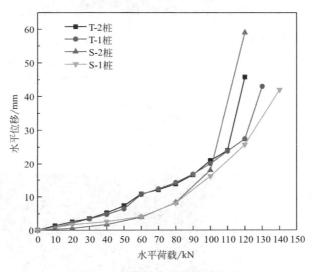

图 3.9　扩体桩水平位移对比图

### 3.2.2.6　桩身弯矩

　　对光纤测量结果进行处理（图 3.10），得到 4 组预制混凝土桩桩身弯矩见图 3.11。水泥砂浆扩体桩和水泥土扩体桩在分别达到 80kN 和 50kN 临界荷载时（桩顶水平位移均为 8mm），水泥砂浆扩体桩芯桩最大弯矩为 43kN·m，水泥土扩体桩芯桩最大弯矩为 30kN·m 左右；水泥砂浆扩体桩芯桩弯矩大于水泥土扩体桩的芯桩弯矩，水泥砂浆扩体桩临界荷载是水泥土扩体桩临界荷载的 1.6 倍，最大弯矩比是 1.4；说明水泥砂浆扩体桩的水平承载性能更好。

### 3.2.2.7　试验结论

　　经分析有如下结论：

　　（1）在相同条件下，水泥砂浆扩体桩较水泥土扩体桩水平临界荷载提升较大，但水平极限荷载值差异较小。水泥土扩体桩临界荷载与极限荷载之间的安全储备较高，且大于水泥砂浆扩体桩临界荷载与极限荷载之间的安全储备。

　　（2）桩顶水平位移较小时（小于 10mm），水泥砂浆扩体桩承受的水平荷载明显大于水泥土扩体桩；在桩顶水平位移 8mm 时，水泥砂浆扩体桩的水平荷载相较水泥土扩体桩提高了 60%，因此水泥砂浆扩体桩可应用在位移控制相对严格的基坑工程。

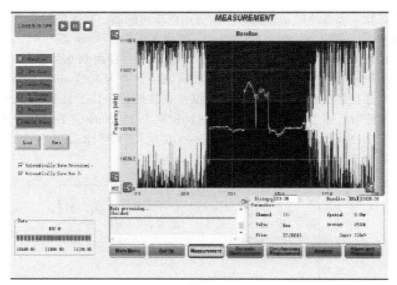

(a) 水泥土扩体桩

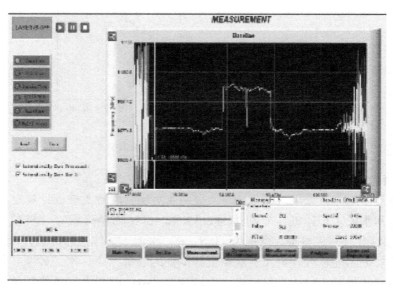

(b) 水泥砂浆扩体桩

图 3.10   BOTDA 光纤实时监测图

### 3.2.3   超前支护扩体桩施工技术

常规预制桩施工工艺和工法的共同特点是采用水泥土搅拌或旋喷工艺成孔后，在预制桩桩侧形成扩大体，一方面减少了预制桩成桩阻力，另一方面提高桩侧阻力及桩侧表面面积，或增加桩底受压面积，提高了预制桩单桩承载力。其缺点是，以喷射搅拌水泥土为扩体，其根固或扩体材料的性能随土层性质变化，具有不均匀性；此外，受成孔或搅拌设备性能的限制，在硬土层中预制桩植入困难，预制桩打入深度或承载力常常不能满足设计要求。

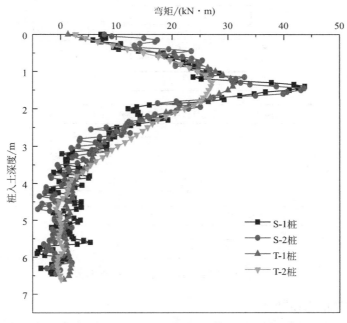

图 3.11 扩体桩芯桩弯矩对比（桩顶水平位移为 8mm）

为了解决以上问题，研发了多种扩体桩施工工艺[4]，主要包括预钻孔灌注扩体材料后植入预制桩方法以及就地搅拌植入预制桩方法。

### 3.2.3.1 预钻孔灌注扩体材料后植入预制桩

通过预先钻孔并在桩底以上一定高度范围的孔内灌入水泥土浆、水泥砂浆、水泥浆、细石混凝土、灌浆料等固化剂后，再植入（压入、击入）预应力混凝土预制桩。钻孔可采用长螺旋钻机成孔、旋挖成孔等。以长螺旋压灌植入法为例，说明该工法的施工工艺流程。

长螺旋钻机成孔压灌扩体材料，然后植入（击入、压入、高频振入）预应力混凝土预制桩，扩体材料为水泥、膨润土、细砂、粉煤灰形成的水泥土混合料浆液（图 3.12），主要施工步骤见图 3.13。

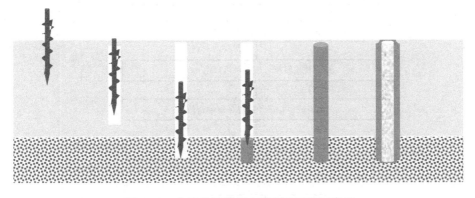

图 3.12 全置换压灌植入预制桩工艺示意图

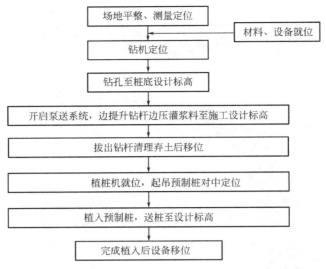

图 3.13 长螺旋压灌植入法工艺流程

### 3.2.3.2 就地搅拌植入预制桩

采用就地搅拌混合材料方法形成高强度水泥土、水泥砂浆混合料后插入预制桩。就地搅拌法是指采用深层喷射搅拌装置和设备，在原地进行水泥土桩施工的各种工艺方法的总称。就地搅拌植入法主要工艺流程见图 3.14。

图 3.14 就地搅拌植入法工艺流程

以上工艺不仅解决了硬土层中预制桩植入施工困难的问题，而且因扩体材料的质量均匀、性能可控，施工过程无泥浆和扬尘污染；采用静压或高频振动植入施工，不产生噪声。此外，该技术对施工装备并无特殊要求，均利用市场已有设备，非常利于推广。

### 3.2.4 取土高压喷射搅拌水泥土桩施工技术[7]

#### 3.2.4.1 背景技术

水泥土桩因其施工工艺简便、造价相对较低，在国内软土地基处理中得到了广泛的使用，常见的桩施工方法有高压旋喷桩施工方法和水泥土搅拌桩施工方法。

高压旋喷桩施工首先是采用喷射方式将钻头送至设计桩底标高，其次将高压水泥浆向周边土体喷射，钻头向上旋转提升至桩顶标高，高压水泥浆切削土体并混合后形成旋喷桩；高压旋喷桩桩基种类繁多，施工工艺差异大，地层变化复杂，深层水土压力大，土层越往深处，土层密实度越大；在喷射注浆过程中，如钻杆提升速度和回转速度与喷射注浆量未有效匹配，将造成旋喷桩直径大小不均匀，浆液用量不均匀，形成旋喷桩固结体缩径现象。

水泥土搅拌桩施工方法是将钻头通过搅拌方式送至桩底标高，然后通过管路将水泥浆送至搅拌头喷出，按一定的提升速度同时进行喷浆和搅拌施工，使土体与浆液充分混合，最后重复搅拌下沉与喷浆搅拌提升工序，形成水泥土搅拌桩；相比于高压旋喷桩施工方法，该施工方法利用钻头和叶片对土体进行强行搅拌，同时喷浆混合，形成水泥土搅拌桩体，喷浆压力小。但是水泥土搅拌桩成桩桩径相对较小，桩径大小与搅拌叶大小及搅拌动力相关。在搅拌桩施工中喷浆口位于叶片下方，施工过程中由于搅拌桩喷浆压力小，水泥浆液向下喷射，搅拌叶片上部搅拌，深层部位及致密性土层易出现搅拌混合不均匀的现象。水泥搅拌桩施工过程中常采用二次搅拌，即第一次提升未喷完浆液，采取二次搅拌下沉，使水泥浆液与搅拌后的土体充分混合均匀。但是，水泥搅拌桩施工中搅拌头上提喷浆的速度一般不超过 0.5m/min，采用二次搅拌或其他多次搅拌喷浆的工艺，施工过程进度缓慢，不利于施工工期较为紧张的工程施工。

#### 3.2.4.2 工艺演变

常规高压旋喷桩和水泥土搅拌桩施工工艺受地层条件、施工深度以及人为因素影响较大。施工过程中易出现固结体缩径、土与水泥浆液混合不均匀等现象。为此，将取土工艺、旋喷工艺以及搅拌工艺结合，研发了一种取土喷射搅拌水泥土施工方法，即先成孔取出部分土体，在孔内进行高压喷射搅拌，并提出了三维喷射方法，除水平喷浆口外，增加竖向喷浆口（图 3.15）。

#### 3.2.4.3 施工工艺

取土高压喷射搅拌水泥土桩施工方法弥补了常规水泥土桩施工方法的缺陷，是一种节约环保、施工工期短且桩身强度高的水泥土桩施工方法。取土高压喷射搅拌水泥土桩施工工艺流程如图 3.16 所示。

取土高压喷射搅拌桩采用的喷射搅拌钻杆内设有水平喷浆通道和竖直喷浆通道，杆体侧壁上设有搅拌叶片，搅拌叶片尾端设有水平喷浆口，水平喷浆口与水平喷浆通道连通，水平喷浆通道进口连接有第一高压泵，该高压泵注浆压力为 10~20MPa，泵功率 75kW。

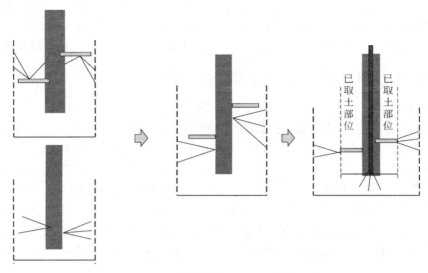

图 3.15 三维喷射搅拌施工工艺演变示意图

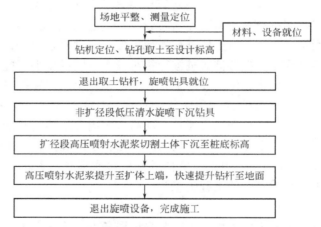

图 3.16 取土高压喷射搅拌法施工工艺流程

杆体的底部设有竖直喷浆口, 竖直喷浆口与竖直喷浆通道连通, 竖直喷浆通道进口连接有第二高压泵, 该高压泵注浆压力 3~5MPa, 泵功率 5~8kW。钻杆构造如图 3.17 所示。

取土高压喷射搅拌法施工, 尚应符合下列规定:

(1) 取土成孔的孔径宜大于内插型材外径 100mm, 易塌孔的土层宜采用泥浆护壁措施;

(2) 采用长螺旋钻机高压旋喷一体化设备时, 钻至孔底后宜直接转入旋喷状态;

(3) 水泥掺量, 粉土、砂土不宜小于 20%, 黏性土不宜小于 25%;

(4) 喷射搅拌注浆停浆面标高宜高于设计扩体顶面标高不少于 0.5m。

### 3.2.4.4 工艺优势

取土高压喷射搅拌工艺具有独特的技术效果, 表现为:

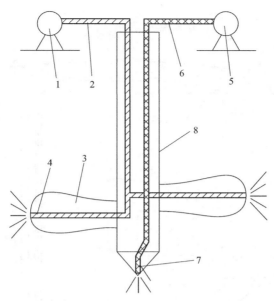

1—第一高压泵；2—水平喷浆通道；3—搅拌叶片；4—水平喷浆口；5—第二高压泵；
6—竖直喷浆通道；7—竖直喷浆口；8—杆体
图 3.17 三维高压喷射搅拌法钻杆

（1）增加先取土的工艺，将一定量的土体先取出，相比常规高压旋喷桩，泥浆排放量减少约 50%，减少了环境与水体污染，绿色环保；

（2）取土后喷射搅拌钻头钻进阻力减小，可节省施工周期约 50%，施工工期短，且水泥浆与土体更易混合均匀，桩身强度较高；

（3）与传统的高压旋喷桩施工方法相比，本技术取土后喷射水泥浆所需要切削的土体厚度减少，形成一定直径的固结体所需的喷射压力降低，减少机械磨损消耗，降低设备使用功率及电力要求，有利于节能减排；

（4）与 MJS 相比，提前取土和设置竖向低压喷浆口均可提高旋喷施工速度，并减小喷浆压力，喷出的水泥浆量随之减少，可节省水泥用量约 30%。

# 3.3 工程应用

## 3.3.1 工程概况

漯河绿地中央广场项目位于漯河市源汇区太白山路和月湾湖东路西南角。拟建工程包括 1 栋 45 层办公楼，1 栋 3 层配套商业，2 层整体地下车库。基坑总平面见图 3.18。

根据业主提供资料，设计 ±0.000 绝对高程为 61.900m，本工程自然地面标高 60.200～61.500m，地库基底标高 -12.000m，主楼基底标高 -14.300m，基坑开挖深度 10.3～11.6m。

基坑北侧红线外为月湾湖东路，基坑上口距离用地红线最近 7.78m，红线内 1m 为现场围挡，红线内作为现场施工道路；基坑东侧红线外为太白山路，基坑上口距离用地红线

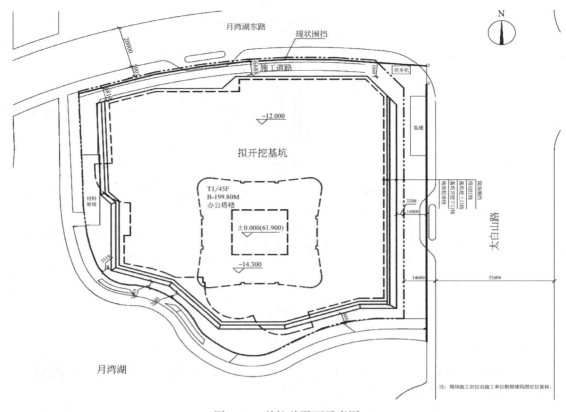

图 3.18 基坑总平面示意图

最近 3.75m，红线外 10m 为现场围挡，围挡外为人行道；基坑西侧、南侧为月湾湖，水面标高约 58.0m，湖底标高约 56.0m，西侧、南侧基坑上口距离用地红线最近 3.04m。

### 3.3.2 工程地质条件

1. 地质条件

基坑开挖深度范围内主要为粉质黏土层，其中基坑中下部存在较厚的软土层（软塑粉质黏土），各层土性质描述如下：

①层：杂填土（$Q_4^{ml}$），杂色，松散，稍湿，主要以粉质黏土为主，上部存在耕植土，局部夹有碎砖块、碎瓦片等建筑垃圾。平均厚度 1.06m，平均层底埋深 1.06m。

②层：粉质黏土（$Q_4^{al+pl}$），褐灰色、黄褐色，可塑，稍有光泽，无摇振反应，干强度中等，韧性中等，含有锈黄色斑纹及灰色斑点。局部夹有薄层粉土。平均厚度 1.58m，平均层底埋深 2.64m。

③层：粉质黏土（$Q_4^{al+pl}$），黄褐色，可塑，稍有光泽，无摇振反应，干强度中等，韧性中等，含有锈黄色斑纹与灰色斑点。局部夹有薄层粉土。平均厚度 3.01m，平均层底埋深 5.65m。

④层：粉质黏土（$Q_4^{al+pl}$），黄褐色，软塑—可塑，稍有光泽，无摇振反应，干强度中

等，韧性中等，含有锈黄色斑纹与灰色斑点。平均厚度 5.45m，平均层底埋深 11.10m。

⑤层：粉质黏土（$Q_4^{al+pl}$），黄褐色，可塑，稍有光泽，无摇振反应，干强度中等，韧性中等，含有锈黄色斑纹与灰色斑点。局部夹有薄层粉土。平均厚度 3.14m，平均层底埋深 14.23m。

⑥层：粉质黏土（$Q_4^{al+pl}$），黄褐色，可塑—硬塑，无摇振反应，干强度中等，韧性中等，含有锈黄色斑纹与灰色斑点。局部夹有薄层粉土。平均厚度 1.95m，平均层底埋深 16.18m。

⑦层：粉质黏土（$Q_4^{al+pl}$），棕红色—褐黄色，可塑，切面稍有光泽，无摇振反应，干强度中等，韧性中等。含有锈黄色斑纹与灰色斑点，少量黑色铁锰质锈斑。局部夹有薄层粉土。平均厚度 7.50m，平均层底埋深 23.68m。

典型地质剖面图见图 3.19。

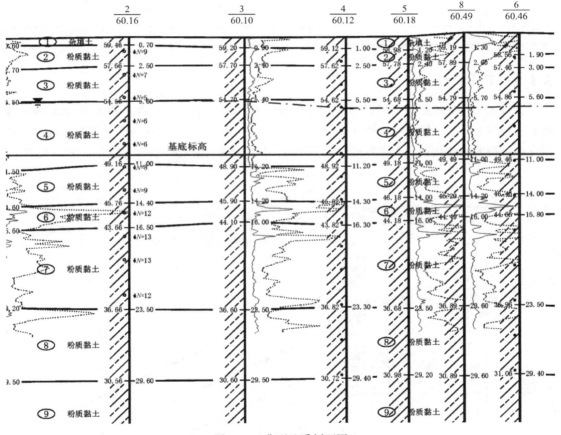

图 3.19 典型地质剖面图

**2. 水文地质条件**

根据含水层的埋藏条件和水理特征，本场地勘探深度范围内的地下水类型为孔隙潜水。地下潜水主要赋存在②层粉质黏土及其下部的粉质黏土、粉土及砂土层内，粉质黏土、粉土属弱透水层，砂土属强透水层。

勘察期间（2013 年 9 月 17 日—2013 年 9 月 23 日），实测稳定地下水位埋深在现地面下 2.0~2.4m，相对标高-2.03~-1.44m，平均水位标高-1.60m。

3. 土层参数

各层土参数如表 3.4 所示。

土层参数                                                                              表 3.4

| 土层编号 | 土层名称 | 重度 $\gamma/(kN/m^3)$ | 黏聚力 $c/kPa$ | 内摩擦角 $\varphi/°$ | 地基承载力 /kPa | 压缩模量 /MPa |
|---|---|---|---|---|---|---|
| 1 | 杂填土 | 18.0 | 7.0 | 13.0 | — | — |
| 2 | 粉质黏土 | 18.7 | 23.2 | 15.2 | 110 | 4.5 |
| 3 | 粉质黏土 | 18.5 | 22.4 | 14.0 | 90 | 3.8 |
| 4 | 粉质黏土 | 19.0 | 21.7 | 12.0 | 110 | 4.5 |
| 5 | 粉质黏土 | 19.6 | 21.2 | 12.4 | 140 | 6.1 |
| 6 | 粉质黏土 | 19.5 | 24.4 | 14.6 | 170 | 7.2 |
| 7 | 粉质黏土 | 19.5 | 36.5 | 13.5 | 190 | 8.0 |

### 3.3.3 工程设计

设计采用扩体桩-全粘结锚杆复合支护结构，扩体直径 700mm，内插 PRC-I 500C100-14 管桩，设置 3 排全粘结锚杆，长度分别为 17m、17m、14m。由于基坑西侧、南侧邻水，故采用支护与帷幕一体化设计，扩体桩与水泥土搅拌桩咬合形成帷幕。典型支护剖面见图 3.20。

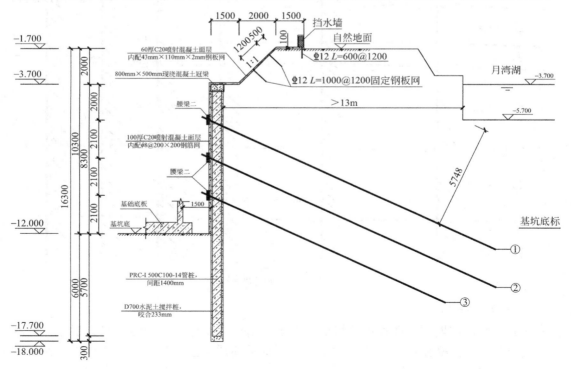

图 3.20 典型支护剖面图

支护结构水平位移及内力计算结果见图 3.21，周边地表沉降计算结果见图 3.22。计算结果显示，各项变形指标均未超过规范允许值。

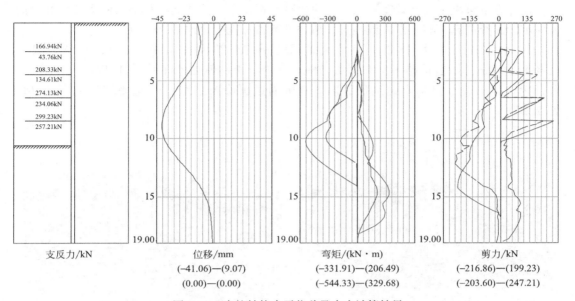

图 3.21 支护结构水平位移及内力计算结果

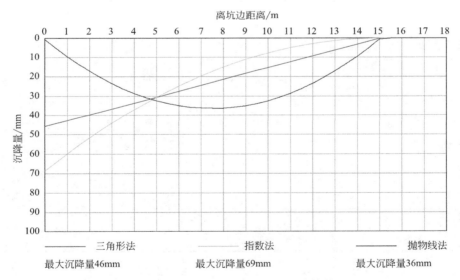

图 3.22 支护结构水平位移及内力计算结果

支护结构稳定性计算结果见表 3.5，各项稳定性安全系数均满足规范要求。

支护结构稳定性计算结果 表 3.5

| 整体稳定安全系数 | 整体稳定安全系数 | 抗隆起验算 |
| --- | --- | --- |
| 1.551 | 1.739 | 1.739 |

### 3.3.4    应用情况

设计方案解决了高灵敏度软土、场地狭窄、相邻大面积基坑等复杂条件下基坑开挖的工程难题，经测算，相比常规桩锚支护结构可节省工程造价约1200万元。

截至2020年11月18日，基坑大面积已开挖至基坑底（图3.23），基坑边最大沉降8.59mm，周边道路最大沉降6.21mm，侧壁土体深层水平位移4.14mm，基坑变形稳定，无突变点且均未达到报警值。基坑周边沉降及道路沉降监测结果见图3.24、图3.25。

图3.23    基坑开挖现场照片

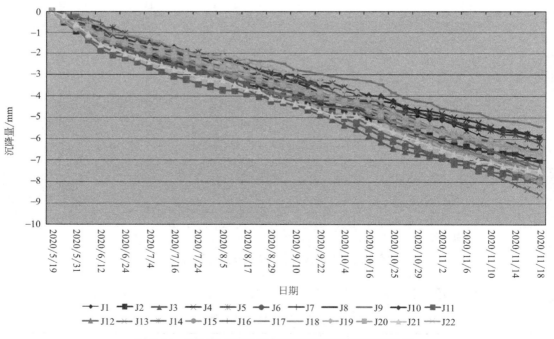

图3.24    漯河绿地中央广场项目基坑沉降观测曲线图

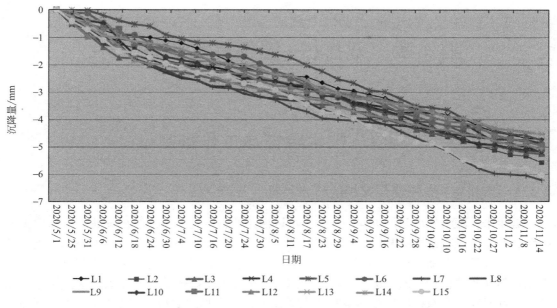

图 3. 25　漯河绿地中央广场项目基坑周边道路沉降观测曲线图

# 参考文献

［1］中华人民共和国住房和城乡建设部．建筑基坑支护技术规程：JGJ 120—2012［S］．北京：中国建筑工业出版社，2012.

［2］河南省住房和城乡建设厅．河南省基坑工程技术规范：DBJ 41/139—2014［S］．郑州：中国建筑工业出版社，2014.

［3］肖乐平．预制混凝土扩体桩水平承载特性试验研究［D］．郑州：郑州大学，2021.

［4］周同和，张浩，郜新军，等．根固桩与扩体桩［M］．北京：中国建筑工业出版社，2022.

［5］中国建筑学会．孔内灌注浆小直径桩技术规程：T/ASC 22—2021［S］．北京：中国建筑工业出版社，2021.

［6］中国土木工程学会．根固混凝土桩技术规程：T/CCES 35—2022［S］．北京：中国建筑工业出版社，2023.

［7］周同和，宋进京，高伟，等．一种取土喷射搅拌水泥土桩施工方法：CN 2018104404905［P］．2020-08-11.

# 第4章 双排桩-锚杆复合支护技术

## 4.1 技术特征与工作机制

### 4.1.1 双排桩-锚杆复合支护的技术特征

近年来，随着城市建设进程的加快，市区内建筑密度越来越高，很多建筑的修建见缝插针，使紧邻既有建筑的基坑工程越来越普遍。当一些传统的支护形式（如桩锚、土钉墙等）受到实际空间条件的制约而无法实施时，双排桩结构是一种可供选择的基坑支护结构形式；但在基坑位移控制严格而基坑又稍深时，单纯的双排桩结构往往无法达到位移控制要求，这时往往在双排桩后根据空间大小加设锚杆。常见的双排桩-锚杆复合支护剖面形式如图4.1所示。

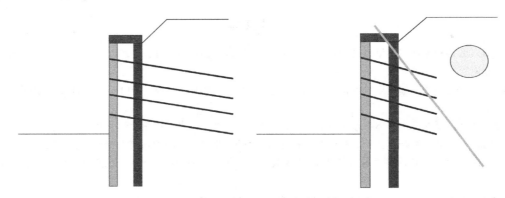

图 4.1 常见双排桩-锚杆复合支护剖面形式

双排桩-锚杆复合支护结构具有以下优点：

（1）相比单排桩支护，双排桩支护由刚性冠梁和连梁把前后排桩组成一个空间超静定结构，整体刚度大；并可以根据工况实时调整自身的变形以适应复杂多变的外荷载作用；

（2）支护结构施工均在地面进行，锚杆浆体养护可与桩身混凝土养护同步，基坑开挖无支撑，挖土方便，能有效缩短工期，可根据信息化施工对基坑位移进行主动控制；

（3）在锚杆的拉结作用下，双排桩的受力和变形性能得到改善；

（4）配合大角度斜锚，可以有效增加支护高度。

### 4.1.2 双排桩-锚杆复合支护的工作机制

陈育新[1] 分析了双排桩-锚杆复合支护结构的受力机理，指出：（1）锚杆锚入土层良好的位置，锚杆的抗拔力能充分发挥，在这种情况下，此体系由"双排桩门架式支护系统"和"锚杆外拉系统"组成，模型类似拉锚式围护结构；（2）锚杆锚入土层较差的位置，锚杆的抗拔力发挥受到限制，在这种情况下，此体系的"双排桩门架式支护系统"用来承受土压力，进而保持基坑的稳定，"锚杆系统"却用来改善双排桩门架式支护系统的变形和围护结构的后沉降。

申永江[2] 指出：双排桩-锚杆复合支护结构前后两排桩上的弯矩和剪力差距非常明显，基坑坑壁土压力通过桩排间岩土体的变形实现前后两排桩的应力分配，预应力锚杆对前后两排桩的相互作用基本没有影响；而刚架双排桩前后两排桩上的弯矩和剪力差距不明显，连系梁使前后两排桩的相互作用明显加强，进而发挥更好的挡土效果。

# 4.2 设计理论与技术创新

## 4.2.1 双排桩的传统计算模型及存在问题

### 4.2.1.1 平面刚架模型

张弥[3] 利用经验系数和极限土压力确定作用在桩体上的土压力，将基底以上部分的桩间土体视为受侧向约束的无限长土体，同时考虑到双排桩顶部冠梁的作用，认为深度 $y$ 处相对水平位移引起的横向应变为零，对土压力做出以下假定：

（1）深度 $y$ 处的前排桩桩背的土压力为：

$$p_1 = \frac{\mu}{1-\mu}\gamma y \tag{4.1}$$

前排桩桩前的土压力介于静止土压力与被动土压力之间，此处折减被动土压力作为桩前土压力，即：

$$\sigma_f = K_1(\gamma y K_p + 2c\sqrt{K_p}) \tag{4.2}$$

式中：$K_1$——被动土压力折减系数，一般取为 0.5~0.7。

（2）作用于后排桩的桩前土压力按式（4.1）考虑，桩背的土压力介于静止土压力与主动土压力之间，此处折减主动土压力作为桩前土压力。即：

$$\sigma_b = K_2(\gamma z K_a - 2c\sqrt{K_a}) \tag{4.3}$$

式中：$K_2$——主动土压力折减系数，一般取为 1.1~1.2。

根据上述土压力的确定方法提出了如图 4.2 所示的计算模型，前排桩的计算按照单锚板桩来考虑，在计算桩最小入土深度时，可按两端简支的板桩计算，上下两个简支点为桩顶和桩端，支点反力可由静力平衡求得，进而可求得最大弯矩及其作用点位置。后排桩的桩长可通过对桩抗倾覆验算求得，后排桩的桩前侧向抗力合力及桩背弹性土压力合力可

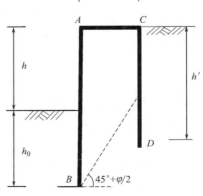

图 4.2 双排桩支护结构计算模型

由式（4.2）和式（4.3）求得，从而可求得最大弯矩及其作用点。

刘金砺[4] 认为，由于双排桩支护结构中后排桩的存在使得土体滑裂面的形态发生改变，所以后排桩存在与否，土压力的分布是不同的，受力简图如图 4.3 所示。

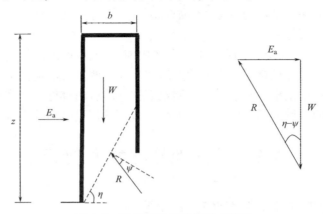

图 4.3　双排桩支护结构受力简图

在此基础上，做出以下假定：

（1）前后排桩与桩顶压顶梁看作一底端嵌固的刚架结构，结点视为直角刚结点；

（2）压顶梁为没有变形的绝对刚体，土压力作用下，压顶梁只能平移而不能产生转角；

（3）压顶梁与桩顶两个结点的水平位移相等；

（4）后排桩的存在改变了土体破裂面形态；

（5）在进行土压力强度计算时，根据极限平衡原理以及微分方程计算出土压力分布强度。

值得注意的是在土压力的计算过程中近似地考虑了前后排桩间距的影响，假定前后排桩的作用土压力之和为朗肯主动土压力，即：

$$e_{a朗} = e_{a前} + e_{a后} \tag{4.4}$$

以参数 $\beta_1$、$\beta_2$ 考虑非连续布桩的影响：

$$\beta_1 = \frac{1 - \dfrac{d}{s_c}(1 - i_e)}{i_e} \tag{4.5}$$

$$\beta_2 = \frac{d}{s_c} \tag{4.6}$$

$$e_{a前} = \beta_1 i_e e_{a朗} \tag{4.7}$$

$$e_{a后} = \beta_2 \cdot (1 - i_e) \cdot e_{a朗} \tag{4.8}$$

$$e_{p前} = i_{E前} \cdot e_{p朗} \tag{4.9}$$

$$e_{p后} = i_{E后} \cdot e_{p朗} \tag{4.10}$$

式中：$i_e$——主动土压力强度影响系数，$i_e = e_a/e_{a朗}$，$e_a$ 为主动土压力强度，$e_{a朗}$ 为朗肯主动土压力强度；

$i_E$——主动土压力影响系数，$i_E = E_a/E_{a朗}$；$E_a$ 为主动土压力合力，$E_{a朗}$ 为朗肯主动土压力合力；

$e_{a前}$——前排桩主动土压力分布；

$e_{a后}$——后排桩主动土压力分布；

$e_{p前}$——前排桩被动土压力分布；

$e_{p后}$——后排桩被动土压力分布。

何颐华[5] 等结合模型试验与工程实测提出一种用于双排桩支护结构的简化计算方法，该方法根据双排桩前后排桩之间的滑动土体占桩后滑动土体总量的体积比例确定前后排桩所受的侧土压力，基本假定如下（图4.4、图4.5）：

（1）将前后排桩与桩顶连梁看做一个底端嵌固的刚架结构，结点 $A$、$B$ 视为直角刚结点。

（2）由于连接梁 $AB$ 与桩长之比很小，连梁截面刚度很大，所以可将梁 $AB$ 看作没有变形的刚体。基坑开挖后，在土压力作用下，假定梁 $AB$ 只能平移而不产生转角。

（3）因假定梁 $AB$ 为刚体，不产生压缩或拉伸变形，因此 $A$ 点的水平位移等于 $B$ 点的水平位移即 $\Delta_A = \Delta_B$。

（4）考虑桩间土对土压力的传递作用，一般情况下前排与后排桩土压力是不同的。

（5）基坑开挖后，后排桩的桩背按主动土压力 $\sigma_a$ 考虑，由于力的相互作用，桩间土体对后排桩产生 $\Delta\sigma_a$ 的作用。由于桩间土体宽度相对很小，可认为其对前排桩也产生 $\Delta\sigma_a$ 作用，方向相反。则前后排桩土压力分别为：

后排桩
$$p_{ab} = \sigma_a - \Delta\sigma_a \tag{4.11}$$

前排桩
$$p_{af} = \Delta\sigma_a \tag{4.12}$$

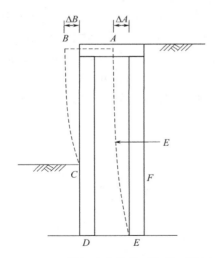

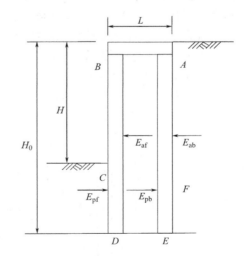

图4.4 双排桩支护结构刚架模型简图　　　图4.5 双排桩支护结构土压力简图

（6）假定不同深度下，$\Delta\sigma_a$ 与 $\sigma_a$ 的比值相同，即 $\Delta\sigma_a = \alpha\sigma_a$，$\alpha$ 为比例系数，则有：

$$p_{ab} = \sigma_a - \Delta\sigma_a = (1 - \alpha)\sigma_a \tag{4.13}$$

其中比例系数 $\alpha$ 可根据以下近似方法确定，如图4.6所示，基坑深度为 $H$，双排桩桩距 $L$。

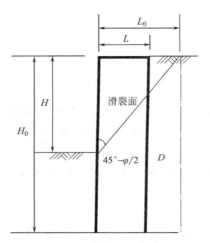

图 4.6 比例关系确定方法

当 $L = 0$ 时，前后排桩重合，$\Delta\sigma_a = 0$，$\alpha = 0$；

当 $L = L_0 = H\tan(45° - \varphi/2)$ 时，后排桩在滑裂面以外，$\Delta\sigma_a = \sigma_a$，$\alpha = 1$。

当 $L$ 在 $0 \sim L_0$ 时，按双排桩两侧滑动土体重量的比例关系确定 $\alpha = (2L/L_0) - (L/L_0)^2$。

同理，被动土压力可取为：

$$p_{pb} = (1 - \alpha)\sigma_p \tag{4.14}$$

$$p_{pf} = \alpha\sigma_p \tag{4.15}$$

双排桩支护结构的内力和位移计算可以按照门式刚架进行求解。

程知言[6] 等认为，双排桩桩间土体对支护结构的作用较小，后排桩所受土压力对结构的影响比较大。对双排桩支护结构同样视为门式刚架，结构假定同何颐华等相同。

在此基础上，此模型中的后排桩改变了土体破坏的滑裂面，如图 4.7 所示，此时土体发生破坏的滑裂面与水平面夹角不再是 $45° + \varphi/2$，而是一个变量，并与深宽比 $\xi$（$\xi = z/b$）以及土体内摩擦角 $\varphi$ 有关。同时，假定桩后土体为刚塑性体进行分析。根据极限平衡理论以及微分方程，计算出土压力分布强度。

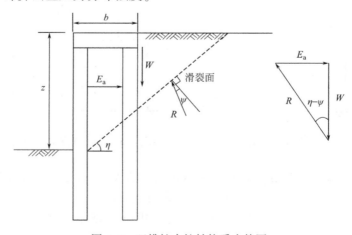

图 4.7 双排桩支护结构受力简图

值得注意的是双排桩为三角形布置时，前排桩主动土压力为：

$$e_{a前} = e_a + \alpha e_a = (1 + \alpha)e_a \tag{4.16}$$

双排桩为矩形布置时，前排桩主动土压力为：

$$e_{a前} = \alpha e_a \tag{4.17}$$

其中，$\alpha$ 为后排桩桩前后土体横截面积之比。

对于被动土压力，前后排桩的被动土压力均按照朗肯土压力计算。其中，桩间土视为后排桩被动区荷载。

#### 4.2.1.2　等效抗弯刚度模型

熊巨华[7] 对前后排桩距小于 4 倍桩径的双排桩支护结构，提出了以等效抗弯刚度为基础的弹性支点计算方法。熊巨华认为，在实际工程中，前后排桩之间往往设置水泥土搅拌桩或旋喷桩，加之桩顶冠梁、连梁与桩之间是刚性连接，由此假定双排桩支护结构分别为 $h_1$、$h_2$、$h_3$ 的连续墙，如图 4.8 所示。

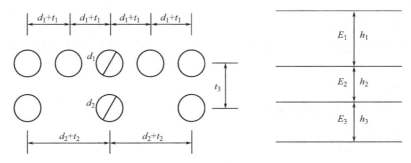

图 4.8　双排桩平面布置与简化图

设前排桩桩径为 $d_1$，桩距 $t_2$，后排桩桩径 $d_2$，桩距 $t_2$，前后排桩桩距为 $t_3$。$h_1$，$h_2$，$h_3$ 分别按下式计算：

$$h_1 = 0.838d_1\sqrt[3]{d_1/(d_1 + t_1)} \tag{4.18}$$

$$h_2 = 0.838d_2\sqrt[3]{d_2/(d_2 + t_2)} \tag{4.19}$$

$$h_3 = t_3 - d_1/2 - d_2/2 \tag{4.20}$$

每延米的整体抗弯刚度分别为：

$$EI = EI_1 + EI_2 + E_3\frac{h_3^3}{12} = E_1\left[\frac{(2h_1+h_3)^3 - h_3^3}{24}\right] + E_2\left[\frac{(2h_2+h_3)^3 - h_3^3}{24}\right] + E_3\frac{h_3^3}{12} \tag{4.21}$$

式中：$EI$——整体刚度（$MN \cdot m^2$）；

　　$EI_1$——前排桩抗弯刚度（$MN \cdot m^2$）；

　　$EI_2$——后排桩抗弯刚度（$MN \cdot m^2$）；

　　$E_1$——前排桩的弹性模量（MPa）；

　　$E_2$——后排桩的弹性模量（MPa）；

　　$E_3$——前后排桩中间搅拌桩（或旋喷桩或注浆加固体）的弹性模量（MPa），当前后排桩中间没有进行加固时 $E_3 = 0$。

在以上假定基础之上将双排桩支护结构整体看作一连续墙，利用弹性支点法计算围护

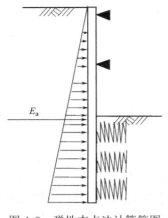

图 4.9 弹性支点法计算简图

结构的内力和变形，计算简图如图 4.9 所示。

### 4.2.1.3 基于 Winkler 假定的计算模型

刘钊[8] 在软黏土地区对双排桩支护结构进行了实测，提出了基于 Winkler 假定的双排桩支护结构的计算模型，如图 4.10 所示。

该模型将土压力做出以下假定：

（1）随着基坑的开挖，双排桩将向基坑内部发生位移，基底以上部分后排桩的桩背土压力假定为主动土压力；

（2）假定基底以上部分的桩间土为受侧向约束的无限长土体，其横向应变为零，桩间深度 $y$ 处的土压力 $p_1$ 为：

$$p_1 = \frac{\mu}{1-\mu}\gamma y \tag{4.22}$$

式中：$\mu$ ——土的泊松比；

（3）基底以下部分的土压力采用 Winkler 假定。即基坑底面以下部分土对桩的侧向抗力为：

$$p_x = L_0 K_h x \tag{4.23}$$

式中：$K_h$ ——地基土水平基床系数；

$x$ ——侧向位移；

$L_0$ ——桩的计算宽度。

在对土压力进行假定之后，将后排桩两侧的土压力分布相叠加，得到如图 4.10 所示双排桩计算模型。将双排桩支护结构分割成前、后排桩及冠梁三部分。分别对其建立微分方程，引入桩尖不能承受集中剪力与弯矩的边界条件以及变形协调方程和内力关系，联合求解桩顶内力和位移，从而得到整个双排桩支护结构的内力和位移。

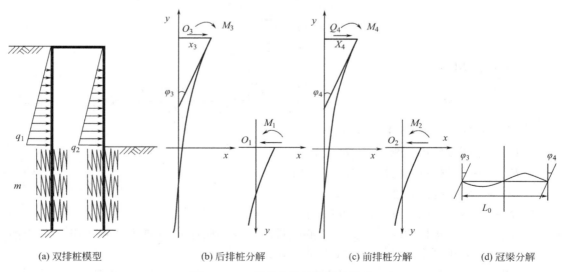

(a) 双排桩模型　　(b) 后排桩分解　　(c) 前排桩分解　　(d) 冠梁分解

图 4.10 双排桩支护结构计算模型

平扬、曹俊坚等[9] 根据变形协调原理建立了前后排桩、连梁和冠梁的变形协调方程，提出了一种当前后排桩间距小于 10 倍桩径情况下的新型计算模型。基本假定如下：

（1）前后排桩、连梁和冠梁为线弹性体，满足力和位移的叠加原理；

（2）桩侧被动区为 Winkler 离散性弹簧，不考虑桩土之间的黏聚力和摩擦力，主动区采用朗肯土压力理论，开挖面以下采用矩形土压力分布；

（3）土的抗拉强度为 0；

（4）地基水平抗力系数 $K$ 随着 $Z$ 的增加而增大，即 $K(Z)=mz$；

（5）基坑转角处土压力空间效应影响宽度 $B$ 等于基坑深度；在影响范围内的土压力按如图 4.11 所示抛物线进行分布；各桩在土压力作用下产生的水平位移和转角也按抛物线分布。前排桩和后排桩计算模型简图如图 4.12、图 4.13 所示。

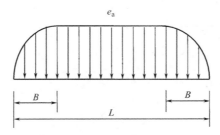

图 4.11 土压力分布平面图

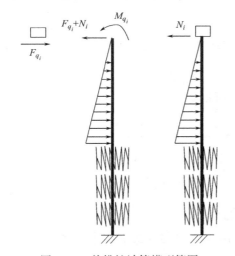
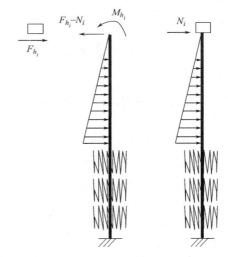

图 4.12 前排桩计算模型简图　　　　图 4.13 后排桩计算模型简图

基坑某边边长为 $L$，每排桩为 $n$，取前后排桩第 $i$ 根排桩为考察对象。在土压力 $E_i$，圈梁对排桩的水平力 $F_{q_i}$，弯矩 $M_{q_i}$ 和连梁轴力 $N_i$ 的共同作用下，前排桩桩顶产生的水平位移为 $U_i$，转角为 $\theta_i$。在假定桩是线弹性体的条件下，满足叠加原理。故：

$$U_i = U_i(E_i, F_{q_i}, M_{q_i}, N_i) = U_{E_i} - \delta^U_{\mathrm{PF}ii}(F_{q_i} + N_i) - \delta^U_{\mathrm{PM}ii}M_{q_i} \qquad (4.24)$$

$$\theta_i = \theta_i(E_i, F_{q_i}, M_{q_i}, N_i) = \theta_{E_i} - \delta^\theta_{\mathrm{PF}ii}(F_{q_i} + N_i) - \delta^\theta_{\mathrm{PM}ii}M_{q_i} \qquad (4.25)$$

式中：$U_{E_i}$——土压力 $E_i$ 单独作用下桩顶垂直桩轴向发生的位移；

　　　$\theta_{E_i}$——土压力 $E_i$ 单独作用下桩顶垂直桩轴向发生的转角；

　　　$\delta_{\mathrm{PF}ii}^{U}$——垂直桩轴向单位力作用下，桩顶在垂直桩轴向产生的位移；

　　　$\delta_{\mathrm{PF}ii}^{\theta}$——垂直桩轴向单位力作用下，桩顶在垂直桩轴向产生的转角；

　　　$\delta_{\mathrm{PM}ii}^{U}$——单位外力矩作用下，桩顶在垂直桩轴向产生的位移；

　　　$\delta_{\mathrm{PM}ii}^{\theta}$——单位外力矩作用下，桩顶在垂直桩轴向产生的转角。

设 $n$ 根桩对圈梁水平力分别为 $F_{q_1}\cdots F_{q_n}$，如图 4.14 所示。

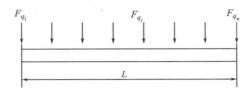

图 4.14　冠梁计算简图

根据叠加原理，圈梁在第 $i$ 点处产生的位移为：

$$U_i = \sum_{j=1}^{n} \delta_{\mathrm{BF}ij} F_{q_j} \tag{4.26}$$

式中：$\delta_{\mathrm{BF}ij}$——第 $j$ 个单位水平力单独作用下，圈梁第 $i$ 点产生的位移。

根据变形协调条件，对于前排桩，第 $i$ 点处，圈梁与桩位移相同，又由于连梁的作用桩顶转角为 0，即：

$$U_i = \sum_{j=1}^{n} \delta_{\mathrm{BF}ij} F_{q_j} = U_{E_i} - \delta_{\mathrm{PF}ii}^{U}(F_{q_i} + N_i) - \delta_{\mathrm{PM}ii}^{U} M_{q_i} \tag{4.27}$$

$$\theta_i = \theta_{E_i} - \delta_{\mathrm{PF}ii}^{\theta}(F_{q_i} + N_i) - \delta_{\mathrm{PM}ii}^{\theta} M_{q_i} = 0 \tag{4.28}$$

对于后排桩可按同样方法分析内力和变形，可得：

$$U_i = \sum_{j=1}^{n} \delta_{\mathrm{BF}ij} F_{h_j} = U_{E_i} - \delta_{\mathrm{PF}ii}^{U}(F_{h_i} - N_i) - \delta_{\mathrm{PM}ii}^{U} M_{h_i} \tag{4.29}$$

$$\theta_i = \theta_{E_i} - \delta_{\mathrm{PF}ii}^{\theta}(F_{h_i} - N_i) - \delta_{\mathrm{PM}ii}^{\theta} M_{h_i} = 0 \tag{4.30}$$

假定连梁为不发生变形的刚体，前后排桩桩顶的变形相同。

$$\sum_{j=1}^{n} \delta_{\mathrm{BF}ij} F_{q_j} = \sum_{j=1}^{n} \delta_{\mathrm{BF}ij} F_{h_j} \tag{4.31}$$

上述各式联立求解各桩桩顶内力，进而利用弹性地基梁有限元理论求解桩身变形。

郑刚、李欣[10] 等认为双排桩具有较强的抗倾覆能力，主要是因为双排桩相当于一个插入土体的刚架，能够靠基坑以下桩前土的被动土压力和刚架插入土中部分的前桩抗压、后桩抗拔所形成的力偶来提供抗倾覆力矩，桩土之间的作用不能忽略，桩土相互作用与入土深度、土质好坏等因素密切相关。在此基础上，郑刚、李欣等提出了考虑桩土之间相互作用的双排桩支护结构计算模型，并作出如下规定：

（1）把前后排桩及桩间土体看作一个整体，作用在这个整体上的外力有后排桩受到的主动土压力和坑底以下前排桩受到的被动土压力；

（2）整体结构前后排桩土压力的分配取决于双排桩结构自身变形和桩间土体的性质；

（3）桩间土体为连接前后排桩的弹簧，土压力的分配通过这种弹簧与前后排桩的位移协调来完成；

（4）弹簧刚度的大小通过桩间土体的水平向地基反力系数 $k$ 来反映；当桩长大于 4 倍排距且每一排桩内桩距不大时，一般可以认为是竖向薄压缩层，于是有：

$$k = \frac{E_s}{H} \tag{4.32}$$

式中：$E_s$——桩间土的水平向平均压缩模量；

  $H$——为桩间土层厚度。

（5）桩侧摩阻力采用桩土界面传递函数法加以考虑，将桩划分为许多弹性单元，每一单元与土体之间用非线性弹簧连系，以模拟桩土之间的荷载传递关系。这些非线性弹簧的应力—应变关系就是桩侧摩阻力与剪切位移的关系，即传递函数。本模型的传递函数采用 Kezdi 形式，其表达式为：

$$\tau(z) = K\gamma\tan\varphi\left[1 - \exp\left(-\frac{ks}{s_u - s}\right)\right] \tag{4.33}$$

式中：$K$——土的侧压力系数，近似为 $1 - \sin\varphi'$；

  $\gamma$——土的重度；

  $\varphi$——土的内摩擦角；

  $k$——与土的类别及密实度有关的系数；

  $s_u$——桩侧摩阻力充分发挥时的临界位移，根据桩侧土情况，可取 $3\sim6\mathrm{mm}$。

（6）双排桩位移可能对基底以上桩间土体产生夹带作用，因此忽略桩间土体对前排桩可能提供的侧摩阻力，前排桩侧阻弹簧仅在坑底以下布置。前排桩桩端以下土体对前排桩桩端的竖向位移约束用 Winkler 地基模型考虑。

双排桩支护结构的平面杆系有限元模型如图 4.15 所示。

聂庆科、梁金国[11] 等考虑了土压力的空间效应、双排桩支护结构前后排桩的排距影响，建立了双排桩支护结构的计算模型如图 4.16 所示，采用杆系有限元法计算支护结构的内力和变形。该计算模型基本假定如下：

（1）前后排桩所受土压力按滑动土体的体积比分布在桩体上，土压力的分担系数为 $\alpha_r$。

（2）前排桩的土压力在坑底以上呈三角形分布，土压力分布最大值为 $p_A$，桩体采用梁单元，受土压力空间

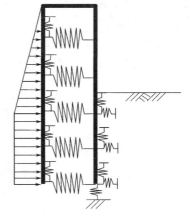

图 4.15 平面杆系有限元模型

效应的影响。前排桩坑底以下桩间土作用在前排桩上的土压力呈矩形分布，大小为 $p_A$，桩体采用弹性地基梁单元，基坑内侧土体视为土弹簧。

（3）后排桩桩后的主动土压力在滑裂面以上呈三角形分布，土压力分布最大值为 $p_B$，桩体采用梁单元。桩间土滑裂面以下的土压力呈矩形分布，大小为 $p_B$，桩体采用弹性地基

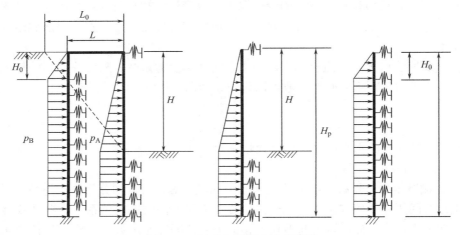

图 4.16 杆系有限元法计算模型

梁单元，同样用土弹簧模拟。

（4）前后排桩与桩顶压顶梁看作一底端嵌固的刚架结构。

在以上假定的基础之上，前排桩基坑底面以上采用梁单元，基底以下采用 Winkler 弹性地基梁单元；后排桩 $H_0$ 深度以上采用梁单元，$H_0$ 至桩底采用 Winkler 弹性地基梁单元。利用杆系有限元法进行计算，可以得到前排桩或后排桩所受的弯矩、剪力和水平位移。

**4.2.1.4 基于土拱理论的计算模型**

由于土拱效应的存在，使双排桩支护结构桩侧所受的土压力与用经典土压力理论计算出的土压力有很大不同。基于土拱理论，戴智敏、阳凯凯[12] 提出了一种矩形布置双排桩支护结构的新的计算模型。在土体破坏滑裂面上部分，对于前排桩，其所受的土压力包括两部分见图 4.17：一部分是由桩后土体直接作用产生的直接土压力（Ⅰ区）；另一部分是由两桩之间的临空土体由水平拱传递来的间接土压力（Ⅲ区）。后排桩也相应受到直接土压力（Ⅰ区和Ⅱ区）和间接土压力（Ⅳ区）。

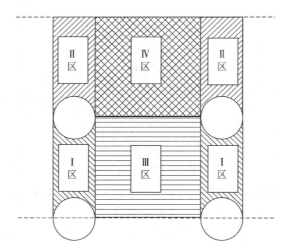

图 4.17 直接土压力和间接土压力分区假定

直接土压力的计算：

$$\sigma_{h} = \frac{\gamma B}{2\mu}\left[1 - \exp\left(-\frac{2\mu K_{W}}{B}h\right)\right] + q_{0}K_{a}\exp\left(-\frac{2\mu K_{W}}{B}h\right) \tag{4.34}$$

式中：$K_{a}$——朗肯公式的侧压力系数；

$\quad q_{0}$——地面超载；

$\quad h$——计算点到顶面的距离；

$\quad B$——土拱的拱脚宽度；

$\quad K_{W}$——侧土压力系数。

间接土压力的计算：

$$\tau_{t} = K_{a}\sin\theta_{s}\cos\theta_{s}\sigma_{av} \tag{4.35}$$

$$\theta_{s} = 45° + \varphi/2 \tag{4.36}$$

式中：$\sigma_{av}$——竖向平均土应力。

在计算土体滑裂面以下土压力时，支挡结构和土之间的作用简化为 Winkler 弹性地基梁法，本模型取 $m=1$，即 $m$ 值法。

基于土拱理论，考虑圈梁作用的双排桩支护结构计算模型的基本假定如下：

（1）圈梁在基坑转角处的连接看作固结；

（2）沿圈梁长度方向，在开挖面以上，土压力的作用分布规律为用土拱分析的土压力值与空间影响系数的乘积；

（3）圈梁、连梁和前后排桩能充分协同工作；

（4）前后排桩与圈梁和连梁连接处转角为 0，连梁的水平向变形忽略不计。由式（4.34）~式（4.36）确定的土压力，可以对双排桩支护结构进行计算，得到支护结构的最大弯矩值和作用位置。

## 4.2.2 锚杆的传统理论模型及存在问题

由于锚固界面的力学性质非常复杂，目前锚杆或锚索研究和应用大多还是采用经验法或者半经验法，尤其是在工程实际中，基本还是采用经验法来进行设计和施工。如果能通过理论分析选择合理的数学模型描述荷载-位移曲线，就可以利用其预测锚杆的极限承载力。因此，锚杆数学模型的建立对锚固工程的研究具有重要意义。

### 4.2.2.1 锚固段非线性界面模型

考虑锚固界面剪切变形的非线性特征，黄明华[13] 等从锚杆的荷载-位移关系出发，考虑锚固界面残余剪切强度的影响，推导了锚固界面剪应力-剪切位移关系的双指数曲线界面模型，即：

$$\tau = f(u) = \tau_{r} + \alpha\exp(-\vartheta u) - \beta\exp(-2\vartheta u) \tag{4.37}$$

式（4-37）中 $\tau$ 和 $u$ 分别为锚固界面的剪应力和剪切位移，$\tau_{r}$ 为锚固界面的残余剪切强度，即 $f(+\infty) = \tau_{r}$，$\alpha$、$\beta$ 和 $\vartheta$ 均为锚固界面的模型参数，可以根据锚固界面的初始剪切刚度、峰值剪切强度和残余剪切强度确定。

其中：

$$\alpha = 2\tau_{u}(1 - \eta + \sqrt{1-\eta}) \tag{4.38}$$

$$\beta = \tau_u(2 - \eta + 2\sqrt{1 - \eta}) \tag{4.39}$$

$$\vartheta = \frac{\lambda}{2\tau_u(1 + \sqrt{1 - \eta})} \tag{4.40}$$

$$\lambda = \frac{G}{r_a \ln(r_m/r_a)} \tag{4.41}$$

式中，$\lambda$ 是初始剪切刚度；$G$ 是周边土体剪切模量；$r_a$ 为锚固段的锚孔半径；$r_m$ 为周边土体变形可以忽略不计的最大半径，一般 $r_m = 10r_a$。

根据式（4.37），图 4.18 给出了锚固段非线性界面模型的剪应力−剪切位移关系。可以看出，$\eta = 0$ 时，该模型剪应力−剪切位移关系与以往研究文献相同；随着 $\eta$ 增大，锚固界面的残余剪切强度逐渐增大。

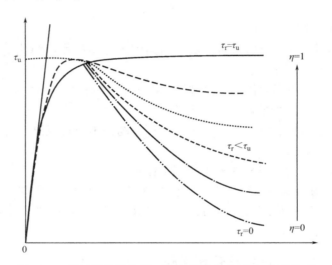

图 4.18　锚固段非线性界面模型的剪应力−剪切位移关系

### 4.2.2.2　基于有限差分法的锚杆荷载传递模型

如图 4.19 所示，根据受力平衡可得：

$$dP(x) + U\tau(x)dx = 0 \tag{4.42}$$

$$P(x) = EA\varepsilon(x) = -EA\frac{du(x)}{dx} \tag{4.43}$$

$$\frac{d^2u(x)}{dx^2} = \frac{U}{EA}\tau(x) \tag{4.44}$$

$$\tau(u) = \frac{u}{a + bu} \tag{4.45}$$

令 $\alpha = U/EA$，代入可得到锚固界面的双曲线模型表达式为：

$$\frac{d^2u(x)}{dx^2} = \frac{\alpha u(x)}{\dfrac{U}{K} + \dfrac{u(x)}{\tau_u}} \tag{4.46}$$

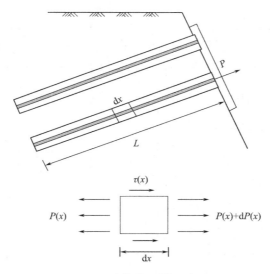

图 4.19 锚杆微元体示意图

### 4.2.2.3 嵌岩锚杆侧阻力计算模型

（1）嵌岩锚杆的破坏模式及假定

在保证锚头装置可靠、锚杆杆体有足够截面积承受拉力及锚固岩体在最不利条件下仍能保持整体稳定性等前提条件下，锚杆抗拔承载力主要取决于锚固段周围岩层对锚杆的侧阻力。因此，假定破坏模式为锚杆被拔出，以此对岩质地基嵌岩锚杆抗拔承载特性进行分析。

（2）嵌岩锚杆锚-岩界面剪切模型

嵌岩锚杆侧阻力本质是注浆材料（水泥、砂浆或细石混凝土）与孔壁岩体界面的摩擦力。当上拔荷载增大时，锚杆与围岩界面开始产生相对位移，由此产生侧阻力。随着界面相对位移的增大，锚-岩界面的剪切力呈线性增大，当界面相对位移达到界面极限相对位移 $s_m$ 时，锚-岩界面发生塑性破坏。界面的剪切过程伴随着软化现象，界面强度由峰值强度 $\tau_m$ 下降至残余剪切强度 $\tau_r$。锚-岩界面塑性破坏的微观机理可由剪胀机理解释，其破坏过程如图 4.20 所示。

（3）嵌岩锚杆位移、侧阻力及轴力计算

在嵌岩锚杆上拔过程中，锚-岩界面的侧阻力由上至下逐步发挥，荷载较小时界面侧阻力处于弹性阶段，此时锚头处锚-岩界面相对位移 $s(0) \leqslant s_m$，如图 4.21（a）所示；当荷载继续增大，如锚头处锚-岩界面相对位移 $s(0) > s_m$ 时，锚杆上部出现塑性区，侧阻力由峰值强度下降至残余强度，此时塑性区发展深度为 $l_0$，$l_0$ 以下仍为弹性区，如图 4.21（b）所示。

## 4.2.3 双排桩-锚杆复合支护理论与技术创新

### 4.2.3.1 双排桩-锚杆复合支护的土压力分配模型

改进的土压力模型

考虑初始土压力，按以下方法对传统土压力理论模型进行了改进：

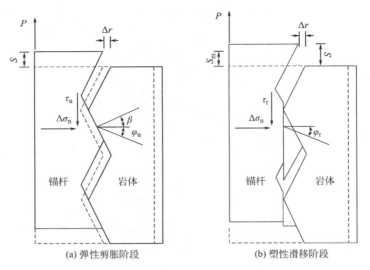

(a) 弹性剪胀阶段      (b) 塑性滑移阶段

图 4.20 锚-岩界面破坏过程

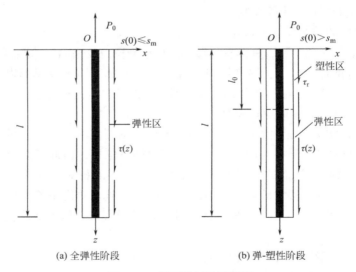

(a) 全弹性阶段      (b) 弹-塑性阶段

图 4.21 嵌岩锚杆计算模型

（1）不考虑后排桩对破裂面形态的影响，但依据"减重"理论考虑排桩对土压力进行折减；

（2）前、后排桩之间，仅考虑初始土压力作用，不考虑"弹簧力"，但考虑桩底阻力对双排桩的作用效应。

（3）双排桩支护土压力模型，见图 4.22。

土压力分配系数按下列要求计算：

$$当 \frac{L}{l} \leqslant 1 \text{ 时，} \alpha = \frac{2L}{l} - \left( \frac{L}{l} \right)^2 \tag{4.47}$$

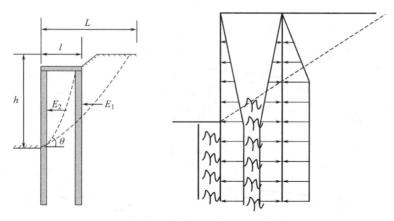

图 4.22  考虑初始应力的双排桩支护土压力模型

$$当\frac{L}{l} \geq 1 \text{ 时，} \alpha = 1 \tag{4.48}$$

$$L/l = \frac{s_y - d}{h\tan(45° - \varphi_m/2)} \tag{4.49}$$

#### 4.2.3.2  大角度斜锚支护技术

利用双排桩的门架结构水平刚度较大的优势，采用在压顶板平台设置大角度斜向锚杆与之形成复合支护结构体系。根据需要可在支护结构腰部设置水平短锚杆改善整体受力条件；一般可在外侧排桩设置帷幕形成扩体桩帷幕，水泥土墙的侧阻作用、坑内降水后土体的固结可有效增加后排桩被动土压力、减少前排桩主动土压力；对软土或灵敏度较高粉土、粉质黏土水下施工锚杆时，大角度斜锚可有效减小施工对土体的扰动。该技术用于解决上部软土、邻近地下管线或红线限制等复杂条件下基坑支护，技术效果独特。

# 4.3  工程应用

## 4.3.1  双排桩-全粘结锚杆复合支护

### 4.3.1.1  绿地之窗

1. 工程概况

郑州绿地高铁站前广场包括 D1、D2、D3、D4 共四个地块，呈田字形分布。D2 地块位于场地东南角，基坑东西长 155m、南北宽 76m，基坑深度为自然地面下 20m。D3 地块位于场地西北角，基坑东西长 127m、南北宽 66m，主塔楼基坑深度约 17.6m，裙房、地下车库基坑深度约 16.0m。相邻地块开挖线相距不足基坑深度的 2 倍（图 4.23）。

2. 工程地质条件

基坑开挖深度范围内主要由粉土、粉质黏土构成，基底附近为砂层，地下水位埋深约 10m。

①层：粉土（$Q_{4-3}^{al}$），褐黄—黄褐色，稍湿—湿，稍密—中密，干强度低，摇振反应

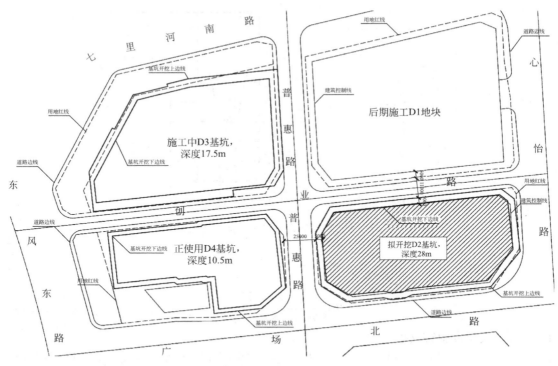

图 4.23    郑州绿地高铁站前广场总平面图

中等，无光泽反应，韧性低，土质不均匀。厚度 2.5～3.5m，平均厚度 2.99m。

②层：粉土（$Q_{4-3}^{al}$），黄褐色，稍湿—湿，稍密—中密，干强度低，摇振反应中等，无光泽反应，韧性低，土质不均匀。土中含云母、铁质氧化物、腐殖质、少量蜗牛屑等。厚度 1.4～2.7m，平均厚度 1.99m。

③层：粉土（$Q_{4-3}^{al}$），褐黄—黄褐色，湿，稍密—中密，干强度低，摇振反应中等—迅速，无光泽反应，韧性低，土质不均匀。土中含云母、铁质氧化物、少量蜗牛屑等。局部夹粉质黏土薄层。厚度 0.9～2.8m，平均厚度 1.64m。

④层：粉质黏土（$Q_{4-2}^{l}$），灰褐—深褐色，饱和，可塑—软塑，干强度中等，无摇振反应，韧性中等—高，稍有光泽，土质不均匀，土中含少量铁质锈斑、少量小姜石、腐殖质、少量有机质等。局部夹粉土薄层。厚度 0.9～2.6m，平均厚度 1.43m。

⑤层：粉土（$Q_{4-2}^{l}$），褐灰—浅灰色，湿，中密，干强度低，摇振反应中等，无光泽反应，韧性低，含少量有机质、少量腐殖质、云母、蜗牛屑等。厚度 0.7～2.1m，平均厚度 1.06m。

⑥层：粉质黏土夹粉土（$Q_{4-2}^{l}$），灰—灰黑色，饱和，可塑，干强度中等—高，无摇振反应，韧性中等，稍有光泽，土质不均匀，土中含少量铁质锈斑、有机质、腐殖质、少量泥炭质等。局部夹薄层粉土。该层在局部地段缺失。厚度 0.5～2.0m，平均厚度 1.38m。

⑦层：粉土（$Q_{4-2}^{l}$），灰色，湿，中密，干强度低，摇振反应中等，无光泽反应，韧性低，含少量有机质、少量腐殖质、云母、蜗牛屑等。局部夹少量粉砂。厚度 0.9～2.5m，

平均厚度 1.36m。

⑧层：粉质黏土（$Q_{4-2}^l$），灰—灰黑色，饱和，可塑，干强度中等—高，无摇振反应，韧性中等，稍有光泽，土质不均匀，土中含少量铁质锈斑、有机质、腐殖质、泥炭质等。局部夹少量粉土薄层。厚度 1.5~3.9m，平均厚度 2.61m。

⑧夹层：粉土（$Q_{4-2}^l$），灰色，湿，中密，干强度低，摇振反应中等，无光泽反应，韧性低，含少量有机质、少量腐殖质、云母、蜗牛屑等。局部夹少量粉砂。厚度 0.5~1.9m，平均厚度 1.36m。

⑨层：粉砂（$Q_{4-1}^{al+pl}$），灰褐—褐灰色，饱和，密实，颗粒级配一般，主要成分为云母、石英、长石，含铁质氧化物、少量小姜石、蜗牛屑等。局部夹有薄层粉土和细砂。该层在局部地段缺失。厚度 0.7~3.6m，平均厚度 1.75m。

⑩层：细砂（$Q_{4-1}^{al+pl}$），褐—褐黄色，饱和，密实，颗粒级配一般，主要成分为云母、石英、长石，含铁质氧化物、少量小姜石、蜗牛屑等。局部为中砂和粉砂。层底夹少量小卵石，直径 1cm 左右。厚度 4.7~8.8m，平均厚度 6.76m。

⑪层：粉质黏土（$Q_{4-1}^{al+pl}$），褐—褐黄色，饱和，可塑—硬塑，稍有光泽，干强度中等，韧性中等，无摇振反应，土中含有少量姜石、铁锰质结核。层顶局部夹有粉土薄层。厚度 0.8~6.0m，平均厚度 2.74m。

⑫层：细砂（$Q_{4-1}^{al+pl}$），褐—褐黄色，饱和，密实，颗粒级配一般，主要成分为云母、石英、长石，含铁质氧化物、少量小姜石、蜗牛屑等。局部为中砂和粉砂。层底夹少量小卵石，直径 1cm 左右。厚度 1.2~6.6m，平均厚度 4.58m。

各土层力学参数如表 4.1 所示。

各土层力学参数 表 4.1

| 土层编号 | 岩土类别 | 重度/(kg/m³) | 内摩擦角/° | 黏聚力/kPa | 锚杆侧阻力/kPa | 压缩模量/MPa |
|---|---|---|---|---|---|---|
| ① | 粉土 | 18.0 | 23 | 12 | 57 | 7.1 |
| ② | 粉土 | 17.8 | 25 | 13 | 66 | 9.7 |
| ③ | 粉土 | 18.2 | 24 | 18 | 60 | 6.6 |
| ④ | 粉质黏土 | 18.2 | 16 | 18 | 72 | 6.2 |
| ⑤ | 粉土 | 18.0 | 26 | 18 | 75 | 10.2 |
| ⑥ | 粉质黏土夹粉土 | 18.0 | 11 | 15 | 66 | 6.8 |
| ⑦ | 粉土 | 19.0 | 26 | 14 | 78 | 11.2 |
| ⑧ | 粉质黏土 | 18.2 | 10 | 15 | 60 | 7.2 |
| ⑨ | 粉砂 | 18.5 | 28 | 4 | 87 | 23.0 |
| ⑩ | 细砂 | 18.8 | 30 | 2 | 114 | 34.0 |
| ⑪ | 粉质黏土 | 19.5 | 19 | 24 | 102 | 12.7 |
| ⑫ | 细砂 | 19.0 | 32 | 2 | 120 | 35.0 |

3. 支护形式

基坑支护创新性地采用了双排桩复合锚杆支护结构，相比普通桩锚支护具有明显优势。锚杆采用了大角度斜锚技术、扩大与变径技术，有效缩短锚杆长度，解决了锚杆施工对相邻基坑不利影响及锚杆重叠区的土体稳定性问题。支护剖面如图4.24所示。双排桩平面布置图如图4.25所示。施工现场如图4.26所示。

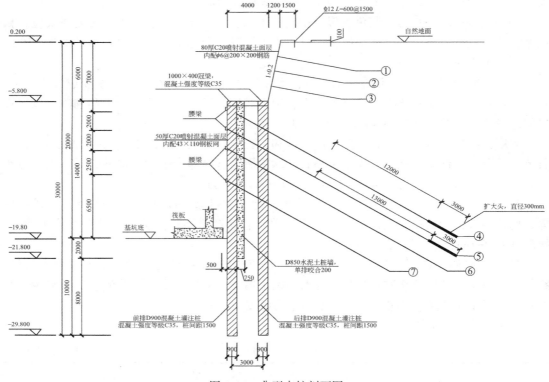

图4.24　典型支护剖面图

4. 监测结果

变形监测结果显示，基坑开挖至坑底基坑侧壁最大水平位移23.93mm，大部分深层水平位移监测点最大水平位移小于20mm；基坑坡顶最大水平位移25.6mm；坡顶最大沉降19.8mm；锚杆最大应力为承载力设计值的0.59倍；支护桩钢筋最大应力为设计值的60%。经测算，在不增加桩基施工工期的基础上减少了锚杆数量，减少工期约30d。该技术在该工程中应用节约造价约10%，实现经济效益约500万元。

5. 技术特色

（1）本工程基坑支护创新性地采用了双排桩复合锚杆支护结构，相比普通桩锚支护具有明显优势。

（2）本工程锚杆采用了大角度斜锚技术、扩大与变径技术，有效缩短锚杆长度，解决了锚杆施工对相邻基坑不利影响及锚杆重叠区的土体稳定性问题。

（3）设计研究与现场监测工作有机结合，提出双排桩复合锚杆支护结构设计计算方法，实现信息法施工，为类似工程设计提供技术支持。

6. 技术成效与深度

（1）双排桩复合锚杆支护结构具有较强的控制基坑变形的能力，与桩锚支护结构相

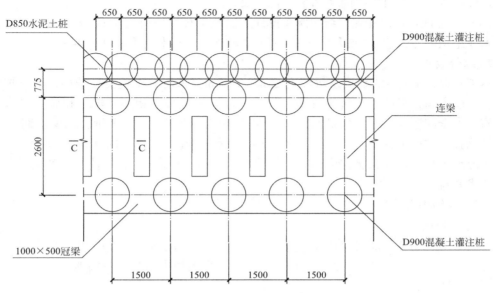

图 4.25 双排桩平面布置图

图 4.26 支护实景照片

比，后排桩的存在可减少锚杆排数，提高了桩锚支护结构的变形控制性能，而且锚杆数量的减少明显加快了基坑开挖的速度需求，节省了工程造价。

（2）本工程设计采用旋喷锚杆，应用了锚杆扩大与变径技术，有效减短了锚杆长度，避免了对相邻基坑支护稳定土层的扰动，确保后续施工期间相邻基坑工程的安全。

（3）本工程采用数值模拟方法，分析了双排桩复合锚杆支护体系的位移、内力以及位移与内力的协调关系，研究了作用在支护结构上的土压力的分布规律，以及土压力在双排桩和锚杆间的传递分配规律，建立了双排桩复合锚杆土压力模型，提出前后排桩土压力计算采用"体积比"分配模型。

（4）通过试验和现场监测数据，分析了双排桩桩径、排距、锚杆类型及排数对整个支护体系工作性状的影响，在综合考虑土压力作用系数的调整、支护结构刚度系数的调整、支护结构设计内力的调整等条件下，提出双排桩复合锚杆支护结构概念设计与优化方法，并通过商业软件实现对排桩的"调平"优化设计。

（5）双排桩复合锚杆支护结构体系设计方法及工程应用研究于 2011 年通过河南省科学技术厅组织的专家鉴定，2013 年获得河南省勘察设计行业优秀设计一等奖。

7. 综合效益

本工程设计 D2、D3 地块基坑深度 20m、17.6m，采用双排桩支护结构，该支护结构抵抗变形能力高，提高了基坑工程的可靠性，较好地解决了相邻基坑工程施工带来的设计、施工安全问题，在不增加桩基施工工期的基础上减少了锚杆数量，减少工期约 30d。经测算该技术在该工程中应用节约造价约 10%，实现经济效益约 500 万元。该设计成果已在郑州绿地中央广场（最大深度 29m，周长约 1400m）等基坑工程中使用，产生了巨大的经济技术效益。

#### 4.3.1.2 绿地中央广场

1. 工程概况

绿地中央广场位于郑州市东部，东邻东风东路，西邻运动场东路，北邻康平路，南邻榆林北路（图 4.27）。整个工程分为南北两块，两个地块中间为市政用地。该项目为双塔超高层综合体。

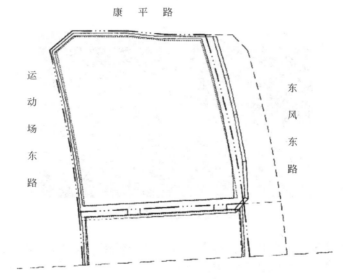

图 4.27 基坑周边环境示意图

北地块约为 132m×150m，A 塔（北塔）为 72 层办公楼（约为 51m×51m），采用框架-核心筒结构体系，高度为 300m，位于该地块东南角，基础埋深约为 22.5m，塔楼南侧和西侧为 14 层裙房，裙房采用框架剪力墙结构体系，整个地块为通体地下 4 层，基础埋深约为 20.5m。北地块东侧与东风东路之间为 30m 宽绿化带，目前为空地；北地块北侧紧邻规划康平路，拟建裙房与康平路道路红线的距离为 15m 以上；90m 宽市政用地目前为空地。

2. 工程地质条件

地基土从上到下分层描述如下：

①层为粉土，局部夹粉质黏土和砂土薄层。该层上部主要为耕植土并含有一定建筑垃

圾，由于受到人类活动的影响，土质不均匀，性质不稳定。层底标高 84.04~85.37m，平均层底标高 84.83m，平均层底深度 3.05m，平均厚度 3.05m。

②层为粉土局部夹粉质黏土薄层。平均层底标高 82.85m，平均层底深度 5.02m，平均厚度 1.97m。

③层为粉土，局部夹粉质黏土薄层。平均层底标高 81.83m，平均层底深度 6.83m，平均厚度 1.82m。

④层为粉质黏土，局部夹粉土薄层。平均层底标高 79.59m，平局层底深度 8.27m，平均厚度 1.45m。

⑤层为粉土，该层在场地部分地段不够完整，平均层底标高 77.43m，平均层底深度 10.43m，平均厚度 2.23m。

⑥层为粉质黏土夹粉土，局部夹薄层粉土。该层在场地部分地段不完整。平均层底标高 76.52m，平均层底深度 11.33m，平均厚度 1.07m。

⑦层为粉土。平均层底标高 75.64m，平均层底深度 12.22m，平均厚度 1.24m。

地基土主要为粉土和粉质黏土，设计采用的土层参数如表 4.2 所示。

| | | | | | | | | | | 基坑工程设计土层参数采用值 表 4.2 |

| 土层编号 | 岩土类别 | 土层厚度 /m | 底层深度 /m | 重度 /(kN/m³) | $c$ /kPa | $\varphi$ /° | 地基承载力 /kPa | 锚杆侧阻力 /kPa | 一次注浆侧阻增强系数 | 渗透系数 /(cm/s) |
|---|---|---|---|---|---|---|---|---|---|---|
| ① | 粉土 | 3.18 | 3.08 | 18.1 | 14.3 | 23.1 | 150 | 57 | 1.5 | $9.0×10^4$ |
| ② | 粉土 | 1.87 | 5.05 | 17.9 | 16.0 | 22.0 | 170 | 66 | 1.5 | $8.5×10^4$ |
| ③ | 粉土 | 1.89 | 6.95 | 18.3 | 182 | 23.8 | 140 | 60 | 1.5 | $6.0×10^4$ |
| ④ | 粉质黏土 | 1.56 | 8.51 | 18.2 | 26.9 | 22.0 | 110 | 72 | 1.5 | $2.0×10^5$ |
| ⑤ | 粉土 | 1.71 | 10.22 | 18.4 | 20.7 | 26.9 | 175 | 75 | 1.5 | $7.0×10^4$ |
| ⑥ | 粉质黏土夹粉层 | 0.81 | 11.03 | 18.1 | 20.5 | 16.0 | 120 | 66 | 1.5 | $3.0×10^5$ |
| ⑦ | 粉土 | 1.27 | 12.40 | 18.8 | 20.8 | 26.5 | 200 | 78 | 1.5 | $9.5×10^4$ |

**3. 支护方案的总体设计**

本设计适用期限为一年，不适用永久性支护。绿地中央广场北地块的基坑深度为 16.5~22.5m。依据《建筑基坑支护技术规程》JGJ 120—2012，基坑侧壁安全等级为一级；依据《建筑地基基础工程施工质量验收标准》GB 50202—2018，本基坑工程变形控制等级为一级，基坑周边超载设计取值为 25kPa。本工程基坑东侧、南侧设计采用上部土钉下部双排桩锚联合方案；基坑东侧、北侧设计采用上部土钉下部双排桩锚联合支护方案。在锚杆的施工过程中，拟采用水泥浆灌注型锚杆，对于 A 塔以外的剖面锚杆施工采用先扩孔后注装工艺。排桩外侧设置水泥土桩墙，基坑降水设计采用管井降水。施工时，应先施工水泥土桩墙后施工混凝土灌注桩。

**4. 基于理正商业软件的设计**

**（1）土压力作用系数的调整**

对排桩可以考虑后排桩的"减重"作用，适当降低作用在排桩上的主动土压力，设计计算中，可根据具体计算结果对破裂面以上、桩顶以下的土层土压力进行适当折减，考虑到支护结构产生主动土压力的变形条件（$0.001H \sim 0.004H$）前排桩相应土层主动土压力折减系数取0.95，后排桩相应土层主动土压力折减系数取0.9。后排桩被动区抗力采用 $m$ 法，未考虑排桩间初始土压力及摩阻力形成的桩底水平抗力。基坑底面以下被动区，尽管降水可能会带来土性指标适当提高，但由于基坑深度较深，变形控制仍按一级基坑的位移要求控制，被动区难以达到被动土压力全部发挥的变形条件（砂土 $0.05H$），因此，被动土压力系数仍取1.0。

（2）支护结构刚度系数的调整

根据钢筋混凝土结构设计规范短期抗弯刚度理论，在混凝土受弯构件的变形验算中所用到的界面抗弯刚度，是指构件上一段长度范围内的平均截面抗弯刚度 $B_s$ 和长期刚度 $B$，且两者都随弯矩的增大而减小，随配筋率的降低而减小。排桩刚度折减系数取为0.85。

（3）桩弯矩系数的调整

在排桩内力计算中，考虑桩的塑性变形以及实际土压力分布与计算土压力分布不一致，考虑桩底水平滑移对弯矩的影响，未考虑降水对土体黏聚力和内摩擦角值的提高。综合选择桩弯矩折减系数为 $0.75 \sim 0.85$。

5. 设计计算结果

试验场地地质剖面图如图4.28所示。基坑开挖过程中，由于要分层开挖、支撑，不同阶段产生的附加应力不同，所以挡土结构所受外力不同。因此，考虑逐步开挖和逐步加撑，内力计算采用增量法。由于本工程的基坑开挖深度为22.5m，大于10m，支护结构一

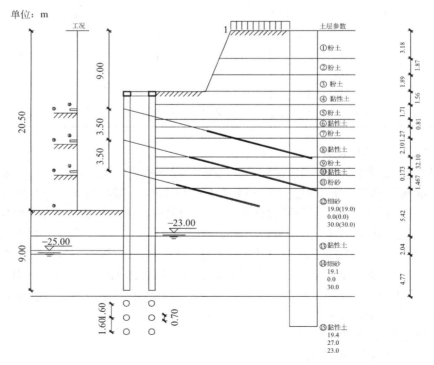

图4.28 试验场地地质剖面图

且破坏，土体失稳或过大变形将会对基坑周边环境及地下结构施工产生重大影响，所以基坑等级为一级，基坑侧壁重要性系数为 1.10。一级放坡，坡高为 7.0m，坡度系数为 0.4。地面超载类型为均布荷载，超载值取为 25kN/m。设计其他基本信息依据实际工程经验选取。基坑支护实景见图 4.29。

(a) 基坑支护实景1　　　　　　　　　　　　　　　(b) 基坑支护实景2

图 4.29　支护实景照片

6. 监测结果

本工程为上部土钉墙、下部双排桩预应力锚杆的复合支护形式，基坑等级为一级。监测结果显示：基坑边坡的最大竖向位移为 −15.46mm，支护桩顶的最大竖向位移为 −3.21mm，均小于监测报警值。

由监测结果看出，无论是基坑边坡顶部沉降和侧移量，还是支护桩顶部沉降和位移量，变化都比较均匀，没有达到监测报警值并且没有出现突变现象，沉降量变化速率均小于 1mm/d，说明双排支护结构符合基坑支护的要求。

实际施工中，东、南侧为双排桩联合土钉墙支护，西、北两侧为单排桩联合土钉墙支护，东、南侧作用于支护结构上的荷载主要包括正常土压力、水压力、渗流压力、基坑影响范围内的施工荷载、汽车及场地堆载所引起的侧向压力。而西、北侧场地开阔，不存在汽车以及场地堆载所引起的侧向压力，这使得两部分荷载情况相差很大，但是从监测结果可以看出双排桩桩顶的累计水平位移小于单排桩的桩顶累计水平位移。由此可见，支护结构水平位移在荷载较大的双排桩中反而较小，说明双排桩支护结构的支护效果明显优于单排桩支护结构。

## 4.3.2　H 形双排桩-大角度斜锚复合支护

1. 工程概况

拟建绿地滨湖国际城四区项目位于郑州市西南部的郑州二七新区，规划中的星月路与芳仪路交叉口西北角。拟建建筑包括场地范围内的 2 栋 25 层准甲办公楼（1 号、2 号准甲办公楼）、3 栋 5 层总部办公楼及场地内的 3 层通体地下车库（南北长约 182m，东西宽约 87m）。基坑深 34.17～37.17m。

2. 工程地质条件

①层：粉土（$Q_3^{al}$），浅黄色，稍湿，中密—稍密，摇振反应中等，干强度低，韧性低，无光泽反应，含有蜗牛壳及碎片，偶见铁锈斑块，土体纯净。

②层：粉土（$Q_3^{al}$），浅黄色，稍湿，稍密—中密，摇振反应中等，干强度低，韧性低，无光泽反应，含有蜗牛壳及碎片，较多菌丝状钙质网纹，可见少量姜石粒和铁锈斑块，局部砂质含量高，局部地段接近粉砂。

③层：粉质黏土夹粉土（$Q_3^{al}$），粉质黏土，褐红—黄褐色，硬塑—坚硬，干强度中等，无摇振反应，韧性中等，稍有光泽，含铁、锰质氧化物，较多菌丝状钙质网纹，偶见小姜石；粉土，黄褐色，稍湿，稍密—中密，摇振反应中等，干强度低，韧性低，无光泽反应，含云母片，偶见少量姜石。

④层：粉质黏土（$Q_3^{al}$），褐红色，硬塑，干强度中等，无摇振反应，韧性中等，稍有光泽，含铁、锰质氧化物，较多菌丝状钙质网纹，偶见小姜石。

⑤层：粉质黏土夹粉土（$Q3^{al}$），粉质黏土，褐红—黄褐色，硬塑，干强度中等，无摇振反应，韧性中等，稍有光泽，含铁、锰质氧化物，偶见小姜石；粉土，黄褐色，稍湿，稍密—中密，摇振反应中等，干强度低，韧性低，无光泽反应，含云母片，偶见少量姜石。

⑥层：粉质黏土（$Q_3^{al}$），褐红色，硬塑—坚硬，干强度中等，无摇振反应，韧性中等，稍有光泽，含铁、锰质氧化物，偶见小姜石。

⑦层：粉质黏土（$Q_3^{al}$），褐红色，硬塑—坚硬，干强度中等，无摇振反应，韧性中等，有光泽，含铁、锰质氧化物，较多1~4cm直径姜石，局部姜石富集，局部地段夹有钙质胶结薄层，芯样不连续，取芯率低，呈短柱状，钻进比较困难。

3. 试验结果

直剪试验成果见表4.3。

<table>
<tr><td colspan="5" style="text-align:center">直剪试验成果建议值</td><td style="text-align:right">表 4.3</td></tr>
<tr><td>层号</td><td>①</td><td>②₁</td><td>②</td><td>③</td></tr>
<tr><td>$c$/kPa</td><td>13</td><td>2</td><td>14</td><td>24</td></tr>
<tr><td>$\varphi$/°</td><td>22</td><td>26</td><td>23</td><td>16</td></tr>
<tr><td>层号</td><td>④</td><td>⑤</td><td>⑥</td><td>⑦</td></tr>
<tr><td>$c$/kPa</td><td>22</td><td>19</td><td>22</td><td>23</td></tr>
<tr><td>$\varphi$/°</td><td>15</td><td>16</td><td>14</td><td>15</td></tr>
</table>

根据室内试验、静力触探和标贯试验成果，综合分析确定各层土100~200kPa之间的压缩模量 $E_{s0.1-0.2}$ 值，结果见表4.4。

<table>
<tr><td colspan="8" style="text-align:center">地基土承载力特征值及压缩模量</td><td style="text-align:right">表 4.4</td></tr>
<tr><td>层号</td><td>①</td><td>②₁</td><td>②</td><td>③</td><td>④</td><td>⑤</td><td>⑥</td><td>⑦</td></tr>
<tr><td>$E_{s0.1-0.2}$/MPa</td><td>10.2</td><td>16.0</td><td>14.0</td><td>10.2</td><td>11.0</td><td>9.7</td><td>10.2</td><td>12.0</td></tr>
<tr><td>压缩性评价</td><td>中</td><td>低</td><td>中</td><td>中</td><td>中</td><td>中</td><td>中</td><td>中</td></tr>
</table>

4. 支护剖面

支护剖面如图 4.30 所示。现场施工如图 4.31 和图 4.32 所示。

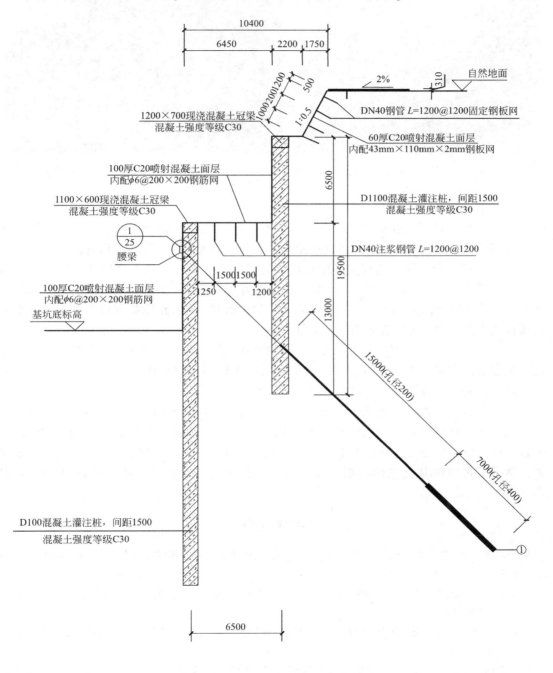

2′-2′支护剖面　1:250

图 4.30　2′-2′支护剖面示意图

图 4.31 基坑支护整体情况　　　　图 4.32 分级排桩+大角度扩大段锚杆支护

5. 项目评价

（1）杂填土抗剪强度指标取值方法可以推广应用到类似填土项目中，为支护结构选型、计算提供依据，使填土基坑设计选型更加合理，缩短工期，节省工程造价。

（2）排桩复合全粘结锚杆支护结构设计计算方法，填补了该类型设计计算方法的空白，其变形控制能力接近常规桩锚支护结构，节省工程造价 1200 万元。经相关专家评价，相关研究成果达到国内领先水平。本工程采用的分级排桩+大角度扩大段锚杆支护，相比常规桩锚支护结构，可节省工期约 2 个月。

（3）杂填土地基采用强夯法进行浅部处理，相比注浆加固法可节省工程造价约 400 万元。强夯法无需采用大量水泥、砂、水等材料，降低对生态环境的影响，实现节材、节能、降耗、助力可持续发展，符合扬尘治理要求。

（4）滨湖国际城五区杂填土区域采用桩底注浆根固混凝土灌注桩，原设计桩基础桩长52m，造价约 2479 万元，采用桩底注浆根固混凝土灌注桩桩长 43.5m，造价约 1850 万元，节省工程造价 629 万元。该技术的推广应用符合国家"四节一环保"的工程建设基本国策，推动了我国桩基技术的发展与技术进步。经相关专家评价，该成果达到国际领先水平。

## 参考文献

[1] 陈育新. 双排桩门架—锚杆新型组合支护体系的应用研究 [J]. 福建建设科技，2006 (4)：17-18 +23.

[2] 申永江，孙红月，尚岳全，刘健. 锚索双排桩与刚架双排桩的对比研究 [J]. 岩土力学，2011，32 (6)：1838-1842.

[3] 张弥，李国军. 明洞填土压力的离心模型试验和计算模式的不确定性 [J]. 铁道标准设计，1993 (12)：30-33.

[4] 刘金砺，黄强，李华，等. 竖向荷载下群桩变形性状及沉降计算 [J]. 岩土工程学报，1995，17 (6)：1-13.

[5] 何颐华，杨斌，金宝森，等. 双排护坡桩试验与计算的研究 [J]. 建筑结构学报，1996，17 (2)：58-66+29.

［6］ 程知言，裴慰伦，张可能，等. 双排桩支护结构设计计算方法探讨［J］. 地质与勘探，2001，37（2）：88-90+93.

［7］ 熊巨华. 一类双排桩支护结构的简化计算方法［J］. 勘察科学技术，1999（2）：32-34.

［8］ 刘钊. 双排支护桩结构的分析及试验研究［J］. 岩土工程学报，1992，14（5）：76-80.

［9］ 平扬，白世伟，曹俊坚. 深基双排桩空间协同计算理论及位移反分析［J］. 土木工程学报，2001，34（2）：79-83.

［10］ 郑刚，李欣，刘畅，等. 考虑桩土相互作用的双排桩分析［J］. 建筑结构学报，2004，25（1）：99-106.

［11］ 聂庆科，梁金国，韩立君，等. 夯扩桩加固湿陷性黄土地基机理研究［J］. 岩土力学，2011，32（6）：1819-1823.

［12］ 戴智敏，阳凯凯. 深基坑双排桩支护结构体系受力分析与计算［J］. 信阳师范学院学报（自然科学版），2002，15（3）：348-352.

［13］ 黄明华，赵明华，陈昌富. 基于非线性界面模型的锚杆拉拔受力变形特性研究［J］. 安全与环境学报，2019，19（4）：1196-1203.

# 第5章 组合桩墙-锚杆复合支护结构

## 5.1 技术特征与工作机制

组合桩墙支护结构是一种新的支护结构形式，是由加筋水泥土桩墙、墙后竖向微型桩和混凝土压顶板组成的复合型桩墙支护，或联合水平锚、斜锚形成组合桩墙复合锚杆支护结构，具有止水和支护双重技术效果，适用范围广泛[1]。主要技术含义概括为："加筋水泥土桩墙+小桩+混凝土压顶板"或"混凝土排桩+加筋水泥土帷幕墙+锚杆"，常见形式见图 5.1、图 5.2。

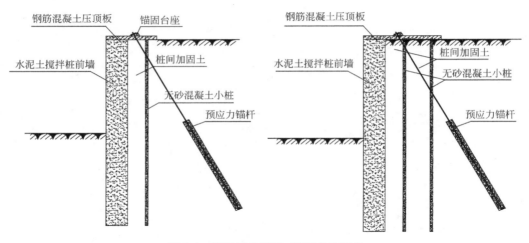

图 5.1 柔性组合桩墙-锚杆支护形式

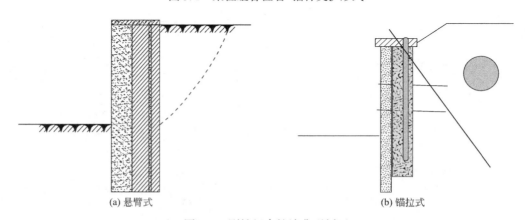

图 5.2 刚性组合桩墙典型剖面

## 5.1.1　组合桩墙支护的主要特点

1. 施工可靠性方面

复合桩墙支护技术将水平向土钉调整为小桩，可看作竖向土钉，解决了土钉施工过程中可能的流土、流水等问题，且竖向小桩的施工质量容易控制。因此，本技术有较好的施工质量保证。

2. 变形控制方面

（1）本技术在支护结构施工时由于内侧土体尚未挖除，将不会带来注浆施工引起的侧向变形，避免了此部分变形。

（2）施工过程中，由于工期等原因在土钉强度达到设计值以前进行挖土的现象是普遍存在的，此开挖进程常会增大土钉变形，竖向小桩属超前支护行为，不存在这一问题。

（3）关于注浆引起的损伤土力学问题，相应的变形增加在小桩施工中也得以有效的避免。

（4）实测结果表明，复合桩墙支护结构地面沉降的影响范围和沉降变形量远小于复合土钉支护结构。郑州地区沉降影响范围监测结果，表明这一范围一般小于基坑深度。

3. 环境保护与节省地下空间资源方面

（1）竖向小桩施工使用地下空间的范围极其有限，从而节省地下空间资源，减小了对周围地下环境的影响，也减少了由此引起的社会矛盾。

（2）能较好地解决桩、静压预制桩打桩施工带来的地面下沉、横向挤土效应、房屋开裂等环境岩土问题。

4. 经济性方面

与复合土钉相比由于竖向小桩技术效益发挥较好，大大降低了工程量。此外，竖向小桩施工可超前完成，大大节省造价和节约工期。以郑州东部地区 10m 深基坑为例，其造价约为桩锚支护的 70%、复合土钉支护的 80%，另可省工期 50% 左右。

## 5.1.2　柔性组合桩墙支护的技术特点

1. 具有支护、截水、阻渗功能；
2. 可理解为加筋水泥土桩墙联合竖向加筋土墙或水泥土桩墙联合小桩（排）支护；
3. 竖向小桩施工占用地下空间的范围极其有限，节省了地下空间资源，减小了对周围地下环境的影响；
4. 与复合土钉相比，由于竖向小桩施工可超前完成，大大节省开挖支护工期。

## 5.1.3　刚性组合桩墙支护的技术特点

1. 具有超前支护效应；
2. 锚杆提高了混凝土排桩与加筋水泥土桩墙的整体工作性能和变形控制能力；
3. 设置大角度斜锚，可用于邻近地下管线及用地红线限制条件下的基坑支护。

### 5.1.4　水泥土桩工作性状

1. 水泥土桩简介

水泥土桩是加固软土地基的一种新方法，其利用水泥、石灰等材料作为固化剂，通过深层搅拌机械，将软土和固化剂（浆液或粉体）强制搅拌，利用固化剂和软土之间所产生的一系列物理化学反应，使软土硬结成具有整体性、水稳定性和一定强度的桩体。

2. 水泥土桩的物理力学性质

大量的室内和现场试验表明，水泥土的性质与原有天然软土的性质有很大不同。拌入固化剂后形成的加固土呈坚硬状态，其抗压强度、抗剪强度、变形模量等指标分别比天然软土地基提高数十倍至数百倍。水泥的掺入大于 5% 时，加固土无侧限抗压强度 $q_u$ 可达 $500 \sim 4000 kPa$，抗拉强度为 $q_u$ 的 $0.15 \sim 0.25$ 倍，内摩擦角为 $20° \sim 30°$，黏聚力为 $q_u$ 的 $0.2 \sim 0.3$ 倍，变形模量为 $q_u$ 的 $120 \sim 150$ 倍。加固土的变形特征随加固土强度的变化而介于脆性体与弹塑性体之间。加固土强度随固化剂掺入比、水泥强度等级和加固土龄期的增加而提高。土样的类别、产地不同，按同样方法处理得到的加固土的强度有很大差别。加固土的渗透系数随固化剂掺入量的增加、加固土强度的提高而降低。近年来水泥搅拌桩在黄土、杂填土、粉细砂土等其他土中也逐步开始应用，但在这方面的研究较少。目前的试验研究仍主要集中在水泥加固软土地基的性状上[2]。

3. 水泥土桩的工程应用

（1）形成复合地基，作为地基处理手段。桩体与桩间土形成复合地基可有效提高地基承载力，减少地基变形。作为一种地基处理方法，水泥土搅拌桩在土木工程的多个领域广泛应用。国内目前主要用于加固淤泥、淤泥质土、黏性土、粉土和其他软土等。

（2）用于基坑工程中。水泥土搅拌桩最初用于加固软土地基，20 世纪 80 年代末开始用于基坑支护。作为支护结构，水泥土搅拌桩近几年广泛用于深度不大于 7m 的基坑，多采用格栅形式，具有其他围护形式难以比拟的优点。由于水泥土挡土墙属不透水结构，因此既能挡土又能挡水；水泥土搅拌桩属重力式结构，靠本身重量即可抵抗侧向力保持稳定，又不需支撑、拉锚，基坑内面积大，便于基坑内机械挖土和地下结构施工；施工简便、速度快、费用较低，所以具有较好的社会、经济效益。水泥土搅拌桩还是加固基坑被动区土体经济有效的技术措施，能防止被动区土体破坏和管涌现象等。

（3）作为防渗帷幕。水泥土的渗透系数一般在 $10^{-8} \sim 10^{-7} cm/s$，比原状土降低 $100 \sim 1000$ 倍，抗渗性能大大提高。因此常将水泥土桩搭接施工组成连续的水泥土帷幕墙，广泛应用于粉土、夹砂层、砂土地基的基坑防渗及堤坝防渗等工程。

（4）水泥土桩的组合使用。近年来水泥土桩的应用范围在不断地被扩展，如水泥土桩与其他类型的桩共同组成复合地基；水泥土桩与其他材料结合组成复合支护型桩墙，如在水泥土桩中插入预制钢筋混凝土桩或角钢与钻孔灌注桩、树根桩、土层锚杆等组成复合式支护结构广泛应用于深度大于 7m 的基坑支护[2]。

### 5.1.5　孔内投石注浆桩工作性状

1. 孔内投石注浆桩简介

孔内投石注浆桩技术即传统的无砂混凝土小桩在压力灌浆和小桩技术基础上研究开发的一种地基处理及超前加固新技术。美国 FHWA（Federal Highway Authority）在 1993—1996 年投资进行了系统的小桩研究[3-6]。该技术通过在被加固场地的桩位成孔、投碎石，然后通过桩孔中的注浆管及碎石桩体向桩周土体低压灌浆，待水泥浆液初凝后，再进行高压注浆，使孔内水泥浆进一步密实，并使桩周土体受到压密灌浆处理，由此形成投石压浆无砂混凝土小桩复合地基。

2. 孔内投石注浆桩技术特点

（1）孔内投石注浆桩复合地基集合了小桩技术和压力注浆技术及钻孔压浆成桩法和桩后压浆技术的优点，是在现代复合地基理论指导下开发的一种新的地基处理方法。

（2）采用工程钻机、洛阳铲等成孔，插入注浆管，投入级配碎石，封孔后压力注浆成桩。成桩后桩体与压浆加固后的桩周土形成复合地基，具有置换、竖向增强、排水、排气固结、胶结、压密、充填等多种作用机理。

（3）通过对地基土层的碎石置换及碎石桩中设置钢质注浆管压力注浆，使桩侧及桩端阻力和土层的承载力与变形模量均有相当幅度的提高，决定了该技术可形成较高的复合地基承载力和具有较强的控制变形能力。

（4）投石压浆无砂混凝土小桩施工工艺适合除碎石土外几乎所有土层。其材料来源广、质量易控制、对设备要求低。

（5）具有广泛的工程适应性，既可用于新建建筑、公路、市政工程的地基处理，又可用于既有建筑物的地基加固和高速公路高填方软基后处理工程，具有变形小、沉降稳定快、施工操作简便、灵活、节省造价的特点。

（6）孔内投石注浆桩技术区别于其他类型非散体材料桩复合地基技术的重要方面是桩间距大、直径小、置换率较低（通常为 2%~10%），可充分发挥桩周土的承载力，从而节省投资。分析表明：①比普通深层搅拌桩复合地基可节约基础工程造价 15%~20%，缩短工期 30%；②与深层喷射搅拌桩复合地基相比，可节省基础工程造价分别为 20% 人工成孔和 15% 机械成孔，缩短工期 25%；③与低强度等级混凝土桩复合地基相比（直径 $d$ 取 400~450mm），可节省地基处理费用 20%。

## 5.2　设计理论与技术创新

### 5.2.1　传统设计模式

1. 传统设计模式类型

（1）按重力式挡墙设计。

（2）按悬臂桩或 $m$ 法设计。将基坑开挖面以上的桩体作为悬臂梁，承受开挖面以上的土压力、水压力和超载，从而得出基坑面处的弯矩、剪力和法向力，计算嵌固段的受力情况，使墙身的剪应力、弯曲应力均满足要求。亦或根据温克尔原理，将其作为一竖放的弹性地基梁，用线弹性地基模型的 $m$ 法对该结构进行变形验算。

2. 设计模式分析

（1）"按重力式挡墙设计"重视稳定性分析，忽视了桩体的变形；"按悬臂桩或 $m$ 法设计"，着重位移分析，未考虑开挖侧桩前土的屈服。

（2）"按重力式挡墙设计"，其理论受荷特征与基坑开挖的卸荷机理虽有所不同，但采取适当的措施（如加混凝土圈梁、墙胸、墙背两排中插入毛竹等），增加结构刚度，一般能满足功能要求。

（3）"按悬臂桩设计"，施工及变形条件须符合其计算模型，即墙身整体性要好，嵌固深度较大，在实际工程中偏于保守。

（4）"按 $m$ 法设计"，比较切合基坑开挖卸荷特征，但由于其桩长属假定值，随意性大，且 $m$ 值的确定方法还有待完善，实践表明，实测墙体变形与该方法变形计算结果偏差过大。

### 5.2.2　设计模式创新

#### 5.2.2.1　柔性组合桩墙设计理论

按"桩墙分算方法"（图 5.3）进行的设计较为保守，同时考虑到小桩的注浆加固作用，本书建议采用按"整体式"（图 5.4）进行复合桩墙的设计。

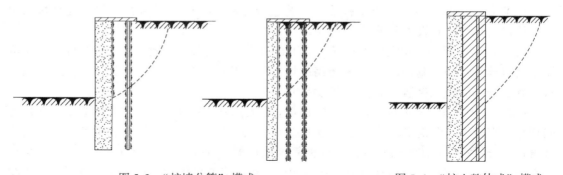

图 5.3　"桩墙分算"模式　　　　　　　图 5.4　"桩土整体式"模式

1. 概念设计

（1）止水帷幕宽度与深度决定于抗渗流、抗管涌验算、墙嵌固（插入）深度；

（2）小桩长度决定于斜坡以下锚固深度要求及复合桩墙底持力层的选择；

（3）小桩间距决定于墙宽和是否考虑桩土粘结及考虑程度；

（4）压顶板刚度决定于小桩与水泥土桩墙受力模式选择及弯矩传递的大小。

2. 设计计算理论

支护结构的土压力计算、整体稳定、抗隆起稳定、渗流稳定性验算按相关规范执行，其他设计计算方法如下。

（1）组合桩墙抗滑移稳定性

复合桩墙抗滑移、抗倾覆稳定性计算图示见图 5.5。

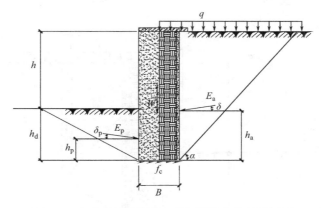

图 5.5　复合桩墙抗滑移、抗倾覆稳定性计算图示

$$K_S = \frac{E_p \cos\delta + f_c}{\gamma_0 E_a \cos\delta_p} \geqslant 1.3 \qquad (5.1)$$

式中：$K_S$——基坑侧壁重要性系数；

　　　$f_c$——水泥土桩墙底部的摩阻力，可按式（5.2）计算：

$$f_c = c_i B + W' \tan\varphi_i \qquad (5.2)$$

式中：$c_i$、$\varphi_i$——复合桩墙墙底土层的黏聚力和内摩擦角；

　　　$B$——复合桩墙的整体宽度；

　　　$W'$——复合桩墙的重力。

（2）组合桩墙抗倾覆稳定性

$$K_t = \frac{E_p \cos\delta h_p + W'\dfrac{B}{2} + E_a \sin\delta B}{\gamma_0 E_a \cos\delta h_a} \geqslant 1.1 \qquad (5.3)$$

式中：$h_a$——主动土压力作用点到水泥土搅拌桩底部的距离；

　　　$h_p$——被动土压力作用点到水泥土搅拌桩底部的距离；

　　　$K_t$——抗倾覆稳定系数。

（3）整体稳定性验算

整体稳定性验算可采用《建筑基坑支护技术规程》JGJ 120—2012 附录 C 中的"圆弧滑动简单条分法"来计算。复合桩墙整体稳定性验算图示见图 5.6。

$$\gamma_K = \frac{\sum c_{ik} l_i + \sum (qb_i + w_i)\cos\theta_i \tan\varphi_{ik}}{\sum (qb_i + w_i)\sin\theta_i}$$

式中：$c_{ik}$，$\varphi_{ik}$——最危险滑动面上第 $i$ 土条滑动面上土的固结不排水（快）剪黏聚力、内摩擦角标准值；

　　　$l_i$——第 $i$ 土条的弧长；

　　　$b_i$——第 $i$ 土条的宽度；

　　　$w_i$——作用于滑裂面上第 $i$ 土条的重量，按上覆土层的天然土重度计算；

　　　$\theta_i$——第 $i$ 土条弧线中点切线与水平线夹角；

　　　$\gamma_K$——整体稳定分项系数，应根据经验确定，当无经验时可取 1.3。

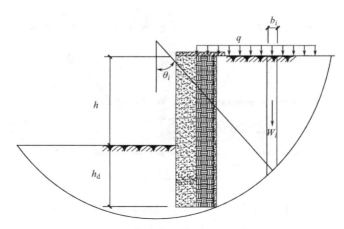

图 5.6    复合桩墙整体稳定性验算图示

（4）局部稳定性验算

① 桩身抗压和小桩抗拉验算

在整体模式中，考虑到支护体系侧移较小，各材料处于线弹性阶段，前墙和土体、小桩和土体间基本无相对错动，可以把复合桩墙当成一个不同材料的组合梁，采用材料力学公式 $\sigma = \dfrac{My}{I}$ 来进行计算。

计算截面如图 5.7 所示，按式（5.4）和式（5.5）计算。

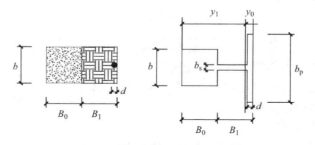

图 5.7    复合桩墙正截面和相当截面示意图

$$b_s = b \times E_s / E_{cs} \tag{5.4}$$

$$b_p = \frac{\pi d}{4} \times E_p / E_{cs} \tag{5.5}$$

式中：$E_s$、$E_{cs}$、$E_p$——土、水泥土和小桩的弹性模量。

等效化原则将土体和小桩的宽度进行等效处理，把原截面转换为相当截面，然后计算相当截面形心轴位置以及惯性矩 $I_R$，从而可求出前墙在弯矩作用下产生的最大压应力：

$$\sigma_{cs} = \frac{My_1}{I_R} \tag{5.6}$$

小桩在弯矩作用下产生的拉应力：

$$\sigma_{\mathrm{p}} = \frac{My_0}{I_{\mathrm{R}}} \times \frac{E_{\mathrm{p}}}{E_{\mathrm{cs}}} \tag{5.7}$$

则桩身强度应满足式（5.8）：

$$1.25\gamma_0 \overline{\gamma} z + \frac{My_1}{I_{\mathrm{R}}} \leqslant f_{\mathrm{cs}} \tag{5.8}$$

式中：$\overline{\gamma}$——复合桩墙的重度，可取为 20kN/m³；

$z$——验算截面的深度；

$y_1$——水泥土搅拌桩临空面到相当截面形心轴的距离；

$f_{\mathrm{cs}}$——水泥土的抗压强度设计值。

小桩的锚固长度应满足式（5.9）：

$$\frac{My_0}{I_{\mathrm{R}}} \times \frac{E_{\mathrm{p}}}{E_{\mathrm{cs}}} A_{\mathrm{p}} \leqslant \pi d q_{sik} l_{\mathrm{d}} \tag{5.9}$$

式中：$y_0$——无砂混凝土小桩到相当截面形心轴的距离；

$A_{\mathrm{p}}$——无砂混凝土小桩横截面面积；

$d$——无砂混凝土小桩的直径；

$q_{sik}$——小桩与土体间的摩阻力；

$l_{\mathrm{d}}$——验算截面以下小桩的锚固长度。

② 抗剪强度验算

小桩的抗剪能力较弱，在复合桩墙抗剪强度验算中不予考虑，其承受最大剪力应满足：

$$1.3\gamma_0 Q_{\max} \leqslant \tau_{\mathrm{cs}} A_{\mathrm{cs}} + \tau_{\mathrm{s}} A_{\mathrm{s}} \tag{5.10}$$

式中：$\tau_{\mathrm{cs}}$——水泥土的抗剪强度设计值；

$A_{\mathrm{cs}}$——水泥土前墙的正截面面积；

$\tau_{\mathrm{s}}$——桩间土的抗剪强度；

$A_{\mathrm{s}}$——桩间土的正截面面积。

③ 地基土承载力验算

一方面，复合桩墙下地基土承载力能否进行 $(t-0.5)$ m 的深度修正，与被动土压力有关。另一方面，前墙的沉降过大，将产生不利于安全的倾覆弯矩。因此，复合桩墙支护结构（挡墙）基底下土的承载力验算非常重要。

不能进行深度修正有：

$$\gamma_{\mathrm{m}}(h+t) + \frac{E_{\mathrm{a}}\sin\delta}{A} - \frac{E_{\mathrm{p}}\sin\delta_{\mathrm{p}}}{A} + \frac{2[E_{\mathrm{a}}(h+t) - E_{\mathrm{p}}t]}{B_0} \leqslant 1.2f_{\mathrm{a}} \tag{5.11}$$

可进行深度修正有：

$$\gamma_{\mathrm{m}}(h+t) + \frac{E_{\mathrm{a}}\sin\delta}{A} - \frac{E_{\mathrm{p}}\sin\delta_{\mathrm{p}}}{A} + \frac{2[E_{\mathrm{a}}(h+t) - E_{\mathrm{p}}t]}{B_0} \leqslant f_{\mathrm{a}} + \eta_{\mathrm{d}}\gamma_{\mathrm{m}}(t-0.5) \tag{5.12}$$

式中：$\gamma_{\mathrm{m}}$——水泥土前墙底面以上土的加权平均重度，地下水位以下取浮重度；

$t$——水泥土前墙埋深；

$f_{\mathrm{a}}$——修正后的地基承载力特征值；

$\eta_\mathrm{d}$——水泥土前墙埋深的地基承载力修正系数。

（5）抗隆起稳定性验算

抗隆起稳定性验算参照同济大学汪炳鉴[7] 提出的可同时考虑抗隆起稳定性验算公式进行验算，计算图示见图 5.8。

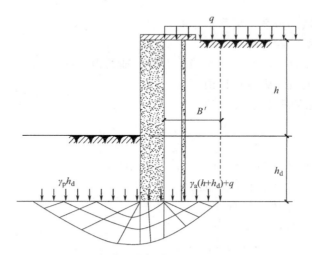

图 5.8 复合桩墙抗隆起稳定性计算图示

$$K_\mathrm{L} = \frac{\gamma_\mathrm{p} h_\mathrm{d} N_\mathrm{q} + c N_\mathrm{c}}{\gamma_\mathrm{a}(h + h_\mathrm{d}) + q} \tag{5.13}$$

式中：$h_\mathrm{d}$——水泥土桩的嵌固深度；

$h$——基坑的开挖深度；

$\gamma_\mathrm{a}$——坑外地表至墙底，各土层天然重度的加权平均值；

$\gamma_\mathrm{p}$——坑内开挖面以下至墙底，各土层天然重度的加权平均值；

$N_\mathrm{q}$、$N_\mathrm{c}$——地基极限承载力的计算系数；

$K_\mathrm{L}$——抗隆起安全系数，$\geqslant 1.2 \sim 1.3$。

用普朗特尔公式，$N_\mathrm{q}$、$N_\mathrm{c}$ 分别为：

$$N_\mathrm{qP} = \tan^2\left(45° + \frac{\varphi}{2}\right) \mathrm{e}^{\pi\tan\varphi} \tag{5.14}$$

$$N_\mathrm{cP} = (N_\mathrm{qP} - 1) \frac{1}{\tan\varphi} \tag{5.15}$$

用太沙基公式，$N_\mathrm{q}$、$N_\mathrm{c}$ 分别为：

$$N_\mathrm{qT} = \frac{1}{2}\left[\frac{\mathrm{e}^{\left(\frac{3}{4}\pi - \frac{\varphi}{2}\right)\tan\varphi}}{\cos\left(45° + \frac{\varphi}{2}\right)}\right]^2 \tag{5.16}$$

$$N_\mathrm{cT} = (N_\mathrm{qT} - 1) \frac{1}{\tan\varphi} \tag{5.17}$$

#### 5.2.2.2 微型桩减重理论及设计方法

如图 5.9 所示，考虑微型桩的减重作用进行悬臂支护桩的设计。

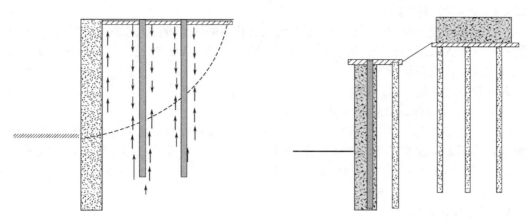

图 5.9 主动区加固减重作用

该方法特别适用于基坑周边设置有特殊超载的情况，如图 5.10 所示。微型桩主要作用为竖向传力，将地面相变、料场、重型设备、车辆等超载传递至破裂面以下的深层土体中，同时也提供抗滑力矩。该成果形成"一种微型桩锚杆支护结构"，获得国家专利授权。

图 5.10 主动区加固减重作用基坑工程照片（深度 9m）

#### 5.2.2.3 组合桩墙-锚杆复合支护设计方法

1. 后排帷幕中植入 H 型钢或注浆钢管桩；

2. 在压顶板设置大角度锚杆；

3. 在距压顶板下方一定距离设置水平锚杆，用于拉结前排混凝土桩与后排加筋水泥土桩，形成组合结构；

4. 将前排混凝土桩与加筋水泥土桩按组合结构进行内力计算。

### 5.2.3 孔内灌浆小直径桩施工技术创新

#### 5.2.3.1 孔内投石注浆桩

在已成孔内投入级配碎石并利用预先埋入桩孔中的注浆管注入水泥浆，凝结后形成小直径桩。注浆管采用小直径钢管，孔内碎石经注浆后形成无砂混凝土[8]。投石注浆无砂混凝土桩主要工艺流程见图 5.11。

孔内投石注浆施工要点如下：

（1）设计桩顶宜高出基底面 500～800mm；

（2）注浆管可选用外径 DN25 或 DN32 钢管，有效长度宜高出孔口约 20mm 并用居中器使注浆管居中，注浆管或二次注浆管宜同时放入孔内，注浆完成后注浆钢管不宜拔出；

（3）施工碎石粒径宜为 5～15mm，采用插入式振动捧振捣，前期灌浆过程中应对石料下沉情况进行观察并及时补料。

#### 5.2.3.2 注浆钢管桩

注浆钢管桩是通过静压或引孔植入的钢管进行压力注浆，使注入的水泥浆扩散至钢管周边土体并填充钢管内腔形成的小直径桩，主要工艺流程见图 5.12。

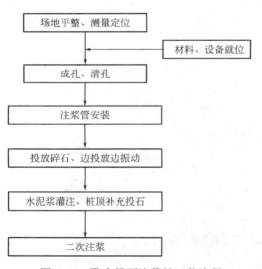

图 5.11 孔内投石注浆桩工艺流程

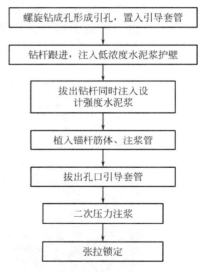

图 5.12 注浆钢管桩工艺流程

#### 5.2.3.3 灌浆与注浆要求

灌浆、注浆是孔内灌浆小直径桩成桩质量的重要影响因素。灌注浆的施工过程中应严格按照相关规范及设计要求执行。

1. 浆料配置应符合下列规定：

（1）水泥浆液、水泥-膨润土应严格控制水灰比，采用散装水泥时应过磅称量并采用定量容器加水；

（2）水泥浆制备搅拌时长不得小于 3min，连续制备水泥浆时应按水灰比控制水泥及水的添加量，制备好的浆液不得离析；

（3）水泥砂浆混合料、细石混凝土、流态水泥土宜采用工厂配置，并宜加入通过试验确定用量的减水剂、缓凝剂、粉煤灰；

（4）流态水泥土进行现场配置时宜采用小型自动上料、搅拌装置。

2. 孔内灌浆施工应符合下列规定：

（1）长螺旋压灌时灌浆流量应通过钻杆提升速度计算确定。采用导管灌浆时应自下而上将浆料灌至桩顶以上施工标高；

（2）泵送必须连续，宜用流量泵控制灌浆量，使注浆泵出口压力保持在要求范围；

（3）承压水头较高时，桩孔应采取相应措施避免产生桩孔的管涌或土体的松动；

（4）地下水流动速度较大时，可采用永久套管、护筒或其他方法保护水泥浆、砂浆或混凝土免受快速地下水流的侵蚀。

3. 孔内注浆施工应符合下列规定：

（1）注浆前需要清孔；

（2）在注浆前 30min 左右开始制备水泥砂浆，注浆储量不宜小于设计用量的 1.2 倍；

（3）浆液应搅拌均匀，随拌随用，不得混入石块等杂物，停放时间不得超过浆液的初凝时间，浆液配置量应能够满足批量灌注浆的需求；

（4）注浆时应使浆液均匀上冒，直至灌满；宜用流量泵控制灌浆量并使注浆泵出口压力保持在设计要求范围内，当孔口溢出浆液或排气管停止排气时可停止注浆；当不能施加设计注浆压力时，应等待至可以施加规定注浆压力时恢复注浆；注浆结束前，浆管中应处于充满状态；

（5）注浆过程应连续，因其他间断时间较长时应立即对设备和注浆管进行冲洗处理，避免发生堵塞；注浆量不宜小于设计注浆量，初始注浆压力宜为 0.3~0.5MPa，二次高压注浆压力不宜小于 2MPa；

（6）注浆管需要拔出的，在注浆结束后应立即拔出，且每拔出 1~2m 必须补浆一次，直至拔出为止；

（7）二次注浆应在初次灌浆液达到初凝时进行，注浆前应采取封孔措施。

# 5.3 工程应用

## 5.3.1 柔性组合桩墙-全粘结锚杆支护

1. 工程概况

拟建郑东新区 A-16 地块商务楼场地位于郑州市东部郑东新区，CBD 外环与第十大街的交叉口东南角，为 CBD 外环 A-16 地块，拟建建筑总占地面积为 65.6m×41.0m，主楼部分占地面积 41.0m×24.6m，其余为裙楼。主楼地面以上 36 层，高度 120m，地下 2 层，基础埋深 10.4~11.9m，为外框筒核心筒结构，荷载标准组合时，基底压力平均值约为 600kPa，拟采用桩筏基础；裙楼地上 3 层，地下 2 层，基础埋深 10.4~11.9m，框架结构，柱网尺寸 8.2m×8.2m，最大单柱荷载标准值约 5400kN，拟采用柱下承台桩基础。本工程重要性等级为一级，建筑抗震设防类别为丙类。

**2. 场地工程地质及水文地质情况**

该工程基坑深度范围内主要土层情况如下：①层：粉土，平均厚度 2.49m；②层：粉土，平均厚度 2.37m；③层：粉土夹粉质黏土，平均厚度 2.86m；④层：粉土，平均厚度 2.29m；⑤层：粉质黏土，平均厚度 1.49m；⑥层：粉土，平均厚度 2.74m；⑦层：黏土，平均厚度 1.42m。

勘探深度内含水层分为两层，即上层的潜水和下层的承压水。潜水主要赋存于 13.0~14.0m 以上的粉土、粉质黏土中，属弱透水层，承压水主要赋存于 20.0m 以下的粉细砂中，该层富水性好，属强透水层，具有微承压性。在不受降水影响时，场地内上层潜水水位在地面以下 2.0m，承压水水位在地面以下 4.0m 左右。历史最高水位 0.5m，正常年份地下水年变幅 1.0m。

各土层物理力学性质指标如表 5.1 所示。

土层的物理力学指标　　　　　　　　　　　　表 5.1

| 土层序号 | ① | ② | ③ | ④ | ⑤ | ⑥ | ⑦ |
|---|---|---|---|---|---|---|---|
| 岩性 | 粉土 | 粉土 | 粉夹粉黏 | 粉土 | 粉黏 | 粉土 | 黏土 |
| 天然重度 $\gamma/(kN/m^3)$ | 18.0 | 18.6 | 19.6 | 19.7 | 19.6 | 19.5 | 18.2 |
| 黏聚力 $c/kPa$ | 10.4 | 15.0 | 12.6 | 13.2 | 14.6 | 12.2 | 16.9 |
| 内摩擦角 $\varphi/°$ | 16.6 | 13.8 | 6.5 | 14.0 | 5.0 | 14.0 | 5.3 |
| 渗透系数 $k/(m/d)$ | 0.002 | 0.001 | 0.003 | 0.002 | 0.0002 | 0.05 | 0 |

**3. 设计计算及结果分析**

**（1）支护结构构件各部分作用分析**

本工程由于基坑面积开阔，对红线要求限制高，而基坑开挖深度又较深，若采用桩锚或土钉支护，必然不能满足红线限制要求，所以根据本工程地质情况、环境条件和施工期间可能的气候条件，经过理论计算和分析并结合该区域内以往其他工程的施工和设计经验，确定本基坑工程采用组合桩墙复合锚杆支护方案，其中桩墙采用水泥土排桩+无砂混凝土小桩的复合支护方案，可同时满足止水和挡土的要求。

喷射搅拌水泥土桩是一种新型的水泥土桩，桩身强度可达 3~20MPa，依水泥用量和土层条件而异。为有效考虑水泥土桩与桩周土之间的侧摩阻力作用，在此利用楔体试算法计算作用在喷射搅拌桩上的土压力。

无砂混凝土小桩是一种新型的桩体，其施工工艺为：预钻孔，孔径一般为 150~250mm；插入注浆钢管；钢管周围投碎石；最后压力注水泥浆。由无砂混凝土小桩的成桩工艺可知，桩体与周围土体也存在较大的侧摩阻力潜能。由于无砂混凝土小桩与桩周土侧摩阻力的存在，小桩在支护中起到挡土的同时还将起到减重分压的作用。

锚杆可按一定角度设置，并在端部扩大，以适应红线限制的条件，并形成超前支护，有利于控制支护结构变形；水平锚及混凝土面层用于解决水平承载力不足和桩墙抗弯强度不足，并保证截面工作的整体性。

**（2）基坑支护降水方案选择**

根据本工程地质情况、环境条件和施工期间可能的气候条件，兼顾安全与经济，经理论计算和分析，并结合该区域内 A-15 地块以及其他基坑工程的设计和施工经验，经专家多次研究分析和论证，确定本基坑工程的支护方案如下：

c—d—e—a 区段基坑深度 10.4m，基坑侧壁设 950mm 厚喷射搅拌桩水泥土桩墙，桩底标高-16.400m，实际桩长 14m；在水泥土桩墙外 0.8m 处做无砂混凝土小桩两排，小桩桩距 1.2m，内排小桩距喷射搅拌桩 0.8m，外排小桩距内排小桩 1.2m，内排小桩位置深度同喷射搅拌桩，外排小桩位置深度比喷射搅拌桩深 1m，如图 5.13（a）所示。

a—b—c 区段基坑深度 10.4m，基坑侧壁设 950mm 厚喷射搅拌桩水泥土桩墙，桩底标高-16.400m，实际桩长 14m；在水泥土桩墙外 0.8m 处做无砂混凝土小桩两排，小桩桩距 1.2m，内排小桩距喷射搅拌桩 0.8m，外排小桩距内排小桩 1.2m，内排小桩位置深度同喷射搅拌桩，外排小桩位置深度比喷射搅拌桩深 1m；在压顶做预应力锚杆一排，锚杆间距 1.6m，长 16m，如图 5.13（b）所示，支护锚杆参数如表 5.2 所示。

降水采用管井降水，井深 27m。

4. 实测结果及分析

为了对基坑的变形情况有全面了解，在基坑的周边布置了相当数量的沉降观测点和测斜观测点。对基坑开始开挖到回填土施工前的全过程进行了全面的监测，监测点布置见图 5.14。

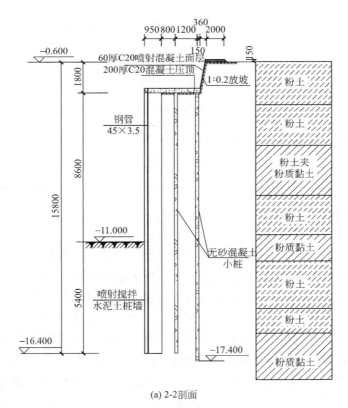

(a) 2-2剖面

图 5.13 典型支护剖面（一）

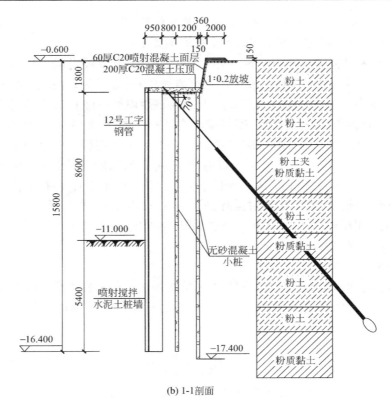

(b) 1-1剖面

图 5.13    典型支护剖面（二）

**1-1 剖面锚杆明细表**                                                                                    表 5.2

| 轴向拉力/kN | 锚固段直径/mm | 锚固段长度/m | 锚杆总长度/m | 倾斜角度/° | 端部扩孔直径/mm |
| --- | --- | --- | --- | --- | --- |
| 220 | 150 | 10 | 16 | 70 | 300 |

（1）支护结构变形实测结果

① 支护结构水平位移实测结果

由测斜仪监测到的发生最大水平位移点位的变形过程，见图5.15。

实测结果表明：在开挖过程中，前期主要表现为水平刚体位移；后期主要表现为刚体转动，总侧移量是二者的叠加。这说明复合桩墙锚的变形主要表现为整体平移和转动。同时也反映了设计中对整体抗滑移和整体抗倾覆稳定性验算的必要性。但当基坑开挖深度超过11m时，顶部设置有斜锚的支护段，在桩身弯矩最大截面位置附近变形速率急剧增大且不稳定，变形值向上下两侧逐渐减小，产生折线形变形曲线且折线尖点越来越突出。当对支护结构中下部增加的全长粘结型锚杆进行部分张拉（张拉锁定值为30kN）后，弯曲变形很快得到控制并出现较大反弹，基坑水平变形在以后长期监测过程中都处于稳定状态，基坑最大水平变形为3号点13.6mm、4号点21.5mm、10号点15.7mm、11号点12.8mm。

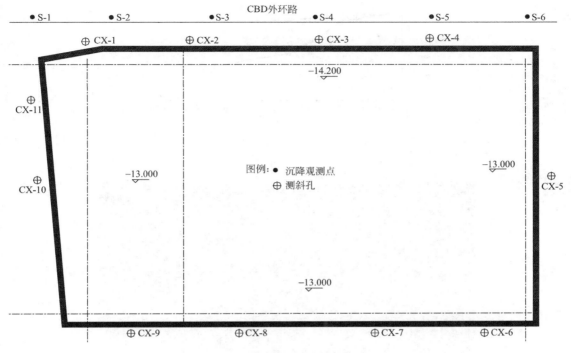

图 5.14　基坑监测平面布置图

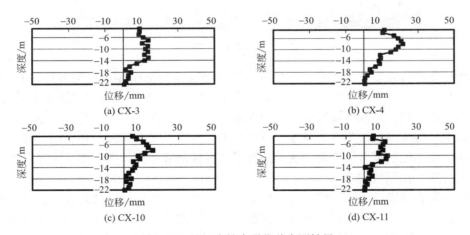

图 5.15　基坑支护水平位移实测结果

② 支护地面沉降实测结果

发生最大和最小沉降点点位的变形过程见图 5.16，现场开挖实景见图 5.17。

实测结果表明，施工前期，随施工深度的增加，沉降逐渐增加，后又逐渐反弹，之后沉降变形便趋于稳定，最大沉降值 8mm。

（2）支护结构变形控制机理分析

复合桩墙锚支护结构依靠前墙喷射搅拌水泥土桩和后排无砂混凝土小桩的协调一致变

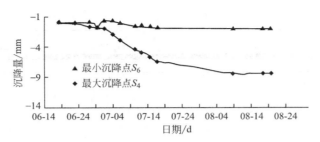

图5.16　典型地面沉降实测结果

图5.17　现场开挖实景

形,以保证支护体系整体工作性能的实现,正常情况下变形主要表现为整体平移和转动,复合桩墙顶部设置的斜向锚杆起到超前锚固的作用,约束支护结构整体平移和转动变形。但当基坑开挖超过一定深度或墙后泡水引起水泥土桩和无砂混凝土小桩变形不协调时,喷射搅拌水泥土桩桩身会产生较大弯矩,弯曲变形较大时,可使得复合桩墙的整体工作性能遭到破坏,如不限制复合桩墙弯曲变形的发展,将使前墙产生开裂,继续向下开挖,则有可能危及基坑支护结构安全。

　　为保证复合桩墙的整体工作性能和控制前墙开裂,比较好的方法是在支护结构中下部增加植筋面层和全长粘结型锚杆并进行张拉。从工程实测结果看,该法取得了比较好的效果,锚杆张拉后弯曲变形很快得到控制并出现较大反弹,有效保证了基坑支护体系的正常工作,基坑支护结构的最大水平变形大都控制在20mm以内,周围地面的最大沉降为8mm,支护效果良好。

## 5.3.2　刚性组合桩墙–全粘结锚杆支护

### 1. 工程概况

　　郑州国贸位于郑州市农业路以南、丰产路以北、花园路以西,南邻丰产路,北邻农业路,东邻花园路,西邻省计生委和核勘院生活区。基坑深度约12.5m,基坑周长约 1100m。

场地外东南角为中国人寿保险公司 5~7 层家属楼及 18 层办公大楼,西北角为 4~5 层住宅楼。拟建高层小公寓 1 号、2 号楼,高层拆迁住宅 3 号、4 号楼,高层办公楼 1 幢,多层商业 5 号楼及会所,总建筑面积约 50 万 m²。其中小公寓楼、拆迁住宅楼及办公楼地上均为 30 层,地下均为 2 层。商业楼主楼地上 5 层,裙楼地上 2 层,地下 2 层。会所在 3、4 号楼拐角处,地下 2 层,地上 3 层。地下室建筑面积 60532.46m²。基础埋深 10.0~12.0m,小公寓楼、拆迁住宅楼及办公楼结构形式为钢筋混凝土框架剪力墙结构,商业楼为框架结构。周边环境条件十分复杂。5~7 层家属楼距离开挖线 5m 左右,开挖深度 12.9m,相对位置见图 5.18。

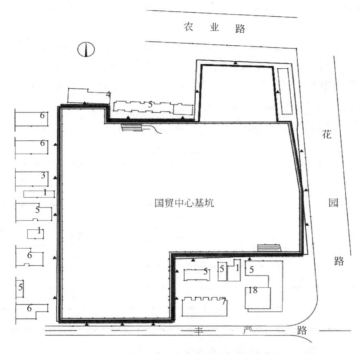

图 5.18 国贸中心基坑总平面图

2. 工程地质条件

①层:杂填土 ($Q_4^{ml}$),由于场区为旧房拆除场地,所以该层场区普遍分布,多为地坪、墙基、建筑垃圾,并分布有废旧的上、下水管道,局部为混凝土地梁及原有筏形基础,底部多为灰色填土夹砖块或瓷片,该层在场区 10 及 23 孔处较厚,为开挖回填所致。厚度 1.00~6.80m,平均 1.94m。

②层:粉土 ($Q_{4-3}^{al}$),褐黄—暗黄色,湿,稍密状,摇振反应中等,无光泽反应,干强度韧性低,含铁质氧化物,夹有粉质黏土团块,含少量植物细小根系,层理清晰。厚度 0.90~6.00m,平均 4.89m。

③层:粉质黏土 ($Q_{4-3}^{al}$),灰黄—灰褐色,可塑状,无摇振反应,稍有光滑,干强度韧性中等,土质不均匀,局部夹有按黄色粉土薄层,含铁质氧化物。厚度 0.50~1.20m,

平均 1.00m。

④层：粉土（$Q_{4-3}^{al}$），褐黄—灰黄色，湿，中密—密实状，局部夹有粉质黏土，摇振反应中等，干强度韧性低，无光泽反应，无其他包含物，稍具黏性，该层在场区分布连续。厚度 3.00~5.50m，平均 4.15m。

⑤层：粉质黏土与粉土互层（$Q_{4-3}^{al}$），粉质黏土呈灰—深灰色，可塑状，稍有光滑，无摇振反应，干强度中等，含少量腐烂的植物根系及细小颗粒状物质，粉土呈灰色，湿，中密—密实状，摇振反应轻微，干强度韧性低，无光泽反应，具锈斑。厚度 4.00~6.00m，平均 5.13m。

⑥层：粉土（$Q_{4-2}^{al}$），灰色，湿，摇振反应轻微，干强度韧性低，无光泽反应，夹有可塑状灰色透镜体粉质黏土薄层，含有少量白色蜗牛壳碎片。厚度 1.00~3.00m，平均 2.22m。

⑦层：细砂（$Q_{4-1}^{al}$），浅黄—暗黄色，饱和，密实状，颗粒较纯，级配良好，矿物成分为石英、长石、云母，一般上部颗粒较细，下部颗粒较粗，局部为中砂，该层底部多分布有卵石薄层，卵石磨圆度较好，直径为 0.50~5cm，成分为石英、长石砂岩，中粗砂充填，密实。厚度 10.00~12.50m，平均 11.25m。

各土层力学参数如表 5.3 所示。

**各土层力学参数** 表 5.3

| 土层序号 | 岩性 | 天然重度 $\gamma$ /( kN/m³) | 黏聚力 $c_{UU}$ /kPa | 内摩擦角 $\varphi_{UU}$ /° |
|---|---|---|---|---|
| ② | 粉土 | 19.8 | 19 | 22 |
| ③ | 粉质黏土 | 19.8 | 23 | 17.9 |
| ④ | 粉土 | 19.9 | 18 | 22.3 |
| ⑤ | 粉质黏土与粉土互层 | 19.5 | 22 | 23.5 |
| ⑥ | 粉土 | 20 | 18 | 22.2 |
| ⑦ | 细砂 | 20.5 | 1 | 37.1 |

场地土层以粉土、粉质黏土和细砂为主，属不均匀地基。降水影响范围内的粉土、粉质黏土的综合渗透系数为 0.5m/d，粉细砂层的渗透系数为 6.0m/d。地下水位为自然地面下 1.80~3.60m，地下水位年变化幅度为 2.0~3.0m。

3. 支护形式

根据本工程地质情况、环境条件和施工期间可能的气候条件，兼顾安全与经济，经理论计算和分析，并结合同类基坑工程的设计和施工经验，经过多位专家的多次研究分析和论证，确定本基坑工程的支护方案，如图 5.19 和图 5.20 所示。

1-1 剖面：该区段基坑深度 11m，基坑侧壁设 950mm 厚喷射搅拌桩水泥土桩墙，内插 12 号工字钢，间距 0.8m，桩底标高-18.0m，实际桩长 15m；在水泥土桩墙外 0.8m 处做无砂混凝土小桩两排，小桩桩距 1.2m，内排小桩距喷射搅拌桩 0.8m，外排小桩距内排小桩 1.2m，小桩位置深度同喷射搅拌桩；在压顶板上做预应力锚杆一排，锚杆水平间距 2.4m，长 25m。

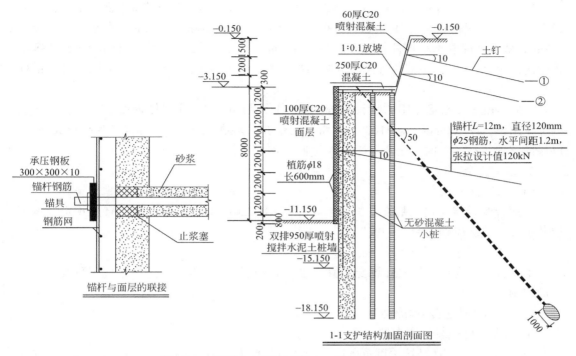

图 5.19 国贸中心基坑工程 1-1 支护剖面示意图

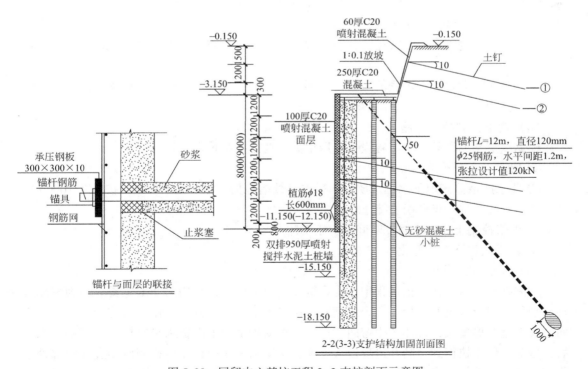

图 5.20 国贸中心基坑工程 2-2 支护剖面示意图

2-2 剖面：该区段基坑深度 12m，基坑侧壁设 950mm 厚喷射搅拌桩水泥土桩墙，内插12 号工字钢，间距 0.4m，交错布置，桩底标高-18.0m，实际桩长 15m；在水泥土桩墙外0.8m 处做无砂混凝土小桩两排，小桩桩距 1.2m，内排小桩距喷射搅拌桩 0.8m，外排小桩距内排小桩 1.2m，小桩位置深度同喷射搅拌桩；在压顶板上做预应力锚杆一排，锚杆水平间距 1.6m，长 27m。

无砂混凝土小桩侧摩阻力设计为 60kPa，土钉倾角 10°，注浆体强度 15MPa。钢筋混凝土压顶板，厚 250mm，宽 3100mm，将水泥土桩、无砂混凝土小桩和锚杆连接形成整体，以保证支护体系各个构件充分发挥各自性能，协同工作。

4. 基坑安全监控

（1）基坑安全等级

根据行业标准《建筑基坑支护技术规程》JGJ 120—2012 第 3.1.3 条有关规定，本工程基坑安全等级应确定为"一级"。

（2）基坑环境变形预测方法

本工程采用变形叠加法计算变形值，并应用神经网络技术模型进行基坑工程及环境的变形控制。

（3）基坑环境变形预测结果

① 水泥土桩墙复合式支护结构

墙后 $0.5H \sim 1.0H$ 基坑深度范围内土的竖向变形为 $1‰H \sim 2‰H$，支护结构水平位移为 $1‰H \sim 2‰H$。

② 施工降水引起的地面沉降

考虑支护结构对地面沉降的影响值，坑外地下水位降深不超过 3m，地面下沉量按15mm 考虑。

变形预测除学习已有工程的数据外，还应根据现场实测值进行多次滚动预测，以实现对变形的控制。

（4）变形控制技术措施

根据以上预测结果，本工程设计采取了如下变形控制技术措施：

① 要求土方开挖按 20m 预留土堆；

② 要求严格监测地下水抽水质量，采取有效措施提高深井施工质量，按 1.7/10000 控制含砂量，防止抽水携砂引发流土；

③ 严格控制土钉施工间隔时间不少于 7d；

④ 真正做到施工信息化。

（5）基坑监测结果

实测结果表明：在开挖过程中，组合桩墙复合锚杆支护结构的变形主要表现为整体转动和平移。但当基坑开挖超过一定深度时，由于顶部斜锚的张拉作用，在桩身弯矩最大截面位置附近变形增大，桩体产生弯曲变形。当对支护结构中设置水平锚杆并进行部分张拉后，弯曲变形很快得到控制并出现较大反弹，基坑水平变形在以后长期监测过程中都处于稳定状态，有效保证了基坑支护体系的正常工作，支护效果良好。基坑最大水平变形为22.4mm，变形指标满足规范要求。现场开挖实景如图 5.21 所示。

图 5.21　国贸中心局部基坑实景照片

组合桩墙复合锚杆支护结构用于近接工程支护具有一定的技术优势，大角度锚杆的引入，可最大限度减少浅层锚杆施工对既有建筑地基基础的扰动，且组合桩墙刚度较大，变形控制效果较好。

## 参考文献

［1］王坤．水泥土桩复合桩墙支护结构的设计计算模式研究［D］．郑州：郑州大学，2007.

［2］兰晓玲．浅议水泥搅拌桩技术的现状及展望［J］．山西建筑，2006，32（11）：78-79.

［3］史佩栋，何开胜．小桩的起源、应用与发展（Ⅰ）［J］．岩土工程界，2005，8（8）：18-19.

［4］史佩栋，何开胜．小桩的起源、应用与发展（Ⅱ）［J］．岩土工程界，2005，8（9）：15-18.

［5］史佩栋，何开胜．小桩的起源、应用与发展（Ⅲ）［J］．岩土工程界，2005，8（10）：24-26.

［6］史佩栋，何开胜．小桩的起源、应用与发展（Ⅳ）［J］．岩土工程界，2005，8（7）：19-23.

［7］汪炳鉴，夏明耀．地下连续墙的墙体内力及入土深度问题［J］．岩土工程学报，1983，5（3）：103-114.

［8］中国建筑学会．孔内灌注浆小直径桩技术规程：T/ASC 22—2021［S］．北京：中国建筑工业出版社，2021.

# 第6章 盆式开挖－排桩短支撑联合锚杆支护技术

深基坑工程实践中，对于深度较大的基坑，一般采用排桩、地下连续墙等围护结构，并设置一定数量的内支撑或锚杆，用以保证支护体系的稳定并控制变形。随着实践经验的不断累积，工程界发现不同的坑内土方开挖模式对支护体系的变形有较大的影响。基于实践经验，工程技术人员优化总结出有利于深基坑支护体系变形和稳定性控制的土方开挖模式，其中一种开挖模式就是盆式开挖。

采用盆式开挖的基坑，可通过放坡或分级支护等措施将基坑中部开挖至基底，为中部地下结构施工提供条件。在此基础上，提出了一种与既有主体结构相结合的排桩短支撑支护形式，借助刚度较大的主体结构作为支点或传力结构，大大减少了内支撑的长度和立柱数量。

为进一步节省工程造价，排桩短支撑支护可与锚杆结合使用，形成盆式开挖－排桩短支撑－锚杆复合支护结构，在合适的标高设置锚杆或支撑，达到安全可靠、经济合理的效果。

## 6.1 技术特征与工作机制

### 6.1.1 技术特征

#### 6.1.1.1 盆式开挖预留土体

盆式开挖即先开挖基坑中部土方，基坑侧壁留土，基坑整体剖面类似"水盆"形状，如图6.1所示。

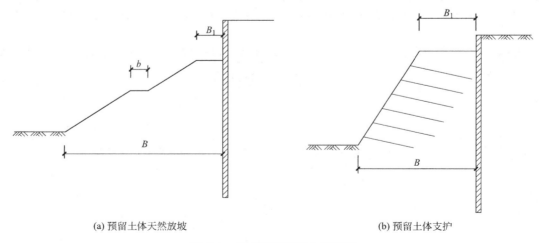

(a) 预留土体天然放坡　　　　　　　　　(b) 预留土体支护

图6.1 盆式开挖预留土体断面

盆式开挖预留土体状态下，不仅需保证基坑整体的稳定性，也要保证预留土自身的稳定性。预留土体断面一般需满足以下要求：

（1）预留土体顶宽不宜小于3m；

（2）预留土体底宽不应小于预留土体高度的1.5倍；

（3）预留土体侧壁采用天然放坡时［图6.1（a）］，宜采用多级放坡，单级高度不宜大于5m，坡间平台宽度不宜小于2m；

（4）预留土体需加固时，可采用土钉墙［图6.1（b）］、支挡结构进行支护。

## 6.1.1.2 排桩短支撑支护

排桩短支撑体系是在先期施工完成的地下室结构与挡土结构间设置临时支撑，由地下室结构提供支撑反力的支护体系，该支撑相比常规的整体内支撑较短，故称为"短支撑"。排桩短支撑支护一般采用盆式开挖的土方开挖方式，为坑内地下室结构施工创造条件。排桩短支撑支护形式如图6.2所示。

1. 排桩短支撑体系构造要求如下：

（1）水平短支撑体系应在预留土范围外的主体结构施工完成后设置；

（2）采用格构式钢支撑［图6.2（a）］时，格构式钢支撑轴线可与楼板轴心对应。地库楼板浇筑应避开格构式钢支撑，楼板钢筋遇格构支撑缀板时可开洞，开洞间距不应小于200mm；

（3）支撑一端撑在梁上［图6.2（b）］时，可在主体结构梁上设置支座，梁上支座与围护结构之间宜设置H型钢、钢管或其他形式的钢支撑，钢支撑应位于结构板上方，且应考虑楼板偏心承受水平力产生的附加内力对地库结构进行复核计算；

（4）采用梁板内预埋型钢短支撑形式［图6.2（c）］时，预留土体范围内的梁板结构应通过立柱支承，并应在结构梁板端部预埋型钢短支撑与围护结构连接。立柱可在结构完成后拆除或作为钢骨外包混凝土形成结构柱，靠近外墙部位梁板下部应设置一排临时立柱及临时钢梁；

（5）基坑阴角部位宜采用水平角撑形式，避免短支撑交叉。

2. 短支撑的构造要求如下：

（1）水平短支撑可采用钢管、H型钢、格构式型钢组合构件等；当需要进行支撑力补偿时，应设置轴力自动补偿系统，支撑构件的长细比不宜大于75；

（2）水平支撑应设置在同一标高上；

（3）支撑长度方向的拼接宜采用螺栓连接或焊接，拼接点强度不应低于构件的截面强度；

（4）当围檩或支撑采用组合构件时，组合构件不应采用钢筋作为缀条；

（5）在支撑、围檩的节点或转角位置，型钢构件的翼缘和腹板均应加焊加劲板，加劲板的厚度不应小于10mm，焊缝高度不应小于6mm；

（6）立柱与钢支撑之间应设置可靠钢托架进行连接，钢托架应能对节点位置支撑在侧向和竖向的位移进行有效约束；

（7）短支撑应与围护结构、围檩、立柱、连系杆组成稳定的结构体系，并采取可靠的连接措施。

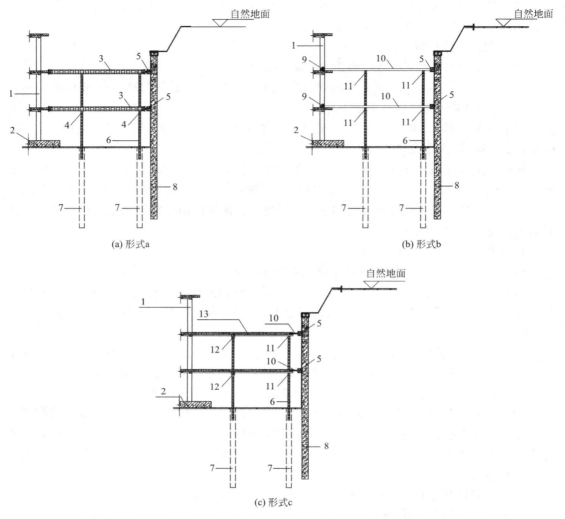

1—先期施工结构；2—基础；3—格构式支撑；4—型钢连梁；5—围檩；6—立柱；7—立柱桩；
8—支护桩；9—支座；10—短支撑；11—型钢托梁；12—结构梁；13—先期施工梁板

图 6.2 水平短支撑支护形式

### 6.1.1.3 排桩短支撑–锚杆支护

排桩短支撑–锚杆即排桩短支撑与锚杆组成的复合支护结构，锚杆和短支撑根据不同的周边环境和地层进行布置，可保证重点部位的安全可靠，亦可兼顾经济性。排桩短支撑–锚杆基本形式如图 6.3 所示。当基坑外侧浅部存在不适合设置锚杆的地层或地下建（构）筑物时，可采用上部支撑、下部锚杆的撑–锚联合支护结构［图 6.3（a）］；当基坑外侧下部存在不适合设置锚杆的地下建（构）筑物、管线或地层时，应采用上部锚杆、下部支撑的锚–撑联合支护［图 6.3（b）］。

排桩短支撑–锚杆体系构造除应满足排桩–短支撑支护的要求外，还需满足以下要求：

（1）水平短支撑体系宜采用施加预应力的钢支撑，撑–锚联合支护宜采用伺服轴力自

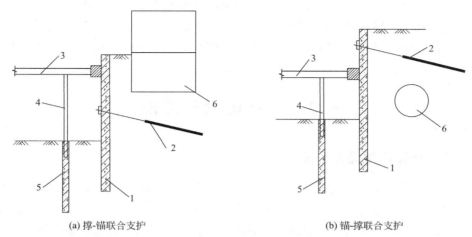

(a) 撑-锚联合支护　　　　　　　　(b) 锚-撑联合支护

1—支护桩；2—预应力锚杆；3—短支撑；4—立柱；5—立柱桩；6—既有地下建（构）筑物、管线

图 6.3　联合支护形式

动补偿系统，保证下部锚杆施加预应力后，钢支撑不应出现拉力；

（2）预应力锚杆应设置自由段；

（3）锚杆距离上排内支撑不宜小于 3m。

## 6.1.2　工作机制

盆式基坑开挖是先开挖基坑中间部分的土体，基坑周围四边留置土坡，形成类似盆状的土体，土坡最后挖除。这种挖土方式的突出优点是，保留了基坑周边的土方，周边的土坡将对围护墙有支撑作用，对于围护支护体系的稳定、控制围护墙的变形和减小周边环境的影响较为有利。显然，坑内土方盆式开挖模式对支护体系稳定和变形控制的有利作用源于预留土坡或土墩的支护作用。

鉴于预留土坡或土墩对围护结构的支护作用，工程界开始突破"盆式"开挖的概念，采用预留土坡或土墩作为围护结构的临时支撑并取得了许多成功的应用。采用围护结构前预留土墩或土坡来维持支护体系的稳定以及控制变形，可以省掉土方开挖阶段的撑锚施工，从而可以节约时间、降低成本，取得显著的经济效益。

盆式开挖的基坑工程中，可以考虑内支撑与主体结构相结合的方式，也即先开挖基坑中部土体至坑底，施工中部区域的地下结构，当地下结构施工到一定标高并养护到一定强度后，在地下结构梁板与支护桩墙间设置内支撑。盆式开挖中，内支撑与主体结构相结合的突出优点就是减少了内支撑的设置区域，从而降低工程造价，节约工期。

对于适用于排桩支护的基坑工程，当基坑开挖深度不太大时，根据现场场地以及地下结构的特点，可以考虑采用预留土坡或土墩作为全部或部分围护结构的临时支撑，而无需再设置内支撑或锚索，待地下结构施工到一定条件时，再在地下结构梁板与支护排桩间设置临时短支撑，并随临时短支撑的设置逐步挖除预留土体，完成预留土体位置地下结构的施工。我们称这类基坑支护模式为"盆式开挖-排桩短支撑支护"。

为了进一步适应复杂地质条件和周边环境条件，将盆式开挖排桩短支撑支护与锚杆结合使用，在适宜施工锚杆的标高设计锚杆，高灵敏土层或地下空间使用存在限制的标高设置短支撑，形成了一种新型复合支护形式："盆式开挖−排桩短支撑−锚杆支护"。该支护形式具有锚杆的经济性，也有内支撑的可靠性，体现了支护结构因地制宜、合理选型、优化设计的特点。

# 6.2　设计理论与方法

## 6.2.1　预留土体作用理论分析

预留土墩的支护作用可以分为两部分，一部分为土墩高度范围内对支护墙体产生的水平抗力作用；另一部分是增加土墩下部土体的竖向应力，从而增加坑底以下被动区土体中被动土压力。由于预留土墩以上两种作用的存在，有效地控制了支护体系的变形，并增加了支护体系的稳定性。如前文所述，当前的研究都是针对土墩支护的这两种作用展开的，如何合理地分析计算土墩支护的这两种作用，是预留土墩支护方法推广应用的基础。

### 6.2.1.1　预留土体对开挖面以上的作用

对于预留土墩支护基坑工程，预留土堆支护作用分析的难点在于土堆不同于通常完整的被动区土体，其作用效应不能直接套用目前常用的朗肯或库仑被动土压力结果。通过前述研究现状的总结可以发现，目前已有的方法均有不同程度的简化近似，所求解的可靠性值得商榷。鉴于目前国内外还没有一套合理的分析预留土墩支护作用的方法，提出了应用极限分析上限方法求解预留土墩的水平抗力，并基于极限分析上限解满足平衡条件的特点，求解土墩区水平抗力的作用位置。

本节将基于极限分析上限理论提出深基坑土堆作用分析的上限解法。上限解法依据严格的极限分析上限理论，能够求得土堆被动抗力严格的上限临界值，由于上限解也是极限平衡解，条块间满足静力平衡条件。基于多块体上限理论的特点，在应用上限解法求得预留土墩被动水平抗力的临界值以及临界多块体模式后，再应用条块间满足静力平衡的条件，推求预留土墩被动抗力的作用位置。

1. 极限分析上限基本定理

极限分析上限定理的叙述方法有多种，此处采用一种比较简洁的说法，即对于任何运动许可的破坏机构，内能耗散率不小于外力功功率，可表示为：

$$\int_S T_i v_i \mathrm{d}S + \int_V X_i v_i \mathrm{d}V \leqslant \int_V \sigma_{ij} \dot{\varepsilon}_{ij} \mathrm{d}V (i, j = 1, 2, 3) \tag{6.1}$$

式中：$\dot{\varepsilon}_{ij}$——运动许可速度场中的塑性应变率场；

　　　$v_i$——与 $\dot{\varepsilon}_{ij}$ 满足几何相容的速度场（运动许可速度场）；

　$T_i$、$X_i$——边界 $S$ 上的面积分布力矢量和区域 $V$ 内的体积力矢量；

　　　$\sigma_{ij}$——通过关联流动法则与 $\dot{\varepsilon}_{ij}$ 相联系的应力场。

对于任何一个运动许可的破坏机构，由式（6.1）可求得极限荷载的一个上限。

应用上限方法求解的一般过程为：运动许可破坏机构的选择，相容速度场的计算，应用上限能量方程进行求解，以下将分别阐述这些内容。

2. 土堆条块划分

如图 6.4 中所示深基坑盆式开挖所留设土堆，采用竖向条块将土堆塑性区离散，图中竖向条块的数量为 $n$ 个，条块编号由紧邻支护墙体条块开始，编号依次为 1，2，…，$i-1$，$i$，…，$n$，简称 $b_1$，$b_2$，…，$b_{i-1}$，$b_i$、…，$b_n$。根据上限理论，条块底部界面也即所谓的速度间断面与破坏面一致。

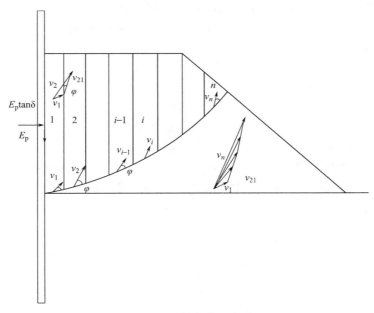

图 6.4　土堆离散示意图

3. 相容速度场求解

上限理论中，对于将预留土墩塑性区离散的 $n$ 个条块，各条块相对于底部静止土体以一定速度运动，假定各条块的速度分别为 $v_1$，$v_2$，…，$v_{i-1}$，$v_i$、…，$v_n$，根据上限定理要求，各竖向条块与块底部静止土体间的相对速度方向与速度间断面的夹角为土体的内摩擦角，条块间速度间断面上的相对运动速度夹角也等于土体的内摩擦角。

对于如图 6.5 所示的条块 $b_1$，$b_2$，假定条块 $b_1$ 的速度为 $v_1 = 1$，根据条块间的相容速度场，可求得条块 $b_2$ 的运动速度 $v_2$ 以及其相对运动速度 $v_{21}$。如图 6.5 所示，$\theta_1$ 为条块 $b_1$

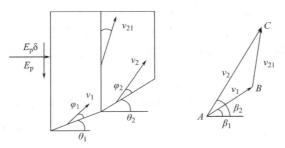

图 6.5　条块 $b_1$ 和 $b_2$ 间的相容速度

速度间断面与水平面的夹角，$\beta_1$ 为速度 $v_1$ 与水平面的夹角。$\theta_2$ 为条块 $b_2$ 速度间断面与水平面的夹角，$\beta_2$ 为速度 $v_2$ 与水平面的夹角。根据条块 $b_1$，$b_2$ 的速度相容性，可知：

$$\begin{cases} \beta_1 = \theta_1 + \varphi \\ \beta_2 = \theta_2 + \varphi \end{cases} \tag{6.2}$$

$$\angle A = \beta_2 - \beta_1 = \theta_2 - \theta_1 \tag{6.3}$$

$$\angle B = 90° + \beta_1 + \varphi = 90° + \theta_1 + 2\varphi \tag{6.4}$$

$$\angle C = 180° - \angle A - \angle B = 90° - \theta_2 - 2\varphi \tag{6.5}$$

$$\frac{v_2}{\sin B} = \frac{v_1}{\sin C} \tag{6.6}$$

$$v_2 = \frac{\sin B}{\sin C} v_1 \tag{6.7}$$

$$v_{21} = \frac{\sin A}{\sin C} v_1 \tag{6.8}$$

同样对于任意相邻的条块 $b_i$、$b_{i-1}$，$\theta_{i-1}$ 为条块 $b_{i-1}$ 速度间断面与水平面的夹角，$\beta_{i-1}$ 为速度 $v_{i-1}$ 与水平面的夹角。$\theta_i$ 为条块 $b_i$ 速度间断面与水平面的夹角，$\beta_i$ 为速度 $v_i$ 与水平面的夹角。根据条块 $b_i$、$b_{i-1}$ 的速度相容性，可知：

$$\begin{cases} \beta_i = \theta_i + \varphi \\ \beta_{i-1} = \theta_{i-1} + \varphi \end{cases} \tag{6.9}$$

$$\angle A = \beta_i - \beta_{i-1} = \theta_i - \theta_{i-1} \tag{6.10}$$

$$\angle B = 90° + \beta_{i-1} + \varphi = 90° + \theta_{i-1} + 2\varphi \tag{6.11}$$

$$\angle C = 180° - \angle A - \angle B = 90° - \theta_i - 2\varphi \tag{6.12}$$

$$\frac{v_{i,\ i-1}}{\sin A} = \frac{v_{i-1}}{\sin C} \tag{6.13}$$

$$\frac{v_{i-1}}{\sin C} = \frac{v_i}{\sin B} \tag{6.14}$$

$$v_{i,\ i-1} = \frac{\sin A}{\sin C} v_{i-1} \tag{6.15}$$

$$v_i = \frac{\sin B}{\sin C} v_{i-1} \tag{6.16}$$

由假定条块 $b_1$ 速度开始，应用条块间的相容速度场要求，依次可以求出条块 $b_2$，$\cdots$，$b_{i-1}$，$b_i$、$\cdots$，$b_n$ 的速度 $v_2$，$\cdots$，$v_{i-1}$，$v_i$、$\cdots$，$v_n$ 以及条块间的相对速度。

依据式（6.1），外力功包括条块自重做功，以及支护挡墙对土堆反作用力做功，条块自重外力功功率为：

$$- W_1 v_1 \sin\beta_1 - W_2 v_2 \sin\beta_2 - \cdots = - \sum_{i=1}^{n} W_i v_i \sin\beta_i \tag{6.17}$$

式中，$W_i$ 为每条块的重量以及条块上所有竖向荷载的总和，外力功功率总和为：

$$W = E_p v_1 \cos\beta_1 - E_p \delta v_1 \sin\beta_1 - \sum_{i=1}^{n} W_i v_i \sin\beta_i \tag{6.18}$$

内能耗散功功率计算如下。

条块底部内能耗散：

$$N_1 = \sum_{i=1}^{n} c_i l_i v_i \cos\varphi \tag{6.19}$$

条块间内能耗散：

$$N_2 = \sum_{i=2}^{n} c t_i v_{i,\ i-1} \cos\varphi \tag{6.20}$$

总的内能耗散：

$$N = N_1 + N_2 = \sum_{i=1}^{n} c_i l_i v_i \cos\varphi + \sum_{i=2}^{n} c t_i v_{i,\ i-1} \cos\varphi \tag{6.21}$$

由 $W = N$ 可得：

$$E_p v_1 \cos\beta_1 - E_p \delta v_1 \sin\beta_1 - \sum_{i=1}^{n} W_i v_i \sin\beta_i = \sum_{i=1}^{n} c_i l_i v_i \cos\varphi + \sum_{i=2}^{n} c t_i v_{i,\ i-1} \cos\varphi \tag{6.22}$$

$$E_p = \frac{\sum_{i=1}^{n} c_i l_i v_i \cos\varphi + \sum_{i=2}^{n} c t_i v_{i,\ i-1} \cos\varphi + \sum_{i=1}^{n} W_i v_i \sin\beta_i}{v_1 \cos\beta_1 - \delta v_1 \sin\beta_1} \tag{6.23}$$

以图 6.4 中条块底部节点位置为变量，运用优化技术，求得 $E_{pmin}$ 即可。

以上各式中，$v_2$、$v_1$ 分别为块体 $b_2$、$b_1$ 的速度值；$v_{21}$ 为块体 $b_2$、$b_1$ 之间的相对速度值或间断速度值；$v_i$、$v_{i-1}$ 分别为块体 $b_i$、$b_{i-1}$ 的速度值；$v_{i,i-1}$ 为块体 $b_i$ 与块体 $b_{i-1}$ 间的相对速度值或间断速度值，为便于识别特在 $v_{i,i-1}$ 下标中增加了逗号。

4. 土堆被动抗力作用点位置

上文采用极限分析上限方法求出了预留土墩支护作用范围内抗力作用的大小，本节根据极限分析上限解与极限分析平衡解的相关关系求解预留土墩抗力作用的位置。

Chen[1] 指出，极限平衡解不一定是一个上限解或下限解，但是任何极限分析上限解一定是一个极限平衡解。在随后的岁月中，有不少学者对极限平衡解与极限分析解的关系做了许多有益的探讨，Michalowski[2]、Drescher 和 Detournay[3] 都证明了平移滑动块体破坏模式中的上限方法中，破坏机构中的块体是满足力的平衡的，此时的上限方程可以看作是虚功方程。考虑如图 6.6 所示的平面块体，以绝对速度 $v$ 发生平移滑动，该块体周围块体的平移滑动速度分别为 $v^{(1)}$，$v^{(2)}$，$\cdots$，$v^{(n)}$。该块体与周围块体相接的边界长度分别为 $L_1$，$L_2$，$\cdots$，$L_n$，周围块体与该块体在相接边界（速度间断面）上的间断速度分别为：$[v]^{(1)}$，$[v]^{(2)}$，$\cdots$，$[v]^{(n)}$。周围块体对该块体的作用力分别为：$t^{(1)}$，$t^{(2)}$，$\cdots$，$t^{(n)}$。根据该块体与周围块体的相容速度关系可知：

$$v^{(1)} = v + [v]^{(1)} \tag{6.24a}$$

$$v^{(2)} = v + [v]^{(2)} \tag{6.24b}$$

$$v^{(3)} = v + [v]^{(3)} \tag{6.24c}$$

根据上限方法中的能量平衡方程（上限方法中，外力功功率与内能耗散率相等）可得：

$$[v]^{(1)} \int_{L_1} t^{(1)} \, \mathrm{d}L_1 + [v]^{(2)} \int_{L_2} t^{(2)} \, \mathrm{d}L_2 + [v]^{(3)} \int_{L_3} t^{(3)} \, \mathrm{d}L_3 =$$

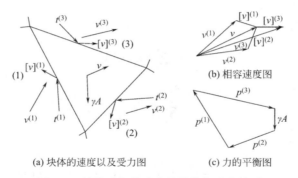

(a) 块体的速度以及受力图    (b) 相容速度图    (c) 力的平衡图

图 6.6 块体破坏模式中的受力与速度关系

$$v^{(1)}\int_{L_1} t^{(1)}\,\mathrm{d}L_1 + v^{(2)}\int_{L_2} t^{(2)}\,\mathrm{d}L_2 + v^{(3)}\int_{L_3} t^{(3)}\,\mathrm{d}L_3 + v\int_A \gamma\,\mathrm{d}A \tag{6.25}$$

将式（6.24）代入式（6.25）可得：

$$v\left(\int_{L_1} t^{(1)}\,\mathrm{d}L_1 + \int_{L_2} t^{(2)}\,\mathrm{d}L_2 + \int_{L_3} t^{(3)}\,\mathrm{d}L_3 + \int_A \gamma\,\mathrm{d}A\right) = 0 \tag{6.26}$$

由于 $v$ 的任意性，必有：

$$\int_{L_1} t^{(1)}\,\mathrm{d}L_1 + \int_{L_2} t^{(2)}\,\mathrm{d}L_2 + \int_{L_3} t^{(3)}\,\mathrm{d}L_3 + \int_A \gamma\,\mathrm{d}A = 0 \tag{6.27}$$

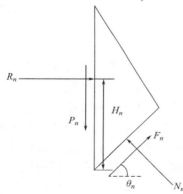

图 6.7 条块 $b_n$ 作用力

这就是块体所满足的力的平衡方程。此处是由上限方法的能量平衡方程导出的力的平衡方程，该平衡方程同样可以虚功原理导出，因此可以得出块体平移滑动破坏模式上限方法中的能量平衡方程与虚功原理是等价的。这也是 Drescher 和 Detournay[3] 将平移滑动破坏模式的上限方法拓展到求解非关联流动材料的理论基础。

因此，平动上限解法所得到的上限解中条块间满足力的静力平衡条件。以下将基于条块间满足力的平衡条件这一事实，进行预留土墩抗力作用位置的求解。

对于最后条块 $b_n$，其上力的作用如图 6.7 所示，根据条块上作用力的平衡关系，进行如下计算。

$$F_n = N_n\tan\varphi + cl_n \tag{6.28}$$

$$P_n = R_n\tan\delta + ct_n \tag{6.29}$$

根据静力平衡 $\sum X = 0$

$$R_n + F_n\cos\theta_n - N_n\sin\theta_n = 0 \tag{6.30}$$

根据静力平衡 $\sum Y = 0$

$$W_n + P_n - N_n\cos\theta_n - F_n\sin\theta_n = 0 \tag{6.31}$$

式（6.28）代入式（6.30）可得：

$$R_n + (N_n\tan\varphi + cl_n)\cos\theta_n - N_n\sin\theta_n = 0 \tag{6.32}$$

式（6.28）、式（6.29）代入式（6.31）可得：

$$W_n + R_n \tan\delta + ct_n - N_n \cos\theta_n - (N_n \tan\varphi + cl_n)\sin\theta_n = 0 \tag{6.33}$$

式（6.32）、式（6.33）两式中仅含 $R_n$、$N_n$ 两个未知数，两个方程即可求出两个未知数。

根据力矩平衡 $\sum M_{O_n} = 0$ 可得：

$$R_n H_n = N_n \frac{1}{2} l_n - W_n \frac{1}{3} l_n \cos\theta_n \tag{6.34}$$

可得：

$$H_n = \frac{\dfrac{1}{2} N_n l_n - \dfrac{1}{3} W_n l_n \cos\theta_n}{R_n} \tag{6.35}$$

式中，$R_n$、$P_n$ 为条块 $b_{n-1}$ 与条块 $b_n$ 之间的相互作用力，也即 $R_n$、$P_n$ 分别为条块 $n-1$ 作用于条块 $n$ 上的水平作用力和竖向作用力。$N_n$、$F_n$ 是条块 $n$ 地面所受的作用力，其中 $N_n$ 为作用于条块底面的法向力，$F_n$ 是作用于条块底面的切向作用力。$H_n$ 为 $R_n$ 作用力到条块左下角点的距离。因此，应用静力平衡条件可以求出 $R_n$、$P_n$、$H_n$。

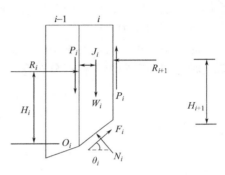

图 6.8  条块 $b_i$ 作用力

由求解条块 $b_{n-1}$ 对条块 $b_n$ 的作用力开始，依次可求得条块 $b_{i-1}$ 对条块 $b_i$ 的作用力（图 6.8）。对于任意两相邻条块 $i-1$ 和 $i$，与上述同理。

已知：$R_{i+1}$、$P_{i+1}$、$H_{i+1}$、$\theta_i$、$l_i$、$t_i$、$t_{i+1}$

$$F_i = N_i \tan\varphi + cl_i \tag{6.36}$$

$$P_i = R_i \tan\delta + ct_i \tag{6.37}$$

根据静力平衡 $\sum X = 0$

$$R_i - R_{i+1} + F_i \cos\theta_i - N_i \sin\theta_i = 0 \tag{6.38}$$

根据静力平衡 $\sum Y = 0$

$$W_i + P_i - P_{i+1} - N_i \cos\theta_i - F_i \sin\theta_i = 0 \tag{6.39}$$

式（6.36）代入式（6.38）可得：

$$R_i - R_{i+1} + (N_i \tan\varphi + cl_i)\cos\theta_i - N_i \sin\theta_i = 0 \tag{6.40}$$

式（6.36）、式（6.37）代入式（6.39）可得：

$$W_i + R_i \tan\delta + ct_i - P_{i+1} - N_i \cos\theta_i - (N_i \tan\varphi + cl_i)\sin\theta_i = 0 \tag{6.41}$$

式（2.40）、式（2.41）两式中仅含 $R_i$、$N_i$ 两个未知数，解之可得。

根据力矩平衡 $\sum M_{O_i} = 0$ 可得：

$$R_i H_i - R_{i+1}(H_{i+1} + l_i \sin\theta_i) - W_i J_i = 0 \tag{6.42}$$

可得：

$$H_i = \frac{R_{i+1}(H_{i+1} + l_i \sin\theta_i) + W_i J_i}{R_i} \tag{6.43}$$

式中：$R$——条块间的水平作用力；

　　　$P$——条块间的竖向作用力；

　　　$F$——条块底部破坏面上沿破坏面的作用力；

　　　$N$——垂直破坏面的作用力；

　　　$J_i$——第 $i$ 条块中心到 $O_i$ 的水平距离。

编制程序依次重复上述求解过程，即由求解条块 $b_{n-1}$ 对条块 $b_n$ 的作用力开始，依次求解最终预留土墩被动土抗力 $E_{p_{\min}}$ 的作用位置。

以上即为考虑土堆抗力作用的上限解法，可以求得土堆抗力的大小和作用位置。

**6.2.1.2　预留土体对开挖面以下的作用**

预留土除对开挖面以上的围护结构具有反力作用外，还对开挖面以下的被动区具有压重作用，故可将预留土等效为作用于基坑开挖地面的均布荷载，再来计算预留土墩底部以下土体的抗力作用。

对于预留土墩底面的竖向应力，采用近似为上覆土重的处理方式，也即图 6.9 中，预留土墩底部的竖向应力梯形分布模式。

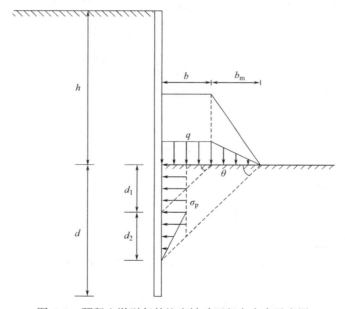

图 6.9　预留土墩引起的坑底被动区竖向应力示意图

## 6.2.2　基于弹性地基梁模型的预留土作用

上节采用极限分析上限理论对预留土对围护结构的作用进行了分析，整体是基于极限平衡的方法，适用于悬臂式围护结构的结构分析，未考虑内力与变形的协调问题。当采用盆式开挖-排桩短支撑-锚杆支护结构时，不可避免地将出现预留土体和锚杆、支撑同时出现的工况。现行相关国家、行业标准均采用 $m$ 法分析支挡式支护结构内力及变形，为更好地与现行标准方法衔接，提出了基于三参数弹性地基梁模型考虑坑内预留土的作用影响，根据多支点支护结构沿竖向受力模式的不同，分别建立各受力模式下的控制方程，进而通过桩身离散和矩阵传递法给出支护桩受力响应的半解析解答[4]。

### 6.2.2.1 支护结构受力模式及其控制方程

坑内设有预留土的典型多支点支护结构，如图 6.10 所示。图 6.10 中，$h_c$ 为预留土以上的开挖深度；$h_u$、$b$、$B$ 分别为坑内预留土的高度、上宽和下宽；$q$ 为坑顶外侧地面超载；$p_a$ 为基坑外侧土压力；$q_u$、$q_d$ 分别为基于弹性地基梁模型的坑内预留土和坑底土对支护结构的水平反力。实际工程中，基坑开挖会引起周围土体向坑内的位移变形，从而对支护结构产生土压力作用（$p_a$）；在此土压力作用下，支护结构会发生向坑内的侧向位移，而受到坑内预留土和坑底被动区土的水平反力作用（$q_u$、$q_d$）。因此，桩锚支护结构的受力变形取决于周围土体的位移，而支护桩又会反过来对周围土体产生作用，是比较典型的被动桩桩土相互作用模式[5]。

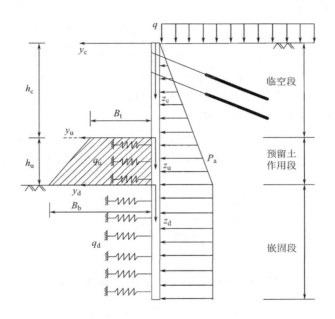

图 6.10 桩锚支护结构内力计算模型

据此，根据支护结构所受外力不同，将支护桩划分为三段：（1）预留土以上的临空段，受坑外主动土压力作用和锚杆的集中力作用；（2）预留土高度范围内的预留土作用段，不仅受坑外主动土压力的作用，还受到坑内预留土的水平反力作用；（3）坑底以下的嵌固段，同时受到坑外主动土压力和坑内土反力作用。进而，以各段顶点为原点，分别对三桩段建立独立坐标系 $y_c$-$z_c$、$y_u$-$z_u$、$y_d$-$z_d$，根据静力平衡和材料力学假定，忽略轴力影响，可建立各桩段的控制微分方程。

（1）临空段

$$EI \frac{\mathrm{d}^4 y_c}{\mathrm{d}z_c^4} = p_a(z_c) \tag{6.44}$$

（2）预留土作用段

$$EI \frac{\mathrm{d}^4 y_u}{\mathrm{d}z_u^4} + q_u(y_u, z_u) = p_a(z_u) \tag{6.45}$$

（3）嵌固段

$$EI \frac{\mathrm{d}^4 y_d}{\mathrm{d}z_d^4} + q_d(y_d, z_d) = p_a(z_d) \tag{6.46}$$

式中： $EI$——支护桩刚度；

$q_u(y_u, z_u)$、$q_d(y_d, z_d)$——坑内预留土和坑底被动区土的抗力；

$p_a(z_c)$、$p_a(z_u)$、$p_a(z_d)$——三桩段外侧土压力。

#### 6.2.2.2 主要计算参数的选取

假定作用于基坑坑底以上支护桩外侧的土压力为朗肯主动土压力，而坑底以下土压力为一定值[6-7]，其大小与坑底处的朗肯主动土压力相等，则三桩段外侧土压力为：

$$p_a(z_c) = (\gamma z_c + q)K_a - 2c\sqrt{K_a} = az_c + b \tag{6.47}$$

$$p_a(z_u) = [\gamma(h_c + z_u) + q]K_a - 2c\sqrt{K_a} = a'z_u + b' \tag{6.48}$$

$$p_a(z_d) = [\gamma(h_c + h_u) + q]K_a - 2c\sqrt{K_a} = c' \tag{6.49}$$

式中：$\gamma$、$c$ 分别为坑外侧主动区土体重度和黏聚力；$K_a$ 为主动土压力系数，$K_a = \tan^2(45° - \varphi/2)$，$\varphi$ 为主动区土体内摩擦角；$a$、$b$、$a'$、$b'$、$c'$ 为常数。

考虑坑内预留土与坑底被动区土对支护桩的抗力作用，基于弹性地基梁法，采用被动受压弹簧来模拟坑内土体与支护桩之间的相互作用，则通过土层弹簧刚度的合理选取，即可根据支护桩位移模式和大小得出坑内土体的抗力作用：

$$\begin{cases} q_u(y_u, z_u) = k_u(z_u) b_1 y_u \\ q_d(y_d, z_d) = k_d(z_d) b_1 y_d \end{cases} \tag{6.50}$$

式中：$k_u(z_u)$、$k_d(z_u)$ 为预留土作用段和坑底嵌固段的地基抗力系数；$b_1$ 为支护桩的计算宽度。

假定坑内土抗力与支护桩侧向位移呈正比，采用三参数地基抗力模型，有：

$$\begin{cases} k_u(z_u) = m(z_0 + z_u)^n \\ k_d(z_d) = m(z_s + z_d)^n \end{cases} \tag{6.51}$$

式中：$m$ 为地基比例系数；$z_0$、$z_s$ 分别为预留土顶和坑底处的当量深度，用于考虑基坑开挖后预留土顶面和坑底标高处的土变成超固结土，虽然发生应力释放，但是仍具有一定的刚度。

由于坑内预留土为有限宽土体，其抗力并不会像坑底无限土一样完全发挥，因此需对其抗力系数作进一步修正。鉴于基坑开挖引起坑内土体位移变形的区域是有限的，即离支护结构越远坑内土体的位移变形越小，其对支护结构的抗力作用就越不明显，但在该区域范围以内，土体的开挖将削弱土层的弹簧刚度。因此，不妨以基坑开挖的影响域宽为基础对有限预留土的抗力系数进行修正[7]：

$$\overline{k_u}(z_u) = \beta m(z_0 + z_u)^n \frac{h_u B_t + (B_b - B_t)z_u}{\lambda(h_c + h_u)h_u} \tag{6.52}$$

式中：$\lambda$ 为基坑开挖的影响范围系数，一般取 $3\sim5$；$\beta$ 为开挖过程中预留土的松弛系数，当开挖对预留土扰动较小时，$\beta=1$；预留土发生应力松弛时，$0<\beta<1$；对预留土采用一定固化措施时，$\beta>1$。坑底以下的土体抗力系数仍按式（6.52）计算。

### 6.2.2.3 支护桩变形内力计算

1. 控制方程求解

为了简化计算和便于编程，可采用对支护桩进行离散的方法，通过矩阵传递法进行统一求解。

（1）临空段控制方程求解

如图 6.11 所示，根据锚杆位置将临空段离散为 $N_c$ 份，每段长度 $h_1 = h_c/N_c$，并保证锚杆集中力作用于离散节点处；取任一段 $i$ 建立独立坐标系进行分析。其中，为简化分析将微段外侧主动土压力取为：

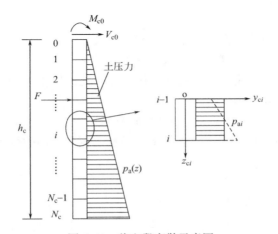

图 6.11 临空段离散示意图

$$p_{ai} = a(2i-1)h_1/2 + b \tag{6.53}$$

由式（6.53）可将临空段第 $i$ 桩段控制方程转化为：

$$\frac{\mathrm{d}^4 y_{ci}}{\mathrm{d}z_{ci}^4} = \overline{p_{ai}} \tag{6.54}$$

式中：$\overline{p_{ai}} = p_{ai}/EI$。

进而，对该微分方程求解可得：

$$y_{ci} = C_{o1} + C_{o2}z_{ci} + C_{o3}z_{ci}^2 + C_{o4}z_{ci}^3 + \frac{\overline{p_{ai}}}{24}z_{ci}^4 \tag{6.55}$$

式中：$y_{ci}$ 为第 $i$ 段任意位置 $z_{ci}$ 处的桩身挠曲；$C_{o1}$、$C_{o2}$、$C_{o3}$、$C_{o4}$ 为常系数。

设 $z_{ci}$ 处桩身转角为 $\varphi_{ci}$、弯矩为 $M_{ci}$、剪力为 $V_{ci}$，由材料力学基本理论，有：

$$\varphi_{ci} = \frac{\mathrm{d}y_{ci}}{\mathrm{d}z_{ci}}; \quad M_{ci} = EI\frac{\mathrm{d}^2 y_{ci}}{\mathrm{d}z_{ci}^2}; \quad V_{ci} = EI\frac{\mathrm{d}M_{ci}}{\mathrm{d}z_{ci}} \tag{6.56}$$

设第 $i$ 段顶端（$z_{ci}=0$）响应参量为 $y_{ci0}$、$\varphi_{ci0}$、$M_{ci0}$ 和 $V_{ci0}$，联合式（6.55）和式

（6.56）可求出 $C_{o1}$、$C_{o2}$、$C_{o3}$、$C_{o4}$；进而将其回代入式（6.55）和式（6.56）可得：

$$U_{ci}(h_1) = S_{ci}(h_1) \cdot U_{ci0} \tag{6.57}$$

式中：$U_{ci}(h_1) = [y_{ch}, \varphi_{ch}, M_{ch}, V_{ch}, 1]^T$，其中 $y_{ch}$、$\varphi_{ch}$、$M_{ch}$、$V_{ch}$ 为第 $i$ 段底部（$z_{ci} = h_1$）的水平位移、转角、弯矩和剪力；$U_{ci0} = [y_{ci0}, \varphi_{ci0}, M_{ci0}, V_{ci0}, 1]^T$，其中 $y_{ci0}$、$\varphi_{ci0}$、$M_{ci0}$、$V_{ci0}$ 不仅为第 $i$ 段顶部的水平位移、转角、弯矩和剪力，还是第 $i-1$ 段底部的水平位移、转角、弯矩和剪力，即 $U_{c(i-1)}(h_1)$；$S_{ci}(h_1)$ 为第 $i$ 微段的系数矩阵，$S_{ci}(h_1) =$

$$\begin{bmatrix} A_{c1} & B_{c1} & C_{c1} & D_{c1} & E_{c1} \\ A_{c2} & B_{c2} & C_{c2} & D_{c2} & E_{c2} \\ A_{c3} & B_{c3} & C_{c3} & D_{c3} & E_{c3} \\ A_{c4} & B_{c4} & C_{c4} & D_{c4} & E_{c4} \\ 0 & 0 & 0 & 0 & 1 \end{bmatrix}$$

，其中 $A_{cj}$、$B_{cj}$、$C_{cj}$、$D_{cj}$、$E_{cj}$（$j=1\sim4$）为矩阵方程的 20 个系数。

考虑各微段变形受力连续性，由式（6.57）可得：

$$U_{ci}(h_1) = S_{ci}(h_1) U_{c(i-1)}(h_1) \tag{6.58}$$

考虑到锚杆集中力的作用，假设锚杆作用节点 $x$ 处的集中力为 $F$，则 $x$ 节点处上下截面的变形内力关系可以表示为：

$$U_x^d = S_{cx} U_x^u \tag{6.59}$$

式中：$U_x^d$、$U_x^u$ 分别为临空段 $x$ 节点处下截面和上截面的内力变形参量矩阵，$S_{cx}$ 为集中力引起的突变矩阵，$S_{cx} = \begin{bmatrix} 1 & 0 & 0 & 0 & 0 \\ 0 & 1 & 0 & 0 & 0 \\ 0 & 0 & 1 & 0 & 0 \\ 0 & 0 & 0 & 1 & F \\ 0 & 0 & 0 & 0 & 1 \end{bmatrix}$。

进而，可得临空段受力响应的矩阵传递方程：

$$U_{cN_c}(h_1) = S_{cN_c}(h_1) \cdots S_{cx} \cdots S_{c1}(h_1) U_{c0} = S_c U_{c0} \tag{6.60}$$

式中：$S_c$ 为支护桩临空段总的系数矩阵；$U_{c0} = [y_{c0}, \varphi_{c0}, M_{c0}, V_{c0}, 1]^T$，为桩顶处的内力变形参量矩阵；$U_{cN_c}(h_1) = [y_{cN_c}, \varphi_{cN_c}, M_{cN_c}, V_{cN_c}, 1]^T$，为临空段和预留土作用段交界面处的参量矩阵。

（2）预留土作用段控制方程求解

如图 6.12 所示，将支护桩预留土作用段分为 $N_u$ 份，每段长 $h_2 = h_u/N_u$；取任一段 $i$ 建立独立坐标系进行分析，为简化计算将微段外侧主动土压力取为：

$$p_{ai} = a'(2i-1)h_2/2 + b' \tag{6.61}$$

考虑坑内预留土的抗力作用，基于式（6.52）采用中值定理，将第 $i$ 微段的预留土抗力系数简化取为：

$$k_{ui} = \int_{(i-1)h_2}^{ih_2} \beta m(z_0 + z_u)^n \frac{h_u B_t + (B_b - B_t)z_u}{\lambda(h_c + h_u)h_u} dz_u / h_2 \tag{6.62}$$

由式（6.45）可将第 $i$ 微段控制方程转化为：

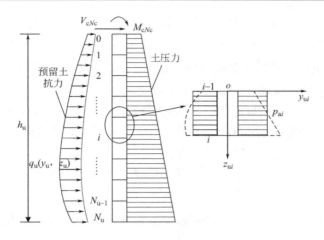

图 6.12　预留土作用段离散示意图

$$\frac{\mathrm{d}^4 y_{ui}}{\mathrm{d}z_{ui}^4} + \alpha_{ui}^4 y_{ui} = t \tag{6.63}$$

式中：$\alpha_{ui}^4 = k_{ui} b_1 / EI$；$t = p_{ai} / EI$；$b_1$ 计算宽度。

进而，对该微分方程求解可得：

$$\begin{aligned}
y_{ui} = {} & \mathrm{e}^{g z_{ui}} (C_{u1} \cos g z_{ui} + C_{u2} \sin g z_{ui}) \\
& + \mathrm{e}^{-g z_{ui}} (C_{u3} \cos g z_{ui} + C_{u4} \sin g z_{ui}) + t/\alpha_{ui}^4
\end{aligned} \tag{6.64}$$

式中：$y_{ui}$ 为 $z_{ui}$ 处桩身挠曲变形；$g = \alpha_{ui}/\sqrt{2}$；$C_{u1}$、$C_{u2}$、$C_{u3}$、$C_{u4}$ 为常系数。

与临空段推导方法相同，可得 $i$ 微段矩阵方程：

$$\boldsymbol{U}_{ui}(h_2) = \boldsymbol{S}_{ui}(h_2) \boldsymbol{U}_{ui0} \tag{6.65}$$

式中：$\boldsymbol{U}_{ui}(h_2) = [y_{uh},\ \varphi_{uh},\ M_{uh},\ V_{uh},\ 1]^{\mathrm{T}}$，$y_{uh}$、$\varphi_{uh}$、$M_{uh}$、$V_{uh}$ 为第 $i$ 段底部（$z_{ui} = h_2$）的水平位移、转角、弯矩和剪力；$\boldsymbol{U}_{ui0} = [y_{ui0},\ \varphi_{ui0},\ M_{ui0},\ V_{ui0},\ 1]^{\mathrm{T}}$，$y_{ui0}$、$\varphi_{ui0}$、$M_{ui0}$、$V_{ui0}$ 不仅为第 $i$ 段顶部的水平位移、转角、弯矩和剪力，还是第 $i-1$ 段底部的水平位移、转角、弯矩和剪力，即 $\boldsymbol{U}_{u(i-1)}(h_2)$，$\boldsymbol{S}_{ui}(h_2)$ 为第 $i$ 微段的系数矩阵，$\boldsymbol{S}_{ui}(h_2) =$

$$\begin{bmatrix}
A_{u1} & B_{u1} & C_{u1} & D_{u1} & E_{u1} \\
A_{u2} & B_{u2} & C_{u2} & D_{u2} & E_{u2} \\
A_{u3} & B_{u3} & C_{u3} & D_{u3} & E_{u3} \\
A_{u4} & B_{u4} & C_{u4} & D_{u4} & E_{u4} \\
0 & 0 & 0 & 0 & 1
\end{bmatrix}$$，其中 $A_{uj}$、$B_{uj}$、$C_{uj}$、$D_{uj}$、$E_{uj}$（$j = 1 \sim 4$）为矩阵方程的 20 个

系数，是微段长度 $h_2$ 的函数。

考虑各微段变形受力连续性，由式（6.65）可得：

$$\boldsymbol{U}_{ui}(h_2) = \boldsymbol{S}_{ui}(h_2) \boldsymbol{U}_{u(i-1)}(h_2) \tag{6.66}$$

进而，可得被动桩段受力响应的矩阵传递方程：

$$\boldsymbol{U}_{uN_u}(h_2) = \boldsymbol{S}_{uN_u}(h_2) \cdots \boldsymbol{S}_{u2}(h_2) \boldsymbol{S}_{u1}(h_2) \boldsymbol{U}_{u0} = \boldsymbol{S}_u \boldsymbol{U}_{u0} \tag{6.67}$$

式中：$S_u$ 为支护桩预留土作用段总的系数矩阵；$U_{u0} = [y_{cN_c}, \varphi_{cN_c}, M_{cN_c}, V_{cN_c}, 1]^T$，为临空段和预留土作用段交界面处的内力变形参量矩阵；$U_{uN_u}(h_2) = [y_{uN_u}, \varphi_{uN_u}, M_{uN_u}, V_{uN_u}, 1]^T$，为预留土作用段和下部嵌固段交界面处的内力变形参量矩阵。

（3）嵌固段控制方程求解

由式（6.46）可知，支护桩嵌固段的微分控制方程与预留土作用段的控制方程形式相同，仅坑内土体抗力和坑外土压力取值不同。据此，采用与上述预留土作用段相同的推导求解方法，可得嵌固段的受力响应矩阵方程：

$$U_{dN_d}(h_3) = S_{dN_d}(h_3) \cdots S_{d2}(h_3) S_{d1}(h_3) U_{d0} = S_d U_{d0} \qquad (6.68)$$

式中：$h_3$ 为离散单元长度，若将嵌固段分为 $N_d$ 份，则 $h_3 = h_d / N_d$；$U_{d0} = [y_{uN_u}, \varphi_{uN_u}, M_{uN_u}, V_{uN_u}, 1]^T$，为预留土作用段和嵌固段交界面处内力变形参量矩阵；$U_{dN_d}(h_d) = U_{dL} = [y_{dL}, \varphi_{dL}, M_{dL}, V_{dL}, 1]^T$，为支护桩底端处的内力变形参量矩阵；$S_{di}(h_3)$ 为第 $i$ 段的系数矩阵；$S_d$ 为嵌固段总的系数矩阵。

2. 连续条件与求解方法

由支护桩受力变形的连续条件可知：

$$U_{u0} = U_{cN_c}(h_1); \quad U_{d0} = U_{uN_u}(h_2) \qquad (6.69)$$

据此，联合式（6.60）、式（6.67）和式（6.68）可得整个支护桩的内力变形矩阵方程：

$$U_{dL} = S_d S_u S_c U_{c0} = S U_{c0} \qquad (6.70)$$

式中：$S$ 即为整个支护桩的总系数矩阵。

式（6.70）中涉及支护桩顶边界参量 $y_{c0}$、$\varphi_{c0}$、$M_{c0}$、$V_{c0}$ 和桩端边界参量 $y_{dL}$、$\varphi_{dL}$、$M_{dL}$、$V_{dL}$。考虑到不同的桩顶和桩端约束条件，有：

桩顶自由时： $\qquad\qquad\qquad M_{c0} = M_0; \quad V_{c0} = H_0 \qquad\qquad (6.71)$

桩顶固定时： $\qquad\qquad\qquad y_{c0} = 0; \quad \varphi_{c0} = 0 \qquad\qquad (6.72)$

桩端自由时： $\qquad\qquad\qquad M_{dL} = 0; \quad V_{dL} = 0 \qquad\qquad (6.73)$

桩端嵌固时： $\qquad\qquad\qquad y_{dL} = 0; \quad \varphi_{dL} = 0 \qquad\qquad (6.74)$

据此，可采用以下步骤对支护结构的变形内力进行计算：

（1）将支护桩顶已知条件式（6.71）或式（6.72）、桩端已知条件式（6.73）或式（6.74）代入矩阵方程（6.70）中，可得到有关4个未知量的4个方程组成的方程组，通过求解该方程组可得未知的桩顶和桩端边界参量。

（2）根据桩顶边界 $U_{c0} = [y_{c0}, \varphi_{c0}, M_{c0}, V_{c0}, 1]^T$ 和递推公式（6.58）可求得临空段中任一微段 $i$ （$1 \leqslant i \leqslant N_c$）的下截面内力变形：

$$U_{ci}(h_1) = S_{ci}(h_1) \cdots S_{cx} \cdots S_{c1}(h_1) U_{c0} \qquad (6.75)$$

当 $i = N_c$ 时，式（6.75）可求得临空段底端的内力变形 $U_{cN_c}(h_1) = [y_{cN_c}, \varphi_{cN_c}, M_{cN_c}, V_{cN_c}, 1]^T$。

（3）由临空段与预留土作用段交界面处的连续条件 （$U_{u0} = U_{cN_c}(h_1)$）可得预留土作用段顶端处的内力变形参量 $U_{u0} = [y_{cN_c}, \varphi_{cN_c}, M_{cN_c}, V_{cN_c}, 1]^T$，进而代入递推公式（6.67）可求得预留土作用段中任一微段 $i$ （$1 \leqslant i \leqslant N_u$）的下截面内力变形：

$$U_{\mathbf{u}i}(h_2) = \prod_{j=1}^{i} S_{\mathbf{u}j}(h_2) U_{\mathbf{u}0} = \prod_{j=1}^{i} S_{\mathbf{u}j}(h_2) S_{\mathbf{c}} U_{\mathbf{c}0} \tag{6.76}$$

当 $i = N_{\mathbf{u}}$ 时，式（6.76）可求得预留土作用段底端的内力变形 $U_{\mathbf{u}N_{\mathbf{u}}}(h_{\mathbf{u}}) = [y_{\mathbf{u}N_{\mathbf{u}}},$ $\varphi_{\mathbf{u}N_{\mathbf{u}}}, M_{\mathbf{u}N_{\mathbf{u}}}, V_{\mathbf{u}N_{\mathbf{u}}}, 1]^{\mathrm{T}}$。

（4）同理，由预留土作用段与下部嵌固段交界面处的连续条件（$U_{\mathbf{d}0} = U_{\mathbf{u}N_{\mathbf{u}}}(h_2)$）可得嵌固段顶端处的内力变形参量，进而可求得嵌固段中任一微段 $i$（$1 \leqslant i \leqslant N_{\mathbf{d}}$）的下截面内力变形：

$$U_{\mathbf{d}i}(h_3) = \prod_{j=1}^{i} S_{\mathbf{d}j}(h_3) U_{\mathbf{d}0} = \prod_{j=1}^{i} S_{\mathbf{d}j}(h_3) S_{\mathbf{u}} S_{\mathbf{c}} U_{\mathbf{c}0} \tag{6.77}$$

综上所述，通过对支护桩的合理离散，由式（6.75）~式（6.77）可求得各节点处支护桩的变形内力值。

## 6.2.3 简化设计计算方法

### 6.2.3.1 设计计算内容

1. 预留土体设计内容

（1）预留土体断面设计应包括预留土体高度、坡度、破顶宽度、坡底宽度等的设计；

（2）预留土体断面设计应通过支挡结构抗倾覆稳定性验算、整体稳定性验算及变形计算进行；

（3）当计算的预留土体坡面不满足稳定性要求时，应进行坡面支护设计。

2. 排桩短支撑-锚杆支护设计内容

（1）围护结构嵌固深度；锚杆角度超过 30° 时，应验算围护结构的竖向承载力；

（2）锚杆或支撑位置；

（3）支护结构内力与配筋计算、强度验算；

（4）支撑梁、围檩、腰梁的选型设计和相应的构件强度与稳定性验算；需要的换撑及支撑拆除设计；

（5）支护结构的抗倾覆稳定性和整体稳定性验算；基坑抗隆起稳定性和抗渗流稳定性验算；

（6）变形控制设计；

（7）基坑底面下有软弱下卧层时，软弱下卧层的承载力与稳定性验算；

（8）同一剖面锚杆与内支撑相互影响分析宜采用三维数值方法进行。

3. 主体结构计算分析内容

（1）当楼盖结构兼作为施工平台时，应按水平和竖向荷载同时作用进行计算；

（2）同层楼板面存在高差的部位，应验算该部位构件的受弯、受剪、受扭承载能力；

（3）结构楼板的洞口及车道开口部位，当洞口两侧的梁板不能满足传力要求时，应采用设置临时支撑等措施；

（4）各层楼盖结构分缝或后浇带处，应设置水平传力构件，其承载力应通过计算确定；

（5）主体结构各设计状况下主体结构楼盖的计算分析应考虑与支护阶段楼盖内力、变形叠加的工况。

#### 6.2.3.2 预留土体作用下支护结构倾覆稳定性

在基坑开挖到底，设置短支撑且挖除土墩之前，支护结构从形式上讲与悬臂排桩体系类似，根据《建筑基坑支护技术规程》JGJ 120—2012，悬臂排桩支护需要进行抗倾覆稳定性验算，并将抗倾覆稳定性验算作为确定排桩可能嵌固深度的主要考虑因素之一。

对于悬臂式支护桩嵌固深度的确定，国外通常采用"嵌固端"计算模式，该模式中认为支护桩墙在嵌固段上近下端处存在一点，支护桩绕该点转动，在该点以上，桩墙在开挖一侧诱发被动土压力，在墙背侧诱发主动土压力；在该点以下，桩墙在开挖侧诱发主动土压力，在墙背侧诱发被动土压力。对于悬臂的支护桩墙，在明确了转动点上下的土压力分布后，可通过静力平衡方程求解，从而求得支护桩墙的嵌固深度。确定支护桩墙的嵌固深度后，可由静力平衡求得桩身的内力，桩身荷载为零的位置可能为最大剪力位置，剪力为零的位置可能为弯矩最大值位置，从而设计桩截面。

对于悬臂式基坑支护，我国的设计模式通常为由绕桩墙底部的倾覆稳定性验算确定支护桩墙的嵌固深度。以下仍采用我国常用的计算模式确定排桩预留土墩支护阶段，排桩所需要的嵌固深度。如图 6.13 所示，在排桩预留土墩支护基坑中，排桩的嵌固深度 $D$ 需要满足式（6.78）的要求。

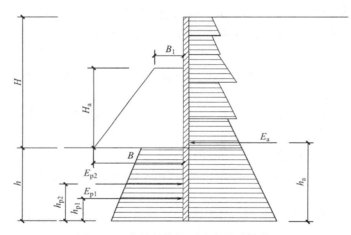

图 6.13 支挡结构倾覆稳定性计算模型

$$\frac{E_{p1}h_{p1} + E_{p2}h_{p2}}{E_a h_a} \geq K_t \tag{6.78a}$$

$$E_{p2} = \gamma H_a B_m K_p \tag{6.78b}$$

式中：$E_{p1}$——基底以下被动土压力标准值合力（kN/m）；

$\qquad h_{p1}$——合力 $E_{p1}$ 作用点至桩底的距离（m）；

$\qquad E_{p2}$——基底以上预留土产生的被动土压力标准值合力（kN/m）；

$\qquad h_{p2}$——合力 $E_{p2}$ 作用点至桩底的距离（m），当预留土等效宽度 $B_m$ 大于围护结构嵌固深度 $h$ 时应取 $h/2$；当 $B_m$ 小于 $h$ 时取 $h-B_m/2$；

$\qquad E_a$——主动土压力标准值合力（kN/m）；

$\qquad h_a$——合力 $E_a$ 作用点至桩底的距离（m）；

$K_t$——倾覆稳定性安全系数，不应小于 1.30；

$\gamma$——围护结构嵌固段内土体重度加权平均值（$kN/m^3$）；

$B_m$——预留土体等效宽度，为（$B+B_1$）/2；

$H_a$——预留土体高度；

$K_p$——坑底以下土体的被动土压力系数。

### 6.2.3.3 预留土体作用下支护结构整体稳定性

排桩预留土墩基坑支护体系还需要满足整体稳定性的要求。如图 6.11 所示，排桩预留土墩支护体系的整体稳定性分析仍采用《建筑基坑支护技术规程》JGJ 120—2012 中推荐的圆弧滑动条分法，如图 6.14 所示，对预留土区域滑动土条高度增加、整体稳定性抗滑作用具有一定贡献。

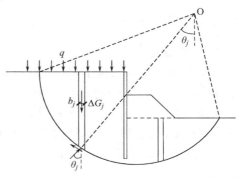

图 6.14 排桩预留土墩支护体系整体稳定性

### 6.2.3.4 预留土体作用下支护结构变形技术

预留土体支护变形计算可采用等效开挖深度法（图 6.15），按现行行业标准《建筑基坑支护技术规程》JGJ 120 的规定进行。等效开挖深度是基于一定高度和宽度的有限土体可形成与半无限体相同的土反力的假定，等效基坑深度应按下式计算：

$$H' = H - \frac{B\tan\beta\tan(45° - \varphi/2)}{\tan\beta + \tan(45° - \varphi/2)} \qquad (6.79)$$

式中：$H'$——等效基坑深度（m）；

$H$——基坑实际开挖深度（m）；

$B$——预留土体底宽（m）；

$\beta$——预留土体坡面与水平面的夹角（°）；

$\varphi$——预留土体内摩擦角（°）。

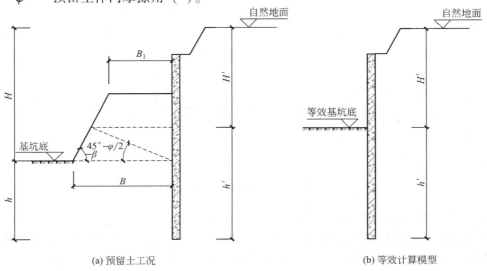

图 6.15 预留土工况基坑支护断面模型

# 6.3 工程应用

## 6.3.1 工程实例一

1. 工程概况

郑州凯旋广场项目位于郑州市花园路与农科路交叉口西北角,总占地 34175m²,总建筑面积约 27 万 m²,该项目包括 2 栋 32 层超高层建筑(高度 141.3m)、多栋商业裙房以及 3 层整体地库(图 6.16)。项目总投资约 30 亿元。本项目基坑开挖深度 19.4m,局部 23m,基坑东西宽约 150m,南北长约 210m。

基坑东侧为既有轨道交通区间隧道,埋深约 10m,隧道结构距离支护桩外侧最近处约 1.8m。

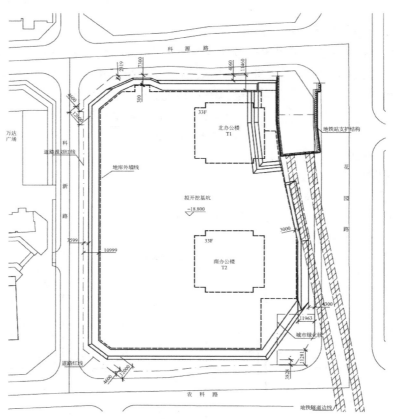

图 6.16  周边环境平面图

2. 工程地质条件和水文地质条件

基坑侧壁上部 13m 左右主要由 Q4 地层的粉质黏土、粉土层构成,13~16m 处有较厚的淤泥层;16~30m 主要为粉砂、细砂层;30m 以下为 Q3 地层的粉土、粉质黏土。具体地层详见本书第 2.4.2.1 节。

### 3. 支护方案

基坑东侧紧邻区间隧道，变形要求较高，经与轨道交通管理部门协调，隧道上方允许进行锚杆作业，设计采用锚杆与短支撑联合支护形式。排桩间距1.5m，锚杆水平间距1.5m，内支撑水平间距3m。排桩短支撑支护剖面如图6.17所示，预留土剖面如图6.18所示。

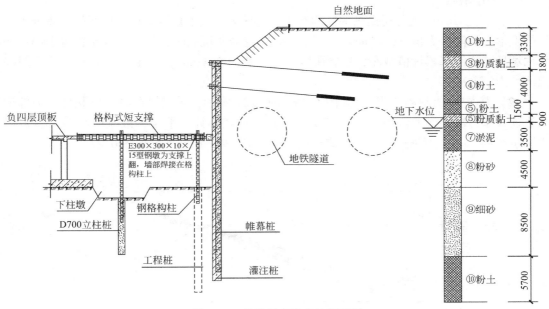

图 6.17 排桩短支撑支护剖面图

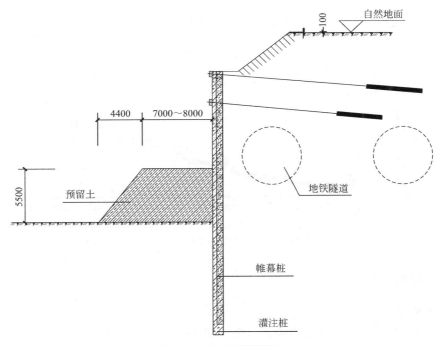

图 6.18 盆式开挖预留土

内支撑端部设置活络端，内置 50t 薄型千斤顶，千斤顶底座直径不大于 140mm，行程不小于 50mm，本体高度不大于 125mm。支撑安装完成后应施加预应力，预应力施加应按照相关规范分级进行，压力值稳定在 500kN 后，在活络端槽钢间隙中塞入垫块并锁定。施加预应力过程中，对上部锚杆应力进行监测，当小于设计锁定值时，及时进行补张拉。

4. 应用情况

（1）根据郑州轨道公司提供的监测数据，地铁区间隧道在本工程开挖期间整体表现为沉降变形，沉降最大值（3.3mm）出现于基坑开挖至基坑底时，位于东侧支护边中部；基坑回填后隧道沉降累计值减小，1 个月累计沉降值为 2.21mm，满足轨道交通管理部门提出的变形控制要求。

（2）基坑支护结构监测数据如图 6.19～图 6.21 所示，采用锚杆与支撑联合支护部位周边地表累计沉降最大值约 8mm，基坑顶部水平位移累计水平位移最大值约 6mm，冠梁水平位移约 2mm，变形值较小。盆式开挖-排桩短支撑—锚杆支护见图 6.22。

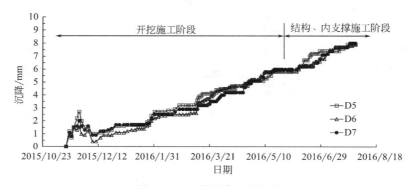

图 6.19　地表沉降监测曲线

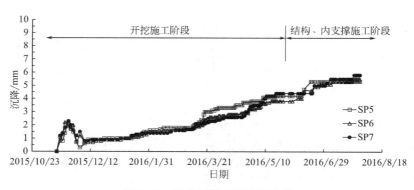

图 6.20　基坑顶部水平位移曲线

## 6.3.2　工程实例二

1. 工程概况

郑州市硅谷广场由 2 栋高层办公楼、多层裙房以及整体 3 层地下车库组成，基坑设计开挖深度 16.6～18.0m。周边环境条件较复杂，场地周边紧邻多栋多层民房，其中场地北

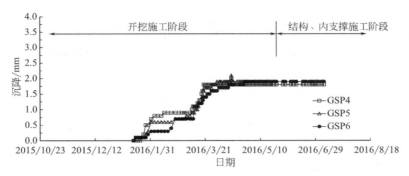

图 6.21　冠梁水平位移曲线

图 6.22　盆式开挖-排桩短支撑-锚杆支护

侧西段距离 7 层建筑仅 7.3m 左右；场地南侧距离多栋 1~7 层建筑仅 5.6m 左右。基坑周边环境如图 6.23 所示。

2. 工程地质条件和水文地质条件

该场地地貌单元属黄河冲积平原，地貌单一，地形平坦。

根据野外钻探揭示及原位测试等结果，场地勘探深度 80m 范围内，除浅部杂填土外，主要为第四纪全新世、晚更新世沉积的地层。现将勘察深度内的土层按其不同的成因、时代及物理力学性质差异分为 15 个工程地质单元层，各层土的岩性特征及埋藏条件分述如下：

① 层杂填土，黄褐色、杂色，稍湿，密实度不均匀。局部以粉土填充，含较多的混凝土块、碎砖块等建筑垃圾。层厚 0.4~3.2m，层底埋深 0.4~3.2m。

② 层粉土夹粉质黏土，黄褐色，稍湿，稍密—中密，无光泽，干强度低，韧性低，有砂感，偶见浅灰色斑点。局部夹粉质黏土，黄褐色，切面光滑，软塑—可塑，干强度中等。层厚 2.5~6.0m，层底埋深 4.5~7.0m。

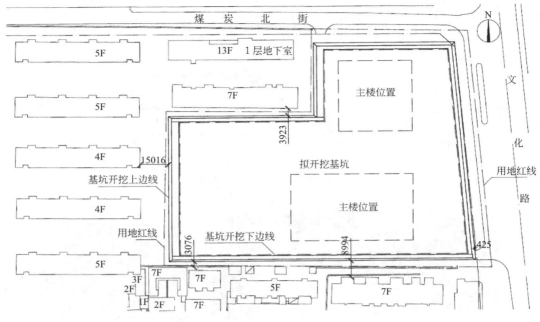

图 6.23　基坑周边环境示意图

③ 层粉土，黄褐色，湿，中密，干强度低，韧性低，见黄色锈斑，局部有砂感，含少量小粒径钙质结核。层厚 0.9~2.8m，层底埋深 6.5~8.6m。

④ 层粉质黏土夹粉土，青灰色，切面光滑，软塑—可塑，干强度中等，土质均匀。层厚 2.1~4.5m，层底埋深 10.0~12.1m。

⑤ 层粉土，青灰色、灰褐色，湿，中密—密实，干强度低，韧性低，局部含小粒径钙质结核。层厚 0.8~3.2m，层底埋深 12.0~14.5m。

⑥ 层粉土夹粉质黏土，青灰色、黑灰色，湿，密实，干强度低，韧性低，见大量贝类碎片，偶见红褐色条染，局部略有砂感。层厚 0.9~3.7m，层底埋深 13.2~17.0m。

⑦ 层粉土，灰褐色，湿，密实，干强度低，韧性低，局部砂感强。层厚 0.5~3.9m，层底埋深 16.0~18.7m。

⑧ 层粉质黏土夹粉土，灰褐色，切面光滑，含少量小粒径钙质结核。层厚 0.5~2.5m，层底埋深 18.0~19.5m。

⑨ 层粉土，灰褐色、黄褐色，湿，密实，干强度低，韧性低，局部砂感强。层厚 0.5~2.3m，层底埋深 19.0~21.0m。

⑩ 层细砂，灰褐色，饱和，密实。主要成分为石英、长石、少量云母碎片。层厚 8.0~11.5m，层底埋深 29.2~31.5m。

基坑施工过程中⑩层以下土层对基坑稳定性影响较小，故不再列出。

场地地下水属第四系松散岩类孔隙潜水，水位埋深在自然地面下 3.2~4.5m，近 3~5 年最高水位埋深在自然地面下 2.0m 左右。受周边其他项目降水影响，经业主探查，基坑开挖期间水位在自然地面下约 8m。地下水的补给主要为大气降水。

根据本场地室内土工试验结果并结合本场地周边已有试验成果资料，对地基土的快剪和三轴（UU）剪切试验结果进行统计，结果分别列于表6.1、表6.2。根据原位测试及土工试验结果，结合地区建筑经验，综合确定地基土承载力特征值及压缩模量，结果见表6.3。

快剪试验成果平均值　　　　　　　　　表6.1

| 层号 | ② | ③ | ④ | ⑤ | ⑥ | ⑦ | ⑧ | ⑨ | ⑩ |
|---|---|---|---|---|---|---|---|---|---|
| 黏聚力 $c$/kPa | 14.5 | 15.5 | 16.5 | 15.2 | 15.1 | 14.4 | 25.6 | 19.9 | 0 * |
| 内摩擦角 $\varphi$/° | 20.8 | 24.1 | 5.5 | 26.4 | 23.8 | 26.4 | 9.6 | 26.5 | 30 * |

注：带 * 者为经验值。

三轴（UU）剪切试验成果建议值　　　　　　表6.2

| 层号 | ② | ③ | ④ | ⑤ | ⑥ | ⑦ | ⑧ |
|---|---|---|---|---|---|---|---|
| 黏聚力 $c_{UU}$/kPa | 11.8 | 12.9 | 13.5 | 11.1 | 11.5 | 11.8 | 21.5 |
| 内摩擦角 $\varphi_{UU}$/° | 17.9 | 22.5 | 4.4 | 23.7 | 19.6 | 22.5 | 5.7 |

地基土承载力特征值及压缩模量　　　　　　表6.3

| 层号 | ② | ③ | ④ | ⑤ | ⑥ | ⑦ | ⑧ | ⑨ | ⑩ |
|---|---|---|---|---|---|---|---|---|---|
| $f_{ak}$/kPa 建议值 | 100 | 150 | 130 | 150 | 120 | 170 | 120 | 180 | 250 |
| 压缩模量 $E_{s0.1-0.2}$/MPa | 5.2 | 9.5 | 5.3 | 10.0 | 5.0 | 12.5 | 4.5 | 13.5 | 22.0 |
| 压缩性评价 | 中 | 中 | 中 | 中 | 中 | 中 | 高 | 中 | 低 |

### 3. 支护方案

根据场地环境条件和土质情况，基坑南侧以及北侧西段区域采用盆式开挖-排桩短支撑-锚杆支护方案，首先施工排桩及上部锚杆，然后开挖基坑中部并施工主体结构，边跨预留土墩支护，待主体结构施工到一定标高后，在主体结构梁板和支护排桩间设置型钢短支撑并挖除前期预留土墩。

基坑南侧东段深度16.6m，排桩桩径1.2m，间距1.5m，桩外侧设置三轴搅拌桩墙截水帷幕，预留土高度8.1m，顶宽6m，底宽7.8m。预留土墩坡面采用土钉墙支护，基坑支护典型剖面如图6.24所示，预留土墩支护剖面如图6.25所示。

### 4. 应用情况

本工程基坑工程于2013年7月开工，2014年年底主体结构出地坪，基坑完成其使用功能。支护结构实景如图6.26所示。在此期间，深层水平位移监测结果如图6.27所示，由图可见，支护桩的最大水平位移在30~40mm之间。

## 6.3.3　工程实例三

### 1. 工程概况

瑞园·三号楼及地下车库位于郑州市花园路与纬一路交叉口报业大厦西侧。建筑物由一栋主楼及相邻纯地下车库组成。主楼部分地上32层，地下3层，剪力墙结构，钻孔灌注桩-筏板基础；地库部分为地下4层，钻孔灌注桩（抗拔桩）-筏板基础。本基坑开挖深

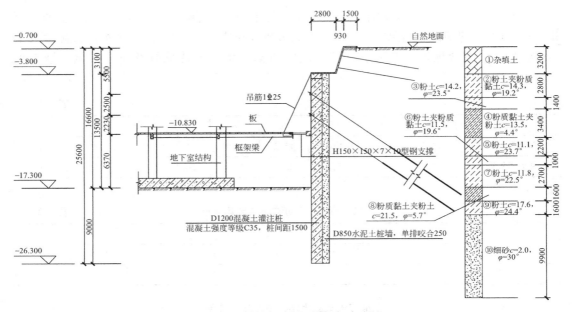

图 6.24　排桩短支撑–锚杆复合支护

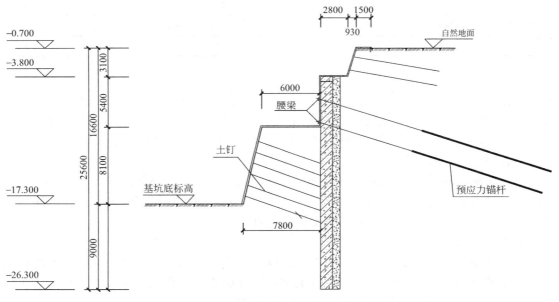

图 6.25　盆式开挖预留土墩

度 12.90~13.4m，面积约 7775m²，周长约 390m。基坑周边环境平面示意图如图 6.28 所示。

　　本基坑设计为二次深化修改设计，原设计方案设计采用桩锚支护，由于车库部位基坑南北两侧距离既有建筑物较近，原设计采用了 45°的大角度斜锚。截至本设计前，本工程西侧主楼已按原支护设计方案开挖至基底，车库部分已按原设计方案完成了支护桩及抗拔桩的施工。因周边建筑业主要求，经业主单位组织相关专家重新对车库部位南北两侧支护

图 6.26　盆式开挖短支撑支护施工现场照片

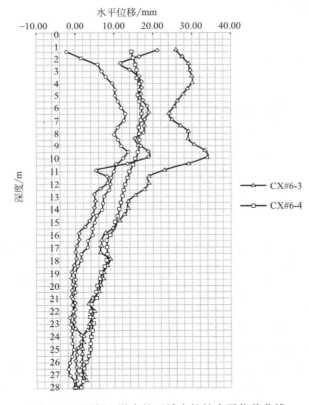

图 6.27　预留土墩支护区域支护桩水平位移曲线

结构安全性及可行性进行评定，确定本工程不具备锚杆施工条件，需要对该部位重新设计。本基坑工程的特点如下：

（1）周边环境条件复杂。基坑南侧 9.4m 处为 1 栋 26 层住宅楼，2 层地下室，高压旋喷桩复合地基，基础埋深约 10.15m；基坑北侧 12.7m 处为一栋 7 层信访办公大楼，无地下室，水泥搅拌桩复合地基，基础埋深 1.70~4.85m。两栋建筑距离基坑均较近，对基坑

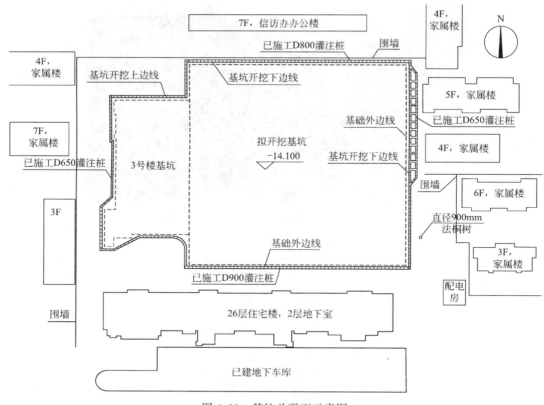

图 6.28 基坑总平面示意图

开挖过程中的变形控制要求较高。基坑南北两侧建筑均为复合地基，该部位基坑不具备施工锚杆的条件。

（2）土质条件差。基坑开挖深度范围内有一层灰黑色可塑状粉质黏土，该层土含有少量有机质，并有人类活动遗迹，工程性质极差。

（3）支护方法新。本工程支护采用与主体结构相结合的盆式开挖短支撑支护。支护结构与结构梁板相结合，支撑立柱与结构柱相结合。

（4）二次设计难度较高。本设计是在支护桩施工完成后开始，必须保证已施工支护桩受力性能满足修改后支护结构各项内力指标。

（5）立柱桩采用短、粗型桩并与工程桩结合：车库抗拔桩在设计前已完成施工，支撑立柱桩桩位与已施工抗拔桩冲突，故设计时充分考虑基底粉砂层的高侧阻、端阻力，立柱桩采用直径 1.5m 素混凝土人工挖孔桩，桩长 3m，破除抗拔桩桩头后将抗拔桩主筋与立柱桩锚固。

2. 工程地质条件

场地地貌单元属黄河冲积平原，场地地势较平坦。基坑支护影响范围内地层结构自上而下分述如下：

① 层杂填土，灰黄色，以粉土为主，含有混凝土碎块、砖块及灰渣、塑料等建筑及

生活垃圾，局部为文物勘探挖掘后的回填土，地面上存在建筑工地临建房及原院落内大树。层厚 1.2～5.3m。

② 层新近堆积粉土，黄褐色，稍湿，稍密—中密，无光泽，摇振反应迅速，干强度低，韧性低，含铁质氧化物，夹有粉质黏土团块，含少量植物根系。层厚 1.1～1.8m。

③ 层粉质黏土，灰黑色，可塑，稍有光泽，摇振反应无，干强度中等，韧性中等，含铁质氧化物及陶器碎片，含少量植物根系，有人类活动遗迹，局部夹薄层粉土透镜体。层厚 2.1～5.6m。

④ 层粉土，浅黄色，稍湿—湿，密实，无光泽，摇振反应迅速，干强度低，韧性低，土质不均匀，局部夹有褐黄色砂薄层，含铁质氧化物。层厚 1.7～6.2m。

⑤ 层粉砂，褐黄色，湿—饱和，密实，级配良好，矿物成分为石英、长石、云母，含少量白色螺壳碎片。层厚 5.9～10.4m。

⑥ 层粉土，褐黄色，湿，密实，无光泽，摇振反应迅速，干强度低，韧性低，土质均一，稍具砂感。层厚 0.9～4.0m。

本场地地下水类型为潜水，近期水位埋深在自然地面下 13.2～13.4m，标高 82.07～82.4m，年水位变化幅度约 2.0m。受附近施工场地降水的影响，近 1～2 年场地附近地下水埋深变化较大，近 3～5 年本场地最高水位在自然地面下 5.0m 左右，标高约为 90.0m。

场地地下水类型为潜水，勘察期间水位埋深在自然地面下 13.2～13.4m，年水位变化幅度约 2.0m。场地土层参数见表 6.4。

场地土层主要力学参数 表 6.4

| 层序 | 土名 | 重度 $\gamma$ /(kN/m³) | 承载力特征值 /kPa | 固结快剪峰值 | | 压缩模量 $E_{s0.1-0.2}$ /MPa |
|---|---|---|---|---|---|---|
| | | | | $c$/kPa | $\varphi$/° | |
| ① | 杂填土 | 18.5 | — | — | — | — |
| ② | 粉土 | 18.4 | 120 | 13.0 | 21.0 | 7.1 |
| ③ | 粉质黏土 | 18.4 | 120 | 19.0 | 15.0 | 4.6 |
| ④ | 粉土 | 19.3 | 160 | 14.0 | 24.0 | 11.4 |
| ⑤ | 粉砂 | 19.0 | 220 | 2.0 | 30.0 | 20 |
| ⑥ | 粉土 | 20.4 | 240 | 14.0 | 25.0 | 16.5 |
| ⑦ | 粉砂 | 19.0 | 250 | 2.0 | 31.0 | 22 |
| ⑧ | 粉质黏土 | 19.0 | 280 | 20.0 | 16.0 | 11.3 |

3. 支护形式

本基坑工程北侧东段及南侧东段地下车库位置处设计采用排桩内支撑支护，如图 6.29、图 6.30 所示。基坑东部三号楼位置处及基坑东侧支护形式按照河南省建筑设计院《郑州市纬一路一号院瑞园三号楼及地下车库基坑工程施工图》中相关设计进行施工。支护剖面与预留土剖面如图 6.31、图 6.32 所示。

4. 基坑监测结果

监测点平面布置图见图 6.33。

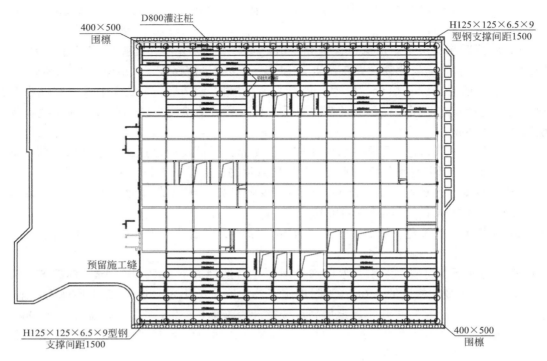

图 6.29 −4.600m 支撑平面布置图

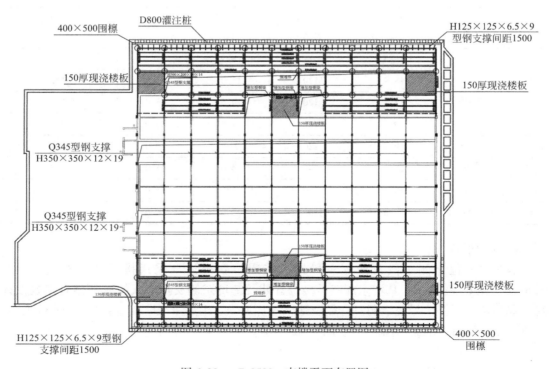

图 6.30 −7.8500m 支撑平面布置图

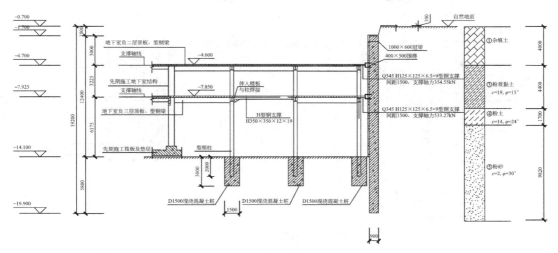

图 6.31　支护剖面图

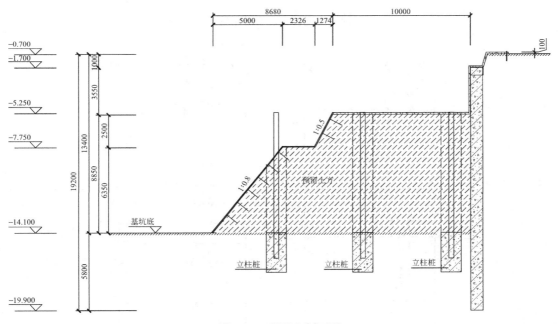

图 6.32　预留土剖面图

基坑自 2013 年 1 月开始施工，2015 年 12 月基坑回填。截至 2015 年 2 月支护结构最大水平位移为 17.88mm。坡顶地面最大沉降 8.8mm，周边建筑最大沉降 9.8mm，均小于国家规范及行业规范对一级基坑变形控制限值的要求。深层水平位移监测结果见图 6.34。

基坑顶部竖向位移见图 6.35。

施工现场照片见图 6.36~图 6.38。

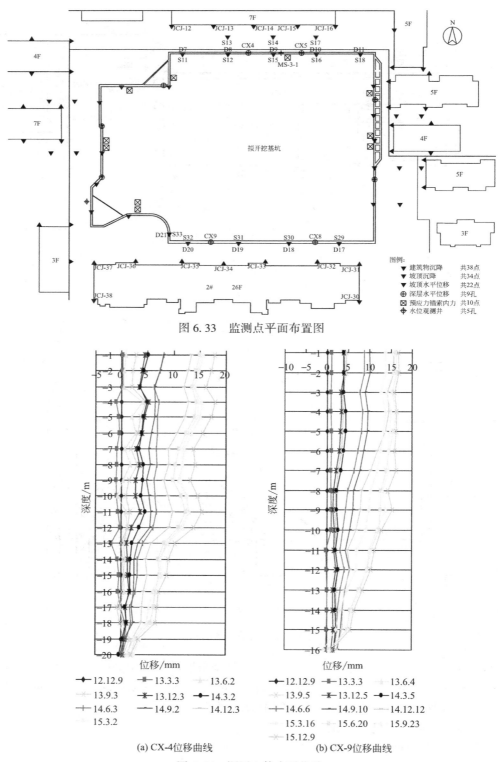

图 6.33 监测点平面布置图

(a) CX-4位移曲线       (b) CX-9位移曲线

图 6.34 深层土体水平位移

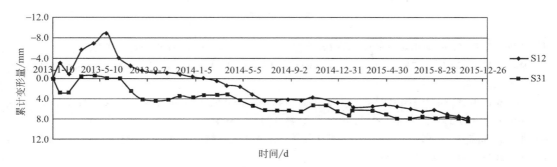

图 6.35 基坑顶部竖向位移曲线图

图 6.36 钢支撑照片

图 6.37 H 形钢立柱

**5. 项目评价**

（1）瑞园·三号楼及地下车库基坑工程从开始施工至回填期间，支护结构安全可靠，未出现危险状况。相对于同类工程，本基坑支护设计节约了工程成本，创造了良好的经济效益和社会效益。

（2）本工程支护采用与主体结构相结合的盆式开挖短支撑支护，相比传统全支撑体系可大大节省材料及工期，为该类似环境条件下基坑工程的设计、施工提供参考。

图 6.38 预留土工况照片

（3）采用主体结构作为支撑传力构件，充分发挥结构梁板的水平刚度。主体结构空洞部位设置临时 H 型钢或现浇板传力，传力途径明确，结构安全可靠。

（4）通过现场实测，各项目变形数据均小于设计预估值，说明设计采用的支护体系应用于该项目地质条件尚有安全冗余。

# 参考文献

［1］ CHEN W F. Limit analysis and soil plasticity ［M］. Amsterdam：Elsevier Science，1975.

［2］ MICHALOWSKI R L. Three-dimensional analysis of locally loaded slopes ［J］. Geotechnique，1989，39（1）：27-38.

［3］ DRESCHER A and DETOURNAY E. Limit load in translational failure mechanisms for associative and nonassociative materials ［J］. Geotechnique，1993，43（3）：443-456.

［4］ 张浩，郭院成，石名磊，等. 坑内预留土作用下多支点支护结构的变形内力计算 ［J］. 岩土工程学报，2018，40（1）：162-168.

［5］ VIGGIANI C. Ultimate lateral load on piles used to stabilize landslides ［C］//Proceedings of the 10th International Conference on Soil Mechanics and Foundation Engineering. Stockholm，Sweden，1981：555-560.

［6］ 李顺群，郑刚，王英红. 反压土对悬臂式支护结构嵌固深度的影响研究 ［J］. 岩土力学，2011，32（11）：3427-3431.

［7］ 颜敏，方晓敏. 支护结构前反压土计算方法回顾及一种新的简化分析方法 ［J］. 岩土力学，2014，35（1）：167-174.

# 第7章 喷射混凝土面板-全粘结锚杆支护技术

## 7.1 技术特征与工作机制

### 7.1.1 技术简介

预应力锚杆柔性支护体系由众多小吨位预应力锚杆（索）、面层、锚下承载结构和排水系统组成，如图 7.1 所示。其中预应力锚杆（索）作为承载体系，面层与锚下承载结构等构件组成构造体系，排水系统作为辅助体系，由承载体系、构造体系与辅助体系共同组成预应力锚杆柔性支护体系[1-3]。

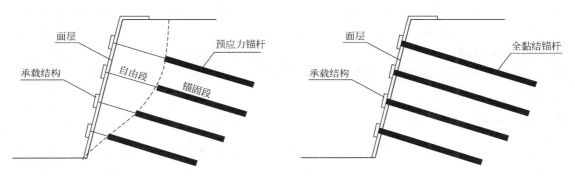

图 7.1 锚杆柔性支护形式

预应力锚杆分为自由段和锚固段，其中锚固段设置于潜在滑移面以外的稳定土体中。面层是预应力锚杆柔性支护体系中必不可少的组成部分，常常采用挂钢筋网喷射混凝土，或将木板与喷射混凝土结合共同作用。面层的主要作用在于承受土体压力及水压力，并将其传递至锚下承载结构进而传递到预应力锚杆上；同时围护承载体系间土体的稳定，使其不至于塌落。由于面层厚度较薄，相对于传统的桩锚支护、地下连续墙等结构而言，其刚度要小得多，柔性大，这就是称之为预应力锚杆柔性支护体系的缘由。

锚下承载结构简称锚下结构，是预应力锚杆柔性支护法的重要组成部分。在锚杆上施加的预应力通过锚下承载结构传递至需要锚固的岩土体上。锚下结构通常由型钢（工字钢、槽钢）、垫板、锚具组成。型钢可竖直分段放置，也可水平多跨连续放置或通长连续放置。

排水系统：通常设置地面排水沟将地表水排走，防止地表水渗透到土体中；在地下水以下的坑壁上设泄水孔，以便将喷射混凝土面层背后的水排走；在基坑底部应设排水沟和集水坑，必要时采用井点降水法降低地下水水位。

## 7.1.2 技术特点

该支护技术通过对锚杆施加预应力,在基坑主动变形区产生压应力区,不仅大大改善了基坑的受力状态,还可以有效控制基坑的侧壁位移[4-5]。与常规水泥土桩复合土钉、素混凝土排桩复合土钉等刚性支护相比,锚杆柔性支护技术具有以下优点:

(1) 造价低。预应力锚杆柔性支护使用的材料(包括混凝土和钢材)非常少,工程经验表明,预应力锚杆柔性支护的工程造价仅约为桩锚支护的1/3。

(2) 工期快。传统的桩锚支护或地下连续墙支护一方面需要在基坑开挖前进行支护桩和地下连续墙的施工,另一方面还需要等待桩身混凝土和地下连续墙混凝土强度达到一定设计要求后才能进行基坑开挖作业。而预应力锚杆柔性支护法为边开挖基坑边支护,使土石方开挖和基坑支护同步进行,因而大大缩短工期。

(3) 施工简便。预应力锚杆柔性支护法所需要的设备主要为钻孔机、喷射机、注浆机以及电焊机等,这些均为小型施工设备,操作简便,施工简单而且灵活性较强,对基坑周边环境干扰较小。

(4) 安全性好。预应力锚杆柔性支护法对每一根锚杆都施加预应力,在各个工况下对锚杆的张拉过程实际上也是对锚杆施工质量及锚杆抗拔力的检验过程,期间如发现锚杆存在质量问题可以及时采取补救措施,从而有效避免潜在的隐患。在使用期间,由于锚杆数量众多,单根锚杆承受的荷载相对较小,个别锚杆失效对基坑的整体影响很小。另外,锚杆预应力产生的压应力场能有效改善基坑侧壁的受力状态,对控制基坑坑壁的变形起到积极作用。

## 7.1.3 作用机理

预应力锚杆柔性支护结构是利用土体具有一定的整体性和自立高度,基坑采用边开挖边支护的施工方法,从施工程序上是先开挖、后支护,开挖时基坑土体处于临空状态,没有任何支护,开挖荷载向上部及下部土体传递。由于这种特别的施工方式,预应力锚杆柔性支护不需要嵌固深度,每一步开挖土体都有较大程度的应力释放,因此基坑变形较大且呈现基坑顶部水平位移最大、沿深度方向水平位移逐渐减小、底部水平位移接近零。阻挡基坑边坡下滑的抗滑力主要来源于锚杆。该种支护方法适用于土层属性较好的基坑支护,特别适用于在大粒径卵石层或碎石土中,利用基底卵石层承载力高、抗剪强度高、注浆锚杆侧阻力高的特点,充分发挥锚杆对卵石的锚固与约束作用,形成加筋土墙的工作机理。当基坑土质较差不能形成一定自立面或有软弱结构不连续面的岩石或风化岩时,该方法不适用。

## 7.1.4 参数变化的影响

1. 支护模型的建立

为了研究基坑稳定的最不利情况,得到支护的最大变形,由于所假定的深基坑范围较大,整个基坑在环线方向的变形很小,可以忽略不计,因此选择远离基坑角部的一个剖面进行力学分析,采用平面应变模型假设。这样,在垂直于计算平面方向取单位厚度进行分析，锚杆的输入刚度为其实际刚度除以水平间距。本章土体采用四边形等参单元，锚杆自由段采用杆单元，锚杆锚固段和面层采用梁单元。

2. 算例概况

均质土体，基坑开挖深度为15m，分8步开挖，布置7排锚杆，每步开挖2m，最后一步开挖1m。预应力锚杆钻孔直径为15cm，钢筋为$2\phi28$，倾角10°，钢筋模量取$2.0 \times 10^8$kPa，水泥砂浆模量为$2.0 \times 10^7$kPa。其中预应力锚杆自由段长度按圆弧滑移面选取，锚固段长度按承载力取值，初始预应力值为150kN。面层采用钢筋网混凝土，弹性模量取$2.0 \times 10^7$kPa，面层的厚度取15cm。土层参数、锚杆参数如表7.1和表7.2所示[6]。

土层参数 表7.1

| 重度/($kN/m^3$) | $c$/kPa | $\varphi$/° | $K_0$ | $R_f$ | $n$ | $K$ | $K_{ur}$ | $K_b$ | $m$ |
|---|---|---|---|---|---|---|---|---|---|
| 19 | 30 | 26 | 0.577 | 0.7 | 0.6 | 600 | 1200 | 370 | 0.4 |

预应力锚杆长度 （间距2.0m×1.6m） 表7.2

| 锚杆排号 | 1 | 2 | 3 | 4 | 5 | 6 | 7 |
|---|---|---|---|---|---|---|---|
| 自由段/m | 8 | 7 | 6 | 5 | 4 | 3 | 2 |
| 锚固段/m | 10 | 10 | 10 | 10 | 10 | 10 | 10 |
| 长度/m | 18 | 17 | 16 | 15 | 14 | 13 | 12 |

3. 锚杆长度的影响

在基本算例的基础上，其他参数不变，只改变锚杆长度，分别取为10m、15m、20m、25m、30m和35m计算。由于锚杆自由段按圆弧滑移面选取，锚杆长度的变化主要针对锚固段而言。基坑的最大水平位移和最大地表沉降随锚杆长度的变化曲线如图7.2、图7.3所示。

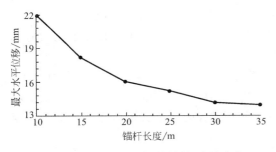

图7.2 最大水平位移随锚杆长度的变化

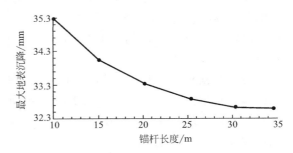

图7.3 最大地表沉降随锚杆长度的变化

由图7.2和图7.3可知：

（1）基坑的最大水平位移随锚杆长度的增加而减小，锚杆较短时减小得较快，锚杆较长时减小得较慢，锚杆再增长时变化较小，趋于稳定；

（2）基坑的最大地表沉降随锚杆长度的增加而减小，锚杆较短时减小得较快，锚杆较长时减小得较慢，锚杆再增长时变化较小，趋于稳定。

从基坑的受力状态分析，基坑开挖后，使边坡附近由静止状态向主动状态过渡，形成主动区和被动区，位移的产生主要源于主动区，锚杆长度增加使边坡的主动区保持稳定，并限制其产生过大的位移，但锚杆长度过长后位移减小得不明显。因此，为控制基坑变形，应适当增加锚杆的长度，但基坑的变形与锚杆长度并不是线性关系，锚杆长度过长，控制变形的效果不明显，造成浪费。

4. 锚杆布置间距的影响

在基本算例的基础上，其他参数不变，只改变锚杆布置的间距，分别取6种不同间距1.6m×1.6m、1.8m×1.8m、2.0m×2.0m、2.4m×2.4m、2.7m×2.7m和3.0m×3.0m进行计算，基坑的最大水平位移和锚杆的最大轴力随锚杆间距的变化曲线如图7.4、图7.5所示。

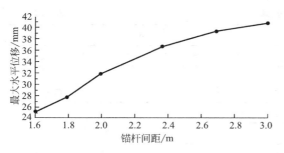

图7.4 最大水平位移随锚杆间距的变化    图7.5 最大轴力随锚杆间距的变化

由图7.4和7.5可知：

（1）基坑的最大水平位移随锚杆间距的增加而增加，锚杆间距较小时增加较快，锚杆间距较大时增加较缓慢；

（2）锚杆的最大轴力随锚杆间距的增加而增加，而当锚杆间距过大时，最大轴力变化得较缓慢，并趋于稳定。

从锚杆与土体的共同作用分析，锚杆间距较小时，锚杆布置的密度较大，锚杆承受较多的开挖荷载，对土体的约束作用明显，因此基坑水平位移较小。锚杆间距较大时，锚杆的密度较小，锚杆对土体的约束作用减弱，此时基坑水平位移较大，土体自身承受的荷载较多，稳定性降低。

锚杆布置间距较小时，开挖荷载由众多的锚杆共同承担，所以单个锚杆的受力较小。锚杆布置间距较大时，由于锚杆的作用影响范围有限，锚杆分担到的荷载也不会呈正比增加，而土体承担荷载的比例在增加。因此，当水平间距过大时，最大轴力随锚杆间距的变化较缓慢，并趋于稳定。

从上述分析可知，锚杆布置较密时，所需钢筋用量多、不经济；布置较疏时，对锚杆承载力的要求提高，同样增加费用。在满足基坑变形的要求下，综合考虑两方面因素，确定锚杆最佳间距布置的范围。

（3）锚杆支护倾角的影响

在基本算例的基础上，其他参数不变，只改变锚杆的支护倾角。针对直立开挖边坡而言，对倾角分别为0°、5°、10°、15°和20°共5种工况进行计算，基坑的最大水平位移和锚杆的最大轴力随锚杆支护倾角的变化曲线如图7.6、图7.7所示。

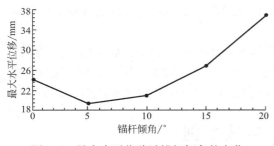

图 7.6 最大水平位移随锚杆倾角的变化

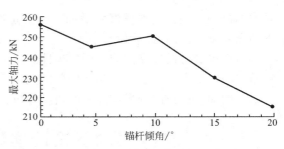

图 7.7 最大轴力随锚杆倾角的变化

计算结果表明：当锚杆的倾角为 0°时，坑壁顶部的水平位移较大；当锚杆的倾角变化至 5°和 10°时，坑壁顶部的水平位移变小；当锚杆的倾角超过 10°后，坑壁顶部的水平位移随倾角逐渐增大，增加的幅度较大。当锚杆的倾角为 0°时，锚杆的轴力最大；倾角为 5°时最大轴力变小；在 10°时有个突变；而 10°以后，最大轴力随倾角逐渐减小，减小的幅度较大。

因此，从变形控制和基坑稳定的角度出发，认为对于直立开挖锚杆支护，锚杆的最佳支护角度为 5°和 10°之间，此范围内锚杆对土体的约束锚固作用得到充分发挥，锚杆支护的基坑变形较小。

（4）面层厚度的影响

预应力锚杆柔性支护的面层是柔性的，承受的荷载较小，面层一般采用挂网喷射混凝土。下面考虑面层厚度的变化对支护体系变形的影响，在基本工况的基础上，其他参数不变，只改变面层厚度，分别为 100mm、120mm、150mm、180mm、200mm、220mm 和 250mm。通过计算，基坑的最大水平位移和锚杆的最大轴力与面层厚度的变化曲线如图 7.8、图 7.9 所示。

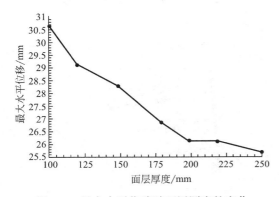

图 7.8 最大水平位移随面层厚度的变化

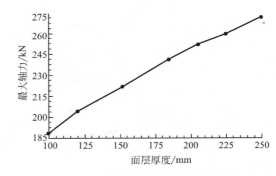

图 7.9 最大轴力随面层厚度的变化

由图 7.8 和图 7.9 可知：

（1）基坑的最大水平位移随面层厚度的增加而减小，厚度小时减小得较快，厚度大时减小得较慢，厚度超过 200mm 后变化的较小，趋于稳定；

（2）基坑的最大轴力随面层厚度的增加而增加，厚度较小时增加得快一些，厚度较大时增加得慢一些，基本呈直线增加，厚度超过 200mm 后，轴力的增加趋势变缓，强度得不到充分发挥，易造成浪费。

由于预应力锚杆支护的面层是柔性的，在弹性模量不变的情况下，面层的厚度增加导致面层刚度增大，抵抗基坑侧向变形的能力增强，所以基坑最大水平位移变小，锚杆的最大轴力增加。从控制变形和经济的角度分析，面层的厚度取在 150~200mm 之间较适合。

# 7.2　设计理论与技术创新

## 7.2.1　设计计算

### 1. 破坏模式分析[2]

基坑破坏模式在一定程度上揭示了基坑破坏形态和破坏机理，因此可以说是稳定分析的基础。稳定分析对破坏模式的合理选择具有依赖性。如图 7.10 所示，基坑的破坏模式主要有以下 4 种：其中圆弧破坏模式常发生在土质基坑和有破碎结构或散体结构的风化岩基坑中；折线破坏模式发生在土质基坑中，有不规则的折线滑动面，通常在该滑动面的下部为基岩或硬土层；平面破坏模式常发生在层状岩体或岩石为非层状岩体但存在软弱结构面的基坑中；而圆弧–平面复杂破坏模式常发生在上部为杂填土层或一般土层，下部为层状岩层的基坑中。

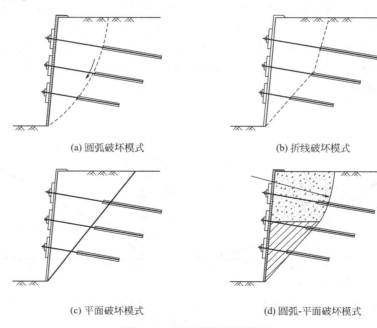

(a) 圆弧破坏模式　　　　　　　　　　(b) 折线破坏模式

(c) 平面破坏模式　　　　　　　　　(d) 圆弧-平面破坏模式

图 7.10　基坑失稳破坏模式

### 2. 稳定性分析

所谓稳定性分析是按照基坑的某一种破坏形态和破坏机理，根据岩土工程条件、荷载条件以及支护工况所进行的定量的受力平衡分析。将传统的用于边坡稳定分析的极限平衡法用于基坑稳定分析时，除考虑岩土体的力学指标外，尚应考虑锚杆预应力的作用。如图7.11所示，假定基坑的破坏模式为平面破坏，其机理是在自重及附加荷载作用下岩土体内产生的剪应力超过层状结构面的抗剪强度而导致不稳定岩土体作顺层滑动。

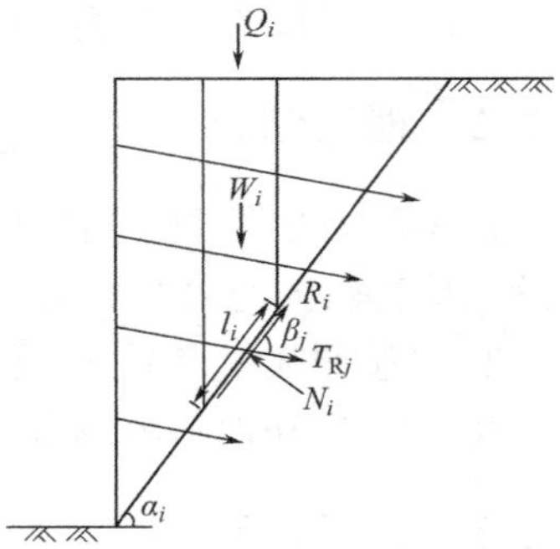

设有 $m$ 层锚杆，将滑动土体分为 $n$ 条，取单位宽度的条块 $i$ 进行受力分析，作用于条块 $i$ 上的力有土体自重 $W_i$、地面超载 $Q_i$、法向反力 $N_i$、切向力 $R_i$ 与锚杆的极限承载力 $T_{Rj}$。

图 7.11 土条受力分析

基坑的稳定安全系数 $k$ 定义为破坏面上的抗滑力 $S_f$ 与下滑力 $S$ 之比，根据法向力平衡和切向力平衡条件，可得：

$$k = \frac{S_f}{S} = \frac{\sum_{i=1}^{n} \left[ (W_i + Q_i)\cos\alpha_i\tan\varphi_i + c_i l_i \right] + \sum_{j=1}^{m} \left[ \frac{T_{Rj}}{S_H}(\sin\beta_j\tan\varphi_i + \cos\beta_j) \right] + \Delta T}{\sum_{i=1}^{n} \left[ (W_i + Q_i)\sin\alpha_i \right]} \quad (7.1)$$

式中，$\alpha_i$ 为破坏面与水平面的夹角；$\varphi_i$、$c_i$ 为土体的内摩擦角与黏聚力；$l_i$ 为土条 $i$ 的底边长；$S_H$ 为锚杆间的水平间距；$\beta_j$ 为第 $j$ 层锚杆与破坏面的夹角。

与土坡稳定分析的瑞典条分法相比，上式的分子中多了三项：

$$S'_f = \sum_{j=1}^{m} \left[ \frac{T_{Rj}}{S_H}(\sin\beta_j\tan\varphi_i + \cos\beta_j) \right] + \Delta_T \quad (7.2)$$

其中，前两项为锚杆极限承载力所产生的抗滑因素，第三项为锚杆预应力改善岩土体力学性能的影响效应。在设计时，无法量化其影响，仅作为安全储备考虑。

3. 锚杆承载力计算分析[2]

锚杆计算时一般不计其抗剪、抗弯作用，假定锚杆为受拉工作状态。锚杆的承载力取决于以下三种破坏：锚杆杆体强度破坏；锚固体从岩土中拔出破坏；锚下承载结构破坏。锚杆的极限承载力直接取以下三式中的较小者：

（1）杆体抗拉承载力

$$T_1 = \frac{\delta}{4} d^2 f_{yk} \quad (7.3)$$

（2）锚杆抗拔承载力

$$T_2 = \delta D l_a \tau_k \gamma \quad (7.4)$$

（3）锚下结构承载力

$$T_3 = \min(R_1, R_2, R_3) \quad (7.5)$$

式中，$d$、$f_{yk}$ 为锚杆杆体的直径和强度标准值；$D$、$l_a$ 为钻孔的直径和锚固段长度；$\tau_k$ 为锚固体与岩土体间摩擦力；$\gamma$ 为影响系数，通常取 1.2，主要考虑岩土体摩擦力的离散性大，在相同安全系数下比其他两项承载力的可靠程度差，因此适当增加一些安全储备；$R_1$ 为锚下冲剪强度，按《混凝土结构设计规范》GB 50010—2010 计算；$R_2$ 为锚具抗拉强度，根据螺杆直径计算其强度，对于锚索则有相对应的锚具；$R_3$ 为锚下承载体的承载力，由型钢的强度和稳定计算确定。

## 7.2.2 理论创新

1. 利用全粘结预应力锚杆产生的拉力与加筋作用，保持或强化大块土体的咬合作用，以达到保持较大的内摩擦角，从而保持较小的土压力的目的；

2. 可按照喷射混凝土锚杆支护结构进行相应的内力和变形计算；

3. 稳定性和地基承载力计算参照重力式挡墙进行。

## 7.2.3 技术创新

1. 全粘结支护锚杆施工方法

在粉质黏土等含水量较大的不利地质条件下，为了提高支护锚杆施工质量，立足于保证锚杆锚固直径，保证钻孔不出现塌孔和缩颈，同时又能确保施工效率，提出水泥浆护壁后插钢绞线构想。通过锚杆钻孔时采用水泥浆护壁、静压固结孔壁、不同水灰比泥浆置换、二次注浆等技术综合应用，保证支护锚杆与水泥砂浆之间的完全粘结。

施工步骤如下：

场地平整→锚杆制作→锚杆位置定位→钻机设备→挖泥浆池→钻机就位→钻机钻进→锚杆安装→孔口补浆及二次注浆→张拉。

有益效果如下：

（1）该全粘结支护锚杆施工方法在粉质黏土等不良地质下的支护锚杆施工中，能有效避免锚杆成孔过程中塌孔、缩颈现象的发生，保证锚孔的直径满足设计要求。

（2）该全粘结支护锚杆施工方法在施工过程中通过采用水泥浆护壁、静压固结孔壁、泥浆置换对成孔侧壁进行加强，保证孔壁强度满足支护锚杆施工的要求。

（3）该全粘结支护锚杆施工方法利用泥浆置换、二次注浆工艺，完全保证锚杆成孔内水泥浆的饱满度，使得支护锚杆全长与水泥砂浆充分粘结，保证锚杆体与土体充分接触，增强锚杆体与土体的粘结摩擦阻力，从而保证基坑支护的强度。

（4）该全粘结支护锚杆施工方法对于施工工期紧张的工程，能在短时间内大大减少因支护锚杆施工质量不合格造成的工期延误现象发生，有效保证现场施工过程的连贯性。

2. 潜孔锤成孔注浆植入法

对于大块性质的破碎岩体、砂卵石土、建筑垃圾土，发明了多种锚杆成孔施工方法，包括潜孔锤成孔注浆植入法等，解决了相应的锚杆施工技术难题。

（1）工法特点

① 以水泥浆护壁，拉出钻杆同时注入设计强度等级的水泥浆，这样可以有效避免塌孔，提升锚孔的稳定性；

② 只在孔口附近设置引导套管，最大限度地降低了拉拔套管时对土层产生的扰动。

（2）适用范围

① 周边环境复杂的基坑开挖支护、边坡支护中锚杆的施工；

② 灵敏度较高的黏土、粉土、较密实砂层中锚杆的施工；

③ 地下水位较高时，水下锚杆的施工。

（3）施工工艺

① 螺旋钻成孔形成引孔，置入引导套管

锚杆施工开始前，先用钻机在设计位置钻一个短孔，长度以引导套管长度为准，插入引导套管，形成引孔。

② 钻杆跟进同时水泥浆护壁

钻杆钻孔同时注入低浓度水泥浆进行护壁，防止孔内土体稳定性较差导致的塌孔。

③ 拔出钻杆同时注入设计强度等级的水泥浆

拔出钻杆过程中注入锚杆锚固体设计强度等级的水泥浆，形成锚杆锚固体。

④ 植入锚杆筋体、注浆管，拔出引导套管

在注入的水泥浆形成强度前将锚杆筋体、注浆管插入孔中，拔出孔口套管。

⑤ 二次注浆

在一次注浆注浆体初凝后终凝前进行二次压力注浆。

⑥ 张拉锁定

（4）经济效益分析

① 省时：传统锚杆施工在钻孔完成后置入锚杆筋体，再进行常压注浆和二次注浆，本工法在钻孔完成后即完成锚孔的常压注浆。

② 省料：在复杂环境条件下，锚杆施工需要全程套管护壁，本工法仅在孔口部位设置引导套管，其余部位均为水泥浆护壁，可以大大避免钢材的损耗。

③ 对环境影响小：该工法可有效减小锚杆施工对环境的影响，具有良好的节能和环保效益。

锚杆与混凝土面层的锚固连接采用锚板或锚下型钢结构，解决了柔性锚杆锚固和张拉的问题。

3. 锚杆预应力无损张拉技术

锚杆预应力无损张拉技术涉及一种锚杆预应力无损张拉装置，适用于所有预应力锚杆在预应力张拉后的锁定过程中消除锚杆的预应力损失，确保锚杆锁定后的预应力大小。

传统预应力张拉采用限位板，这种方法会导致一个严重的问题，即工作夹片依靠杆体回缩而紧固，会因杆体回缩量大甚至无法控制引起杆体拉力的严重损失，即预应力损失。如果通过超张拉来补偿施工工艺带来的预应力损失，很容易因杆体受到较高的张拉应力而出现不可恢复的塑性变形甚至损伤，带来更严重的工程安全隐患。采用锚杆预应力无损张拉装置，由于在千斤顶回油卸载前，工作夹片与杆体已经处于锁死状态，所以在杆体放张过程中，工作锚具以下部分的杆体无法回缩，因此该范围杆体的拉伸变形量不变，杆体所受拉力也不变，故对锚杆杆体施加的预应力不会产生任何损失。本实用新型具有结构简易，操作方便的优点。

4. 可回收锚杆技术

（1）传统可回收锚杆存在的问题

① 锚杆解锁装置锁定不牢固，锚杆张拉时，钢筋杆体被拔出；

② 锚杆解锁装置不稳定，解锁时装置失效，致使钢筋杆体回收失败；

③ 不具备抗震性能，地震作用下，锚杆应力激增，致使解锁装置锁定失效、破坏或

钢筋杆体拉断；

④ 震后锚杆损伤，预应力损失无法恢复，失效后锚杆无法有效补救。

针对上述技术问题，可回收锚杆技术旨在提供一种锁定牢固、解锁性能稳定、抗震性能优异、震后可修复、绿色环保、节能减排的锚杆的施工方法。

（2）施工步骤

确定锚杆安装位置→钻孔处理→组合、安装锚杆组合→一次注浆→二次劈裂注浆→锚杆张拉锁定→锚杆完成支护任务后，回收钢筋杆体。

（3）有益效果

① 解锁装置锁定牢固。解锁装置锁定时出现故障，可造成锚杆预应力张拉时钢筋杆体被拔出，从而锚固失效。本技术中的解锁装置在锁定钢筋杆体时，采用开合式承压环与螺纹限位器实施双重锁定，避免解锁装置在预应力张拉时发生锁定失效。

② 解锁装置的解锁性能稳定。锚杆回收失败的主要问题在于解锁装置失效。本技术采用机械式解锁，通过转动钢筋杆体即可实现解锁，操作简单、性能稳定，可实现钢筋杆体的 100% 回收。

③ 抗震性能优异。常规可回收锚杆不具备抗震性能，地震作用下，锚杆应力激增，造成解锁装置锁定失效、破坏或钢筋杆体拉断。本技术提出一种抗震型可回收锚杆，震害来临之际，减震承压装置可自行吸能、释能，避免锚杆应力激增，通过逐步有序的应力释放过程，减小锚杆应力，保证震灾后解锁装置完好，杆体不发生破坏。

④ 震后可修复。由于本技术中减震器的特殊构造，震后再次张拉时减震器顶部滑块的中心体底部作用于支撑座顶部，体系达到稳定状态，继续张拉至规定值后锁定即可。由于减震系统的保护，解锁装置、杆体震后依然完好，张拉后的减震系统处于稳定平衡状态，此时的锚杆工作状态可完全恢复至震前状态。

⑤ 保障邻近工程施工顺畅。本技术中的钢筋杆体可全部回收；可有效解决盾构掘进施工时存在钢绞线绞盾构刀盘的问题，不影响周边基坑开挖及邻近地下结构施工。

⑥ 绿色环保、节能减排。深埋于地下的钢筋杆体、钢绞线可使地下环境金属污染，造成土质退化、生态恶化等不良后果。本技术将钢筋杆体进行回收，可有效避免环境破坏，另外可回收的钢筋可再次利用，节能减排，实现可持续发展。

5. 半刚性半柔性支护技术

（1）技术简介[7]

深基坑半刚性半柔性支护是一种应用于支护岩质深基坑新型支护方法。该支护方法主要由劲性桩、喷射混凝土、预应力锚杆及腰梁四部分组成。

① 劲性桩由工字钢和砂浆或细石混凝土组成，采用机械钻孔，孔中放入工字钢，工字钢翼缘面向基坑，然后向孔中灌浆，形成劲性桩，劲性桩孔深至少为基坑深度与 3 倍劲性桩直径的和。

② 预应力锚杆采用梅花状排列或矩形排列，锚杆之间的水平间距和垂直间距均为 1.5~2.0m，锚杆的杆体采用钢绞线或钢筋，分为自由段和锚固段，锚杆自由段部分缠塑料布或套塑料套管，使锚杆的杆体与水泥砂浆分离。

③ 腰梁包括横向延伸的两根相对设置的槽钢，缀板将两根槽钢连接为整体，每根槽

钢翼缘之间设置加劲肋。腰梁翼缘间喷满混凝土，与锚杆支护结构中的喷射混凝土凝固连为一体，这样使锚杆的锚固力有效、连续均匀地传递至喷射混凝土面层和基坑侧壁，并能保障基坑的整体稳定有效。施工过程中首先在基坑边缘按预设位置钻孔，灌注劲性桩，待劲性桩达到一定强度后进行第一步基坑开挖。

深基坑半刚性半柔性支护的构造如图 7.12 所示。

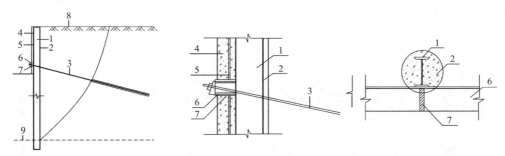

1—工字钢；2—细石混凝土或 1∶1 砂浆；3—预应力锚杆；4—喷射混凝土面层；5—面层钢筋网；
6—槽钢钢腰梁；7—槽钢加劲肋；8—地面；9—基坑底部

图 7.12 深基坑半刚性半柔性支护示意图

在预应力锚杆柔性支护基础上，提出由工字钢和混凝土注浆构成的小尺寸劲性桩，结合预应力锚杆的应用，形成深基坑半刚性半柔性的支护结构。支护从施工程序上是先施工劲性桩，再分层开挖，开挖时基坑有劲性桩支护土体。劲性桩在基坑开挖过程中，约束开挖土体的变形，将开挖步的土体卸荷压力传递至上层锚杆及下层未开挖土体，由于锚杆竖向间距为 1.5~2.0m，使得劲性桩的桩身弯矩很小。由于劲性桩嵌固段较浅，不能提供抗滑力，阻挡基坑边坡下滑的抗滑力主要来源于锚杆。相较于柔性支护，劲性桩的设置可以一定程度上约束支护面层的竖向位移，提高了各个锚杆与支护面层的协调工作性能和支护结构的整体稳定性。

（2）技术特点

① 半刚性半柔性支护中劲性桩的桩身内力很小，其弯矩值约是桩锚支护中灌注桩的10%，剪力值约是桩锚支护中灌注桩的21%，因此劲性桩不需要较大尺寸就能够满足强度要求。

② 劲性桩超前支护的提出有效地避免了柔性支护基坑开挖过程中临空面的产生及柔性支护基坑变形先于支护的问题。与预应力锚杆柔性支护相比，能够显著减小基坑侧壁的水平位移和基坑外侧地表沉降。

③ 与桩锚支护相比，支护结构的变形形态相近，基坑侧壁最大水平位移发生位置下移，最大水平位移值及最大地表沉降值均较小，均能满足规范要求。

# 7.3 工程应用

## 7.3.1 工程概况

1. 项目概况

正大国际城市广场暨市民中心是一个具有国际水平的现代化综合建筑群，位于洛阳市洛南新区，开元大道以南，展览路以北，厚载门街以西，长兴路以东，与市政府隔路相望，总规划面积 275 亩（1 亩≈666.7m²），总建筑面积约 1013737m²。该项目包括两栋 50 层超高层建筑，高度 210m，两栋 41 层超高层建筑，高度 150m，以及多栋 15~29 层高层建筑、大型商场以及 3 层地下车库等。超高层建筑结构形式为框架核心筒结构，高层建筑为框架剪力墙结构。本项目基坑开挖深度 18m，局部 25m，基坑东西长 270m、南北宽 180m。基坑总平面图如图 7.13 所示。

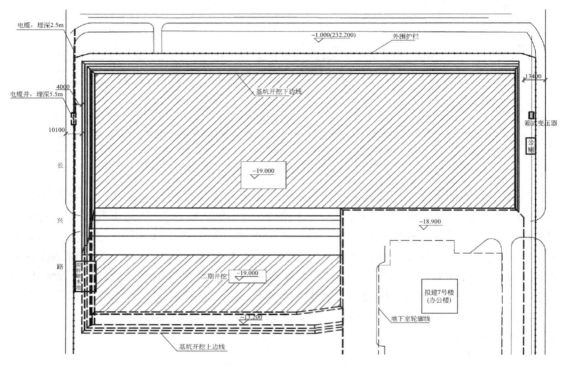

图 7.13　基坑总平面图

2. 项目复杂程度

（1）基坑周边三面临路，管线复杂，周边环境保护要求高，不具备放坡开挖条件；施工场地用地紧张，且西北角邻近市政景观喷水池，支护难度与费用较高。

（2）基坑距离河流 300 多米，下部卵石层渗透系数达 130m/d，最大水位降深 11m，涌水量极大，降水难度极高。

3. 项目特点

（1）通过现场进行的砂卵石剪切试验、砂卵石地基承载力荷载板试验、天然状态直剪试验、浸水直剪试验、三轴剪试验，较准确地提供了深厚砂卵石土、上覆黄土状土层的抗剪强度指标。

（2）研究发展了喷射混凝土预应力锚杆支护新技术，成功解决了大坡率条件下深厚砂卵石基坑支护的若干技术难题。

（3）采用设置分级降水井技术，较好地实现了大面积、大涌水量深厚砂卵石基坑工程的地下水控制；创造性使用暗埋滤水管沟抽水系统配合核心筒部位深井降水，较好地解决了超深部位（核心筒）砂卵石土层地下水渗透问题。

（4）取得了较好的技术经济效益，设计研究成果值得大力推广。

## 7.3.2 工程地质条件

1. 土层分布

根据地质勘查报告，场地地貌单元属于洛河Ⅰ级阶地，土层按其不同的成因、时代及物理力学性质差异分为若干个工程地质单元层，各层土的岩性特征及埋藏条件分述如下：

①层杂填土（$Q_4^{ml}$）：杂色，以建筑垃圾及生活垃圾、粉质黏土、砖瓦块为主，土质不均，结构性差，层厚 0.60~5.60m。

②层黄土状粉质黏土夹粉土（$Q_4^{2al+pl}$）：黄褐色，可塑—硬塑。粉土稍湿—湿，稍密。粉质黏土无摇振反应，韧性中等，干强度中等，稍有光泽；粉土摇振反应迅速，干强度低，韧性低，无光泽。该层为新近堆积黄土层，结构性较差，强度较低。层厚 1.30~10.20m，层顶标高 136.72~141.71m。

②$_1$层细砂（$Q_4^{2al+pl}$）：褐黄色，稍湿—湿，松散—稍密，矿物成分为长石、石英、云母，以细砂为主，局部含有少量卵石和粉土。该层呈透镜体状分布于②层下部。揭露层厚 0.00~4.20m，层顶标高 134.12~136.79m。

③层卵石（$Q_4^{al+pl}$）：杂色，干—稍湿，中密为主，岩性成分主要为石英砂岩及火成岩，卵石一般粒径 2~5cm，最大粒径超过 15cm。卵石含量 60%~65%，多呈圆形及亚圆形，卵石分选性一般，级配一般。层厚 0.50~4.30m，层顶标高 131.93~136.65m。

③$_1$层卵石（$Q_4^{al+pl}$）：杂色，稍湿—湿，稍密。岩性成分主要为石英砂岩及火成岩，卵石一般粒径 2~4cm，层厚 0.00~2.20m，层顶标高 130.33~138.02m。

③$_2$层含黏性土卵石（$Q_3^{al+pl}$）：杂色，饱和，松散—稍密。岩性成分主要为石英砂岩及火成岩，卵石一般粒径 2~6cm，层厚 0.00~3.60m，层顶标高 130.80~137.50m。

④层卵石（$Q_3^{al+pl}$）：杂色，饱和，中密，局部密实。卵石一般粒径 3~8cm，最大粒径超过 15cm。卵石磨圆度较好，颗粒呈圆形或亚圆形，分选性较好，级配较好。一般层厚 3.70~12.90m，层顶标高 123.53~133.18m。

④$_1$层卵石（$Q_3^{al+pl}$）：杂色，稍湿—湿，稍密，局部中密。卵石一般粒径 2~6cm，最大粒径超过 10cm。卵石含量为 60%~65%，充填物多为黏性土及少量中粗砂，局部含有砂和黏性土薄层。卵石分选性一般，级配一般。层厚 0.00~3.40m，层顶标高 121.53~131.59m。

④$_2$层含黏性土卵石（$Q_3^{al+pl}$）：杂色，饱和，松散—稍密。卵石一般粒径 2~6cm，含量为 50%~55%，黏性土以粉质黏土为主。颗粒呈亚圆形，分选性一般，级配较差。主要在卵石层中呈透镜体分布。层厚 0.00~0.80m，层顶标高约为 126.19m。

场地地下水稳定水位埋深在自然地面下 15.30~17.60m 之间，相应稳定水位标高在 126.11~126.77m 之间。该地下水类型为潜水主要由大气降水及河水补给，赋水量大，水位年变化幅度 2.0~3.0m。

**2. 抗剪强度指标**

对砂卵石地层进行了现场剪切试验，给出本工程砂卵石土抗剪强度的取值范围，即黏聚力 $c = 22 \sim 34$ kPa，内摩擦角 $\varphi = 38° \sim 40°$。土层参数设计值如表7.3所示。

土层参数设计采用值                                      表7.3

| 序号 | 土的类型 | 土层厚度/m | 重度/(kN/m³) | 黏聚力/kPa | 内摩擦角/° | 钉土摩阻力/kPa | 水土 |
|---|---|---|---|---|---|---|---|
| ① | 杂填土 | 5.6 | 18.0 | 8.0 | 13.0 | 30.0 | 合算 |
| ② | 黄土状粉质黏土夹粉土 | 2.6 | 19.0 | 20.2 | 21.2 | 42.0 | 合算 |
| ②₁ | 细砂 | 0.4 | 20.0 | 2.0 | 25.0 | 50.0 | 分算 |
| ③ | 卵石 | 2.0 | 23.0 | 13.0 | 38.0 | 161.0 | 分算 |
| ④ | 卵石 | 16.4 | 24.0 | 13.0 | 42.0 | 196.0 | 分算 |

## 7.3.3 支护形式

**1. 主要工程问题**

（1）采用传统支护方案难度大、造价高

勘察报告中提供的土层抗剪强度经验值较低，而且受到场地限制，基坑三边邻近市政道路不具备放坡条件，按当地工程经验，常规设计需要采用桩锚支护，在深厚砂卵石中进行灌注桩施工和锚杆施工难度极大、工期较长、造价高，且支护锚杆长度较长，锚杆施工对地下管线影响较大，地下空间资源污染程度高。

（2）砂卵石抗剪强度指标确定难度大

采用砂卵石剪切试验、砂卵石地基承载力荷载板试验、天然状态直剪试验、浸水直剪试验、三轴剪试验等多种勘察手段相结合的方法，对场地地层的岩土工程特性等进行研究，整体把握了场地土层的结构和分布特征，查明了建筑场地的地层结构，准确地提供了各土层的物理力学性质指标，为锚杆柔性支护设计提供依据。

（3）传统降水技术难度大、风险高

场地地貌单元属洛河Ⅰ级阶地，场地地下水位在自然地面下15m，最大水位降深超过10m，自然地面6m以下至50m均为卵石层，卵石层透水性较强，地下水控制难度极大。

（4）场地内施工用地紧张

施工场地紧张，场地内各基坑之间采用大放坡支护，不仅开挖回填量大、工程造价较高，而且不能满足施工场地使用要求。

**2. 支护设计**

基坑支护设计采用锚杆柔性支护技术，支护剖面如图7.14所示，采用大口径管井、大功率水泵进行多级水位控制方法，成功解决上述问题。图7.15为开挖施工现场图。锚杆轴力设计值如表7.4所示，稳定性安全系数如表7.5所示。

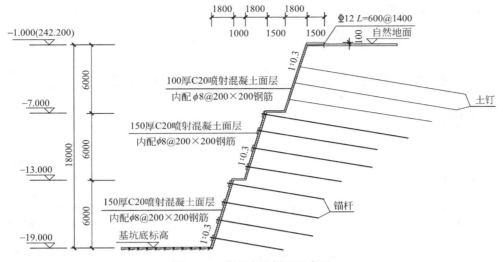

图 7.14 典型支护剖面示意图

图 7.15 开挖施工现场照片

锚杆轴力设计值计算结果　　　　　　　　　　　　表 7.4

| 土钉编号 | 1 | 2 | 3 | 4 | 5 | 6 | 7 | 8 | 9 | 10 | 11 |
|---|---|---|---|---|---|---|---|---|---|---|---|
| 土钉轴力/kN | 60.7 | 50.1 | 79.8 | 21.2 | 5.3 | 31 | 67.5 | 43.1 | 57.4 | 104.7 | 129.8 |

稳定性安全系数计算结果　　　　　　　　　　　　表 7.5

| 工况号 | 1 | 2 | 3 | 4 | 5 | 6 | 7 | 8 | 9 | 10 | 11 | 12 |
|---|---|---|---|---|---|---|---|---|---|---|---|---|
| 安全系数 | 1.062 | 1.330 | 1.341 | 1.430 | 1.352 | 1.495 | 1.645 | 1.679 | 1.549 | 1.426 | 1.333 | 1.413 |

## 7.3.4　变形监测

1. 监测内容

为了对基坑工程结构体系的稳定性、安全性以及周边环境的变形情况进行预测预报,本工程对基坑顶部沉降（共计 47 点）、水平位移（共计 47 点）以及土体深层水平位移（共计 21 孔）进行监测。监测点局部平面布置，如图 7.16 所示。

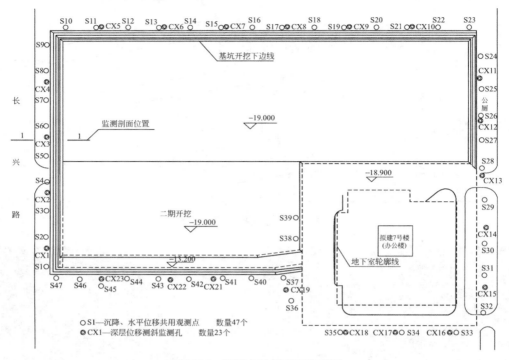

图 7.16 监测点局部平面布置图

2. 监测结果

坡顶沉降位移、坡顶水平位移及深层土体水平位移监测结果，如图 7.17～图 7.19、表 7.6 所示。

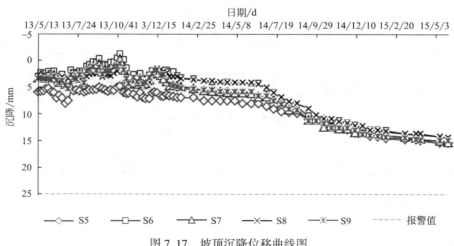

图 7.17 坡顶沉降位移曲线图

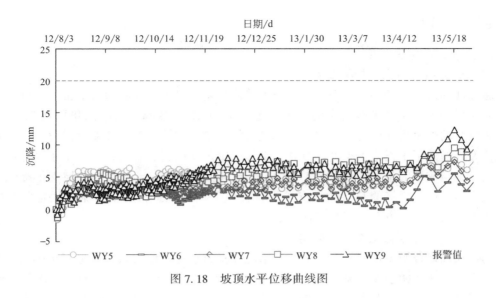

图 7.18  坡顶水平位移曲线图

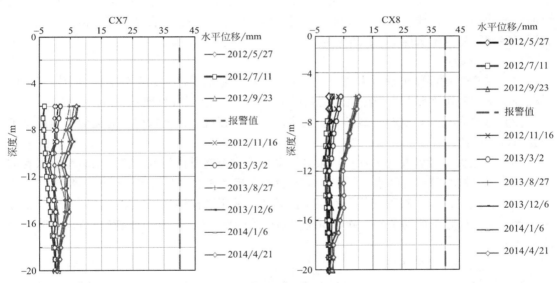

图 7.19  深层土体水平位移曲线图

**坡顶沉降位移及坡顶水平位移监测结果**                                表 7.6

| 监测类型 | 坡顶沉降位移/mm | 坡顶水平位移/mm | 深层土体水平位移/mm |
|---|---|---|---|
| 监测数据最大值 | 15.37 | 12.50 | 10.59 |
| 报警值 | 25.0 | 20.0 | 40.0 |

　　监测结果表明,该剖面水平位移、沉降及深层水平位移均远小于规范和监测设计计算结果,故按本工程设计采用的抗剪强度指标进行设计是合理可行的。

## 7.3.5 项目评价

1. 技术难点与解决方法

（1）砂卵石抗剪强度指标的确定

通过现场剪切试验和砂卵石地基承载力载荷试验，对本场地砂卵石层抗剪强度指标进行研究，得到中密—密实卵石层的黏聚力范围值为 $22\sim34$kPa，内摩擦角可达 $38°\sim40°$，设计时对原勘察报告建议的抗剪强度指标进行了调整，对基坑侧壁坡度及锚杆长度进行了优化，大大降低了工程施工难度，节省了工程造价。基坑变形监测结果验证了设计取值的合理性。试验成果为基坑局部采用 $1:0.8$（$c=0$ 时计算结果 $1:1.2$）放坡支护提供了可能性，为整个正大广场的基坑放坡支护设计提供了设计依据，解决了施工用地紧张的矛盾，也大大减少了土方开挖回填工作量。

（2）砂卵石土层渗透系数的确定

勘察准确地查明了场地地下水的初见水位和稳定水位、埋藏条件、地下水类型、补给来源、水位年变化幅度及其对混凝土的腐蚀性，根据洛阳市洛河阶地地层的多年研究结果，准确提供了卵石层及其亚层的渗透系数，提出了砂卵石的渗透系数会随着降水深度的增加而增加的合理化建议。后期基坑开挖到自然地面下 25.0m 左右采取特殊措施，成功完成深厚砂卵石超深基坑地下水控制目标。

2. 技术创新点

（1）采用喷射混凝土预应力锚杆进行深厚砂卵石基坑支护，并在分析预应力锚杆、面层混凝土支护密实砂卵石土作用机理的基础上，提出了相应的设计理论和计算方法。

（2）通过现场剪切试验、载荷试验确定深厚砂卵石抗剪强度指标，为类似工程提供了经验与设计思路。

（3）采用大口径管井、大功率水泵进行多级水位控制设计新方法，采用暗埋滤水管沟抽水系统配合核心筒部位降水，实现了超大面积、超大涌水量基坑工程地下水控制。

（4）提出二次施工喷射混凝土面层预留导孔，采用潜孔钻施工预应力锚杆的施工新方法，解决了锚杆施工振动条件下砂卵石土体易塌落问题，保证了喷射混凝土与锚杆节点处的承载力。

3. 实施效果与成果指标

监测资料显示，基坑施工完成后至 2013 年底，支护结构最大水平位移为 10.69mm，大部分深层水平位移监测点最大水平位移小于 10mm，支护结构顶部最大水平位移 8.9mm，基坑顶部最大沉降 13.06mm，均小于国家及行业规范对一级基坑变形控制限值的要求。与常规设计比较，支护费用降低约 50%，施工工期节省 30%。

4. 综合效益

（1）正大国际城市广场暨市民中心项目基坑工程支护总周长约 460m，支护总造价约 818 万元，折合每延米造价约 1.9 万元。降水总造价约 710 万元。与传统桩锚支护、降水等方案相比，共节省支护造价 50% 左右。

（2）本工程通过现场剪切试验确定砂卵石抗剪强度指标，不仅为喷射混凝土柔性锚杆支护提供了可靠的设计依据，而且解决了深厚砂卵石基坑工程放坡支护设计受到场地限制的困难，大量节约了工程成本，降低了施工的难度，减少了开挖施工对市政道路管线的影响和对地下空间资源的污染。

（3）基坑开挖施工对周边环境的影响较小，表明了喷射混凝土预应力锚杆支护技术在深厚砂卵石基坑工程中的安全、可靠和实用性。

综上所述，本项目研究发展了喷锚支护技术，研发了多级大口径深井降水和暗埋滤水管沟抽水系统配合深井进行局部降水处理的关键技术，提出的喷射混凝土面层设计方法、锚杆与面层结合采用预留导孔分两次喷射混凝土的施工方法具有创新性，产生了较好的技术经济与社会效益。

## 参考文献

[1] 贾金青，涂兵雄. 预应力锚杆柔性支护法在超深基坑中的实践 [J]. 岩土工程学报，2012，34（S1）：530-535.

[2] 贾金青，郑卫锋. 预应力锚杆柔性支护法的研究与应用 [J]. 岩土工程学报，2005，27（11）：1257-1261.

[3] 贾金青，郑卫锋，陈国周. 预应力锚杆柔性支护技术的数值分析 [J]. 岩石力学与工程学报，2005，24（21）：3978-3982.

[4] 涂兵雄，贾金青，王海涛，等. 预应力锚杆柔性支护法面层上的竖向土拱效应 [J]. 地下空间与工程学报，2014，10（3）：510-516.

[5] 涂兵雄，贾金青，王海涛，等. 预应力锚杆柔性支护喷射混凝土面层上的土压力 [J]. 岩土力学，2013，34（12）：3567-3572+3579.

[6] 朱亚林，孔宪京，邹德高，等. 预应力锚杆柔性支护的结构参数变化研究 [J]. 安徽建筑工业学院学报（自然科学版），2003，11（4）：30-36.

[7] 贾金青，林青坤，陈湘生，等. 深基坑半刚性半柔性支护结构及力学特性分析 [J]. 水利与建筑工程学报，2019，17（4）：16-20+38.

# 第8章 全粘结锚杆微扰动施工技术

岩土锚杆技术广泛应用于基坑工程中，通常设计的锚杆均属于摩擦型锚杆，对于砂层、欠固结土层等特殊土层，锚杆施工存在塌孔、缩颈、筋体握裹力不足等情况，使锚杆极限抗拔力严重不足，故采用合理的施工工艺保证锚杆在施工阶段的安全质量，是事关工程成败的关键。

## 8.1 锚杆分类与传统锚杆施工技术

### 8.1.1 锚杆分类

1. 按是否施加预应力，可分为预应力锚杆、非预应力锚杆。

非预应力锚杆筋体无需施加预应力，其作用机制与土钉类似，锚杆端部可采用螺栓紧固或焊接锁定。预应力锚杆需对筋体施加预应力，锚杆端部通过锚具锁定。

2. 按传力方式，可分为压力型锚杆、拉力型锚杆以及荷载分散型锚杆。

拉力型锚杆［图 8.1（a）］是目前基坑工程中最常用的锚杆类型，在锚固段长度范围内，筋体与注浆体粘结，筋体拉力由注浆体承担，锚固段全长受拉。

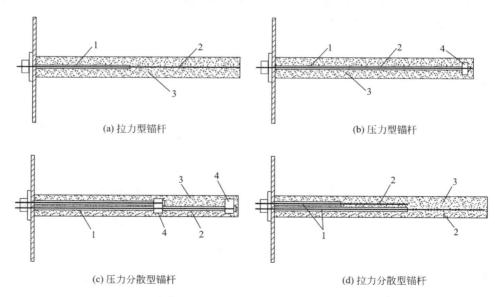

(a) 拉力型锚杆        (b) 压力型锚杆

(c) 压力分散型锚杆        (d) 拉力分散型锚杆

1—套管；2—筋体；3—注浆体；4—端部承载体

图 8.1 锚杆分类示意图一

　　压力型锚杆［图8.1（b）］在锚杆底端设置承压装置，筋体与注浆体无粘结，筋体拉力直接作用于承压装置后传递给注浆体，故压力型锚杆锚固体整体受压。

　　荷载分散型锚杆也可分为压力分散型［图8.1（c）］及拉力分散型［图8.1（d）］，锚杆锚固段分为多个锚固单元，将拉力或压力分散于各锚固单元中，实现锚固段的均匀受力。

　　3. 按粘结长度，可分为全粘结锚杆和端部锚固锚杆。

　　端部锚固锚杆［图8.2（a）］全长包括自由段和锚固段，锚固段筋体与注浆体粘结，自由段筋体则通过套管与注浆体隔离。全粘结锚杆［图8.2（b）］筋体与注浆体全长粘结，其受力特性详见本书第2.2.2节。

　　4. 除按以上分类外，还可根据材料、作用对象等进行分类。

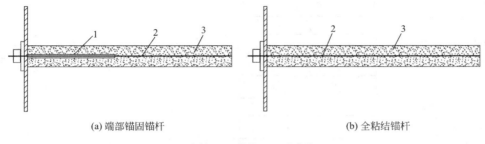

(a) 端部锚固锚杆　　　　　　　　　　　　　　　　(b) 全粘结锚杆

1—套管；2—筋体；3—注浆体

图 8.2　锚杆分类示意图二

## 8.1.2　传统锚杆施工技术

　　锚杆施工一般包括成孔、置入筋体、一次注浆、二次高压注浆、张拉锁定等步骤[1]。其中，锚杆的成孔质量直接影响锚杆的承载力，也是对周边环境影响较大的环节。根据不同土层条件选择合理的钻孔方法对保证锚杆质量和降低成本至关重要。

　　传统锚杆钻孔方法分为干作业法和湿作业法。干作业法一般用于地下水位以上的锚杆施工，适用于黏性土、密实性和稳定性较好的粉土和砂土。该方法采用钻机直接钻进形成锚孔。湿作业法即压水钻井成孔法，成孔时将压力水注入孔底，将钻进切削的土渣从钻杆和孔壁间的空隙排出，由于孔内存在压力水，可在一定程度上防止塌孔，减少沉渣及虚土。在地下水位以下，欠固结软土、松散的粉细砂等地层需采用套管跟进保护孔壁，也可采用高压旋喷成孔方法。

　　传统锚杆施工技术经过多年的发展与进步形成了较为成熟的工法工艺，广泛应用于各种复杂地层中，但随着基坑工程周边环境保护要求的提高，对锚杆施工技术提出了更高的要求。本书编写组经过对全粘结锚杆十余年的研究与应用，发明了孔内低压灌浆植入法施工技术、引孔顶进预制钢管聚氨酯锚杆施工技术，并提出了全粘结锚杆锚固张拉锁定及补张拉技术。

# 8.2 孔内低压灌浆植入法施工技术

## 8.2.1 工艺流程

在地下水位以下的软黏土、淤泥质土等地质条件比较差的情况下，土层抗剪强度低、变形大，常规施工技术易发生塌孔、缩颈等情况，质量无法保证，而且施工扰动较大，速度较慢。为解决以上施工问题，提出了孔内低压灌浆植入法[2]，施工工艺流程如图 8.3 所示。

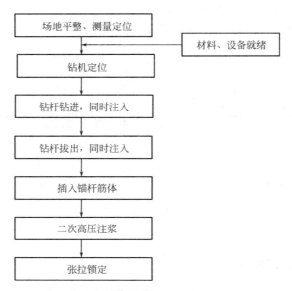

图 8.3　孔内低压灌浆植入法施工工艺流程

## 8.2.2 成孔及注浆要求

钻机钻进及拔出过程中需同步注入水泥浆，形成充满水泥浆的锚孔。具体要求如下：

（1）钻机刚开始钻进时，前 3m 深度要控制钻机轻压慢转，需控制下钻速度；在钻进过程中，不断通过钻杆向孔口内注入水泥浆，保证孔壁不会坍塌；

（2）钻进过程中，每钻进深度 3~5m，需要检查一次钻杆的倾斜度，发现倾斜度超标时，需即时调整；如遇到卡钻、钻机摇晃、偏移时，应停止钻机，即时查明原因，采取正确的纠正措施后，方可继续钻进；

（3）钻进的过程中，需要不断地从钻杆中注入水泥浆，在保护孔口的同时，将钻渣携带出孔口；施工过程中由专人经常测定水泥浆的技术参数，及时调配泥浆的稠度。钻杆钻进过程中注入的水泥浆水灰比宜取 1.2~1.6，注浆压力 0.3~0.5MPa；钻进的过程中，通过测量钻杆的方式来确定终孔的深度，终孔的深度值应不小于设计值；

（4）钻孔深度满足要求后，钻机控制钻杆停止转动并缓慢向外拔出，使孔壁水泥浆在静压作用下固结。当土层性质较差时，钻杆拔出过程中可同步注入水泥浆，置换出泥浆和稀水泥浆的混合浆液，保持孔内压力平衡。注入的水泥浆水灰比宜取0.5~0.6，注浆压力为0.5~0.8MPa。

### 8.2.3　锚杆筋体安装

将检验合格的锚杆筋体绑扎二次注浆管，然后植入锚孔内。严格按锚孔倾角推进，在筋体推进时要平顺，严禁抖动、扭动、窜动，以防筋体扭曲、卡阻等现象的发生。为避免水泥浆凝固影响筋体植入，锚杆筋体应在钻杆退出后20min内植入。

### 8.2.4　二次注浆

锚孔内水泥浆初凝前，对水泥浆液面下降的孔口，需先进行孔口补浆，待水泥浆初凝后通过筋体上绑扎的二次注浆管进行二次注浆。二次注浆压力不小于2MPa，保证水泥浆能充分灌满锚杆孔，保证锚杆体与土体之间有充足的粘结或摩擦阻力。

### 8.2.5　有益效果

（1）软黏土等不良地质下的锚杆施工，采用本施工方法能有效避免锚杆成孔过程中塌孔、缩颈现象的发生，保证锚孔的直径满足设计要求。

（2）在施工过程中通过采用水泥浆护壁、静压固结孔壁、泥浆置换对成孔侧壁进行加强，保证孔壁强度满足支护锚杆施工的要求。

（3）利用泥浆置换、二次注浆工艺，保证锚杆成孔内水泥浆的饱满度，使得支护锚杆全长与水泥砂浆充分粘结，保证锚杆体与土体充分接触，增强锚杆体与土体的粘结摩擦阻力，从而保证基坑支护的强度。

（4）对于施工工期紧张的工程，本施工方法能在短时间内大大减少因支护锚杆施工质量不合格造成的工期延误现象发生，有效保证现场施工过程的连贯性。

## 8.3　引孔顶进预制钢管聚氨酯锚杆施工技术

传统锚杆注浆材料一般采用水泥浆或水泥砂浆，采用该材料灌注的缺陷如下：

（1）水泥浆或水泥砂浆凝固后不可避免的出现收缩，锚杆与孔壁之间存在空隙，造成锚杆摩阻力降低，同时地下水挤入空隙将进一步减小摩阻力。另外，当孔壁土体在自重作用下填充空隙时，会造成地面沉降。

（2）采用二次压力注浆来填充收缩空隙时，注浆压力达2MPa以上，会对土体造成扰动，导致基坑周边土体沉降。特别是饱和软黏土等，注浆对孔隙水压力影响较大，严重者会造成周边房屋、道路开裂。

（3）采用套管跟进钻孔工艺时，注浆完成后需拔出套管，该过程对土层扰动较大，导致地面沉降、开裂。

（4）传统锚杆施工二次注浆一般在一次注浆初凝后进行，注浆体强度达到设计要求后方可进行张拉锁定，施工周期较长。

为解决上述问题，提出了引孔顶进预制钢管聚氨酯锚杆施工技术[3]。

### 8.3.1 工艺流程

引孔顶进预制钢管聚氨酯锚杆施工技术工艺流程如图 8.4 所示。

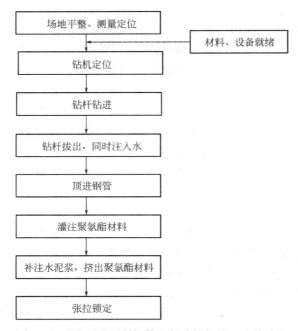

图 8.4 引孔顶进预制钢管聚氨酯锚杆施工工艺流程

### 8.3.2 成孔及注浆要求

钻机成孔具体要求如下：

（1）钻机钻进形成引孔，如孔壁不稳定，可采用边钻进边注浆的方式；

（2）钻孔深度满足要求后，钻机控制钻杆停止转动并缓慢向外拔出，拔出同时注入水泥浆。该浆液将形成锚杆锚固体最外层界面，与土体直接接触。注入的水泥浆水灰比宜取 0.5~0.6，注浆压力 2.0~2.5MPa。

（3）待钻杆全部拉出后立即植入锚杆筋体，该锚杆筋体为由花管套接而成的钢管，钢管的底部为封闭结构。

（4）在钢管中灌注聚氨酯材料。该次注浆代替传统锚杆的二次压力注浆工序，利用聚氨酯的膨胀特性，将外层水泥浆向外侧挤出。聚氨酯注浆将形成锚杆锚固体中间膨胀层。

（5）补注水泥浆。注浆目的是将聚氨酯材料挤出钢管外，聚氨酯的膨胀将完全在钢管外侧进行，保证了第一次注入的水泥浆充分与土体接触。

成孔注浆流程示意见图 8.5。

### 8.3.3 有益效果

（1）该施工工艺的锚固段不发生套管拔出过程、不采用二次劈裂注浆工艺，整个过程

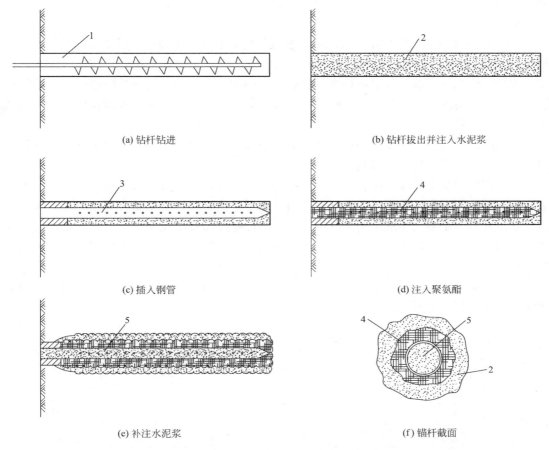

(a) 钻杆钻进      (b) 钻杆拔出并注入水泥浆

(c) 插入钢管      (d) 注入聚氨酯

(e) 补注水泥浆      (f) 锚杆截面

1—钻杆；2——次注入水泥浆；3—钢管；4—聚氨酯材料；5—二次注入水泥浆

图 8.5 成孔注浆流程示意图

注浆压力不大于 2MPa，最大限度地避免了对土层的扰动。

（2）利用聚氨酯的膨胀性形成较为密实的锚固体，且锚固体强度可满足设计要求。

（3）本发明特别适用于解决软土、杂填土、湿陷性黄土、膨胀土等土层的锚杆施工问题。

## 8.4 全粘结锚杆锚固张拉锁定及补张拉技术

全粘结锚杆已大量应用于基坑工程中，但基坑工程外部条件日益复杂，锚杆的使用与维护不仅限于张拉锁定后的应力监测，还会出现各种需要进行补张拉的情况。

（1）随着国家环保要求的提高，基坑工程施工周期日益加长，大量基坑超过设计工作年限，需进行安全评价。而锚杆的持有荷载会随着时间及环境条件的变化而增大或减小，确定锚杆持有荷载的大小对支锚体系安全评价起着至关重要的作用，锚杆的补张拉是确定持有荷载的可靠方法。

（2）由于土体在受力状态下将产生蠕变，随着时间的推移，锚杆预应力值不可避免的降低，导致支护结构变形增大，安全风险增加。此时，锚杆应进行补张拉来保证支护体系的安全。

（3）锚具夹具在长期使用后可能因腐蚀或外力等原因发生破损，需通过再张拉方法进行更换。

在以上情况下，均需要对锚杆进行补张拉，但实际工程中，锚杆外部的张拉段筋体难以保护，多数情况下会被其他施工机械破坏或切除，实际剩余的筋体外露长度很短，无法接长或直接张拉。

为解决以上问题，研发了一种用于预应力锚杆再张拉的楔形夹具，由千斤顶、固定楔形结构、活动楔形结构以及锚具组成[4]。

该装置剖面如图 8.6 所示，固定楔形结构 2、活动楔形结构 3 均呈锥台状，固定楔形结构 2 的外壁紧贴在千斤顶 1 的内壁上，活动楔形结构 3 的外壁紧贴在固定楔形结构 2 的内壁上，锚具位于活动楔形结构 2 的中心处，锚杆通过锚具 4 锁定。固定楔形结构及活动楔形结构均由多块弧形板构成，且弧形板的底部设置有朝向锚具凸出的倾斜面，以便张拉时各构件间锁紧。

该张拉装置实现了既有预应力锚杆的张拉，解决了当既有预应力锚杆切割掉张拉段后无法对锚杆再张拉的问题。

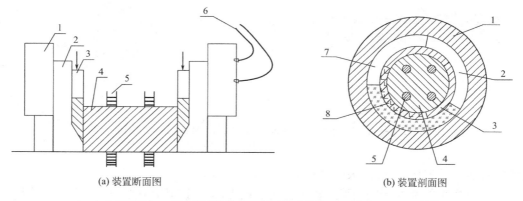

(a) 装置断面图　　　　　　　　(b) 装置剖面图

1—空心千斤顶；2—固定楔形结构；3—活动楔形结构；4—锚具；5—锚杆筋体；
6—千斤顶油路；7—固定楔形结构弧形板；8—活动楔形结构弧形板

图 8.6　全粘结锚杆锚固张拉锁定及补张拉装置

# 8.5　工程应用

## 8.5.1　孔内低压灌浆植入法施工技术应用案例

1. 工程概况

郑州嘉里中心及雅颂居建设项目位于郑州市花园路与纬二路交叉口东南角。项目包括西区郑州嘉里中心建设项目和东区雅颂居建设项目，根据业主要求，本工程分两期实施，其中一期为东区雅颂居，地库基底标高 80.400m，主楼基底标高 79.100~79.400m，主楼均采用筏板+钻孔灌注桩基础，基坑设计开挖深度 12.0~15.2m。

基坑南侧为政三街，基坑上口距离用地红线最近为 3.5m，红线外人行道埋设有天然气（埋深 0.8m）、给水（埋深 1.87m）及路灯电力管线（埋深 0.75m），行车道下埋设有污水（埋深 2.8m）、雨水管（埋深 1.85m）；基坑东侧为政二街，基坑上口距离用地红线最近为 2.7m，红线外人行道埋设有热水管线（埋深 0.69~0.87m）、通信光纤（埋深 1.07m）及污水管（埋深 1.07m），行车道边地下埋设有给水管（埋深 1.1m），路中央埋设有雨水、污水管（埋深 1.5~2.2m）；基坑北侧为纬二路，基坑上口距离用地红线最近为 2.6m，红线外人行道下埋设有热水管、军用光缆、通信光纤以及路灯电力管，埋深 0.42~1.13m；基坑西侧为本工程二期嘉里中心项目。

2. 工程地质条件和水文地质条件

场地地貌单元属黄河冲积平原，据钻探、静力触探原位测试成果，结合室内土工试验分析结果，对勘探深度范围内的全新统地层（Q4）进行了综合分层，自上而下分别描述如下：

①层：杂填土（$Q_4^{ml}$），杂色，松散，主要由粉土、砖块、石块、水泥块、废桩头及生活垃圾等组成。该层为新近随意堆填，未经夯实碾压，结构松散，堆填厚度不均匀，规律性差。

②层：粉土（$Q_4^{al}$），黄褐色，稍湿，稍密—中密，摇振反应中等，无光泽反应，干强度低，韧性低，见蜗牛壳碎片、植物根系，局部有黏性。场地内该层均匀分布。

③层：粉土（$Q_4^{al}$），黄褐色，稍湿—湿，中密，摇振反应中等，无光泽反应，干强度低，韧性低，偶见蜗牛壳碎片。场地内该层均匀分布。

④层：粉土夹粉砂（$Q_4^{al}$），黄褐色，稍湿—湿，中密，摇振反应中等，无光泽反应，干强度低，韧性低，偶见小姜石及蜗牛壳碎片。场地东部局部缺失该层。

⑤层：粉土（$Q_4^{al}$），黄褐色，稍湿，稍密—中密，摇振反应中等，无光泽反应，干强度低，韧性低，偶见蜗牛壳碎片，局部夹薄层粉质黏土。该层主要分布在场地西部。

⑤₁层：粉土夹粉质黏土（$Q_4^{al}$），粉土：灰褐色，稍密，稍湿—湿，黏粒含量高，摇振反应中等，无光泽反应，干强度低，韧性低，含蜗牛壳碎片。粉质黏土：软塑—可塑，切面稍光滑，无摇振反应，干强度中等，韧性中等。该层主要分布在场地东部，场地西北角也有出露。

⑤₂层：粉土夹粉砂（$Q_4^{al}$），灰褐色，稍湿—湿，中密，摇振反应中等，无光泽反应，干强度低，韧性低，偶见小姜石及蜗牛壳碎片。该层主要分布在场地东部。

⑥层：粉土夹粉砂（$Q_4^{al}$），黄褐色，稍湿，中密—密实，摇振反应中等，无光泽反应，干强度低，韧性低，偶见小姜石及蜗牛壳碎片，局部砂颗粒较大。该层主要分布在场地西部。

⑥₁层：粉土夹粉砂（$Q_4^{al}$），灰褐色，局部灰黑色，稍湿—湿，中密，摇振反应中等，无光泽反应，干强度低，韧性低，偶见小姜石及蜗牛壳碎片。该层主要分布在场地东部。

⑦层：粉土（$Q_4^{al}$），黄褐色，稍湿，密实，摇振反应中等，无光泽反应，干强度低，韧性低。该层主要分布在场地西部。

⑦₁层：粉土夹粉砂（$Q_4^{al}$），灰褐色，局部灰黑色，稍湿—湿，中密，摇振反应中

等，无光泽反应，干强度低，韧性低，偶见小姜石及蜗牛壳碎片。该层主要分布在场地东部。

⑧层：粉砂（$Q_4^{al}$），黄褐色，稍湿—湿，密实，主要矿物成分为石英、长石，含少量云母，颗粒级配一般。该层主要分布在场地西部。

⑧$_1$层：粉质黏土夹粉土（$Q_4^{al}$），灰褐色—灰黑色，软塑—可塑，切面稍光滑，干强度中等，韧性中等，含有少量小姜石颗粒及较多螺壳碎片，局部夹有薄层粉土。该层主要分布在场地东部。

⑨层：粉土（$Q_4^{al}$），黄褐色，湿，中密，摇振反应中等，无光泽反应，干强度低，韧性低，含铁锰质氧化物条斑。该层主要分布在场地西部。

⑩层：粉砂（$Q_4^{al}$），黄褐色，饱和，中密—密实，主要矿物成分为石英、长石，含少量云母，颗粒级配一般，局部夹薄层粉土。该层主要分布在场地西部。

⑪层：粉土夹粉质黏土（$Q_4^{al}$），黄褐色，湿，中密，摇振反应中等，无光泽反应，干强度低，韧性低，含较多螺壳碎片。场地内该层均匀分布。

⑫层：细砂（$Q_4^{al}$），黄褐色，饱和，密实，主要成分为石英、长石，含少量云母，颗粒级配一般，局部层底混有小砾石。

场地勘察期间测得钻孔稳定水位在现地面下 10m 左右，标高在 84.30m 左右，勘察场区水文地质条件简单，地下水类型属孔隙潜水，主要补给条件为大气降水和地下水径流，主要排泄条件为蒸发和向下渗透，径排条件简单。潜水水位主要受季节性降水和浅层人工取水影响。

各层土压缩性及承载力详见表 8.1，典型地质剖面见图 8.7。

抗剪强度指标统计表　　　　　　　　　　　　　表 8.1

| 统计项目<br>层号 | 不固结不排水试验 UU（$c_{UU}$、$\varphi_{UU}$ 值）<br>抗剪强度指标 | | 直剪试验（$c_q$、$\varphi_q$ 值）<br>抗剪强度指标 | |
|---|---|---|---|---|
| | $c_{UU}/kPa$ | $\varphi_{UU}/°$ | $c_q/kPa$ | $\varphi_q/°$ |
| 2 | 8.3 | 19.3 | 9.3 | 20.3 |
| 3 | 9.0 | 18.4 | 10.0 | 19.4 |
| 4 | 8.9 | 19.3 | 9.9 | 20.3 |
| 5 | 8.8 | 18.0 | 9.8 | 19.0 |
| 5-1 | 10.6 | 15.3 | 11.5 | 16.3 |
| 5-2 | 9.5 | 16.0 | 10.5 | 17.0 |
| 6 | 9.4 | 18.5 | 10.5 | 19.5 |
| 6-1 | 8.5 | 17.0 | 9.0 | 18.0 |
| 7 | 10.0 | 18.4 | 11.0 | 19.4 |
| 7-1 | 8.9 | 16.6 | 9.9 | 17.6 |
| 8-1 | 14.5 | 13.0 | 15.5 | 14.0 |
| 9 | 10.3 | 18.1 | 11.3 | 19.1 |
| 11 | 9.8 | 16.5 | 10.8 | 17.5 |

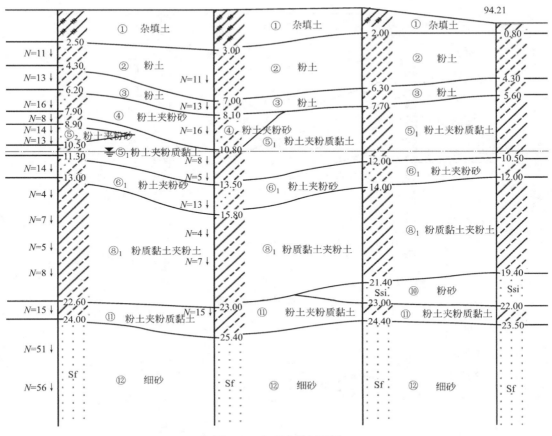

图 8.7 典型地质剖面图

3. 支护方案

本工程基坑邻近市政道路，设计采用上部土钉墙下部排桩全粘结锚杆复合支护结构，共设置 4 排全粘结锚杆，长度 23~24m。支护剖面如图 8.8 所示。

由图 8.8 所示，全粘结锚杆大部分位于⑤₁ 层粉土夹粉质黏土、⑧₁ 层粉土夹粉质黏土中，由于该两层土性质较差，属郑州地区典型软土，锚杆施工过程中极易发生塌孔、缩颈现象，施工采用了孔内低压灌浆植入法施工技术，保证了施工过程中基坑变形控制。

4. 应用情况

基坑于 2018 年 3 月开始施工，截至 2020 年 6 月基坑开挖至设计标高，在此期间，除基坑北侧市政管网爆管导致基坑沉降超标外，东侧及南侧变形量均在允许范围内。基坑坡顶沉降曲线如图 8.9 所示，基坑坡顶水平位移曲线如图 8.10 所示。

### 8.5.2 引孔顶进预制钢管聚氨酯锚杆施工技术应用案例

1. 工程概况

河南省肿瘤医院新建病房楼基坑深度 12.5m，邻近需要保护的重要建筑物手术楼为 3 层砌体结构，砖基础。基础边缘距基坑开挖线 2.5m，基础埋深 1.8m。

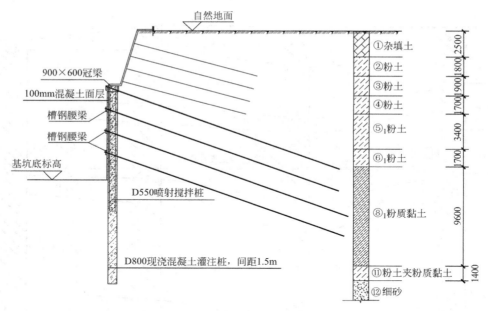

图 8.8 典型支护剖面图

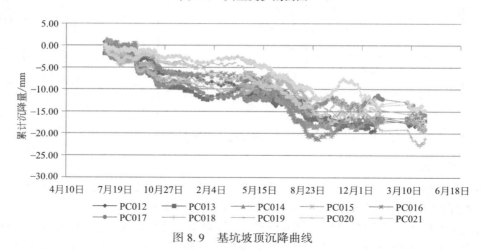

图 8.9 基坑坡顶沉降曲线

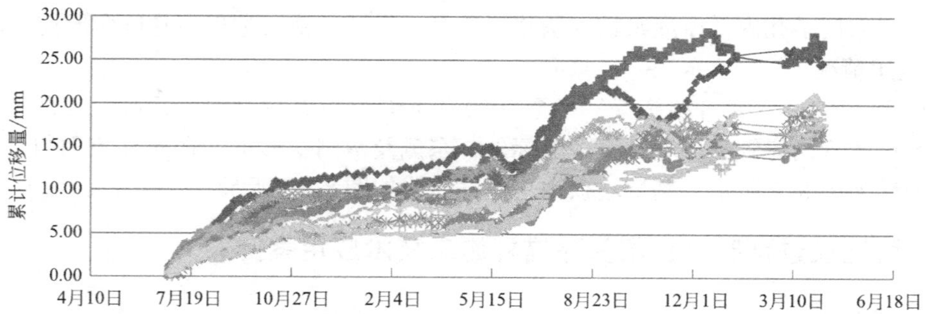

图 8.10 基坑坡顶水平位移曲线

基坑工程原设计为桩锚支护结构，采用三轴搅拌水泥土桩墙形成止水帷幕，排桩直径1.0m、间距1.5m，3层预应力锚杆，锚杆长度大于28m。原设计支护剖面见图8.11。

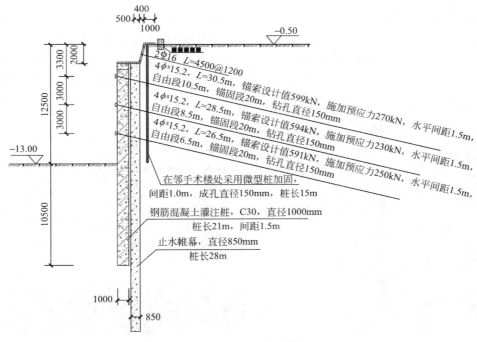

图 8.11　原设计支护剖面

2. 工程地质条件和水文地质条件

工程地质土层为粉土、淤泥质粉质黏土，粉土与粉质黏土交换层灵敏度高，压缩模量小于4.5MPa，孔隙比大于0.85，地下水位在自然地面下2m，为郑州地区典型软土。主要土层力学参数如表8.2所示。

主要土层力学参数　　　　　　　　　　　表 8.2

| 土层 | 岩土类别 | 层厚 /m | 重度 /(kN/m³) | $c$ /kPa | $\varphi$ /° | 地基承载力 /kPa | 锚固体侧阻力 /kPa | 压缩模量 /MPa |
|---|---|---|---|---|---|---|---|---|
| ① | 杂填土 | 1.2 | — | — | — | — | — | — |
| ② | 粉土 | 3.1 | 19.1 | 10.1 | 16.3 | 125 | 60 | 4.8 |
| ③ | 粉质黏土 | 2.05 | 19.4 | 14.9 | 11.4 | 115 | 60 | 3.1 |
| ④ | 粉土 | 3.3 | 19.7 | 11.3 | 14.4 | 135 | 60 | 5.6 |
| ⑤ | 粉质黏土 | 2.9 | 19.3 | 15.1 | 9.5 | 130 | 70 | 4.2 |
| ⑥ | 粉土 | 2.05 | 19.7 | 11 | 15 | 230 | 70 | 11.4 |
| ⑦ | 粉质黏土 | 5.1 | 18.3 | 15 | 10 | 130 | 70 | 4.4 |
| ⑧ | 粉砂 | 11.3 | 20 | 0 | 28 | 300 | 100 | 32.0 |

3. 工程问题

按业主要求，整个病房楼施工期间，必须保证手术楼的正常使用，这给基坑开挖工程带来了严峻挑战。

在开挖前施工单位进行了排桩与水泥土桩墙的施工，期间手术楼平均沉降量为26.47mm。第一、二层土方开挖深度合计为5m，开挖完成并施工完土钉后，手术楼最大沉降量92.9mm，最大水平位移11.9mm，南北向倾斜达0.3%，东西向倾斜局部达到0.27%。窗下裂缝及与邻建建筑间相对位移见图8.12。室内走廊基础边缘地表裂缝见图8.13。

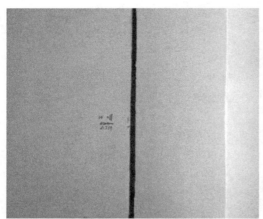

图 8.12 窗下裂缝及与邻建建筑间相对位移

图 8.13 室内走廊基础边缘地表裂缝

　　由于整个建筑物位于基坑开挖线边缘 2.5m，建筑物下软土深度达到 16m，地下水位在建筑物基础底面以下 1m 左右，建筑物基础为砖基础，对地下水位变化、锚杆、打桩施工等的扰动反应特别明显，并且在整个基坑开挖及新建建筑施工期间手术楼不能停止工作。因此，本工程基坑开挖和锚杆施工过程中的变形控制是本工程的关键技术问题。

　　4. 技术方案调整

　　针对复杂的环境条件和使用要求，采取以下设计调整：

　　（1）改桩锚支护结构为大直径排桩-复合锚杆支护结构，其中锚杆采用小直径全长粘结的短锚杆，长度超出手术楼外侧基础，如图 8.14 所示；

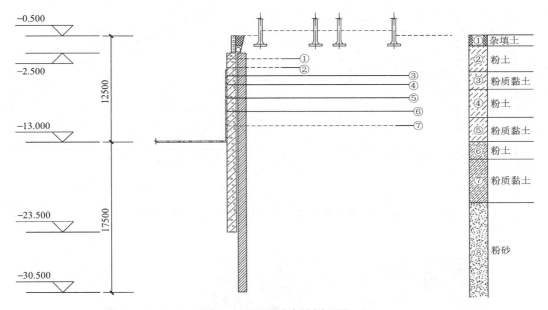

图 8.14　调整后支护剖面图

　　（2）锚杆采用引孔顶进预制钢管聚氨酯锚杆技术，注浆采用聚氨酯-水泥浆复合注浆体，以减小常规水泥浆的注浆量，同时起到早强、快速形成锚固承载力的效果；

　　（3）锚杆杆体（60 钢管）采用先植入后顶推方法施工，以减少锚杆钻机施工钻进时冲水、摆动等作业引起的超孔隙水压力；

　　（4）对靠近基坑边缘的两排基础浅层地基采用聚氨酯注浆加固，起到稳定砖基础的作用；

　　（5）开挖后期在建筑物远离基坑一侧（沉降较小）适当降水，以降低锚杆注浆时孔隙水压力的传递和变化量，同时形成反向漏斗起到纠偏效果；

　　（6）采用手术楼实际结构荷载对手术楼倾斜指标进行核算，确定倾斜指标限制；

　　（7）对手术楼绝对沉降量进行控制，并采取措施及时修复因手术楼沉降引起的各种工程问题；

　　（8）对全楼下水严格排查，全面采取导流措施控制下水流入建筑物地基，发现问题及时解决。

5. 基坑变形监测

基坑开挖至基底后，基坑顶部手术楼除东南角角点外，建筑物沉降量控制在 300mm
以内，满足现行《建筑地基基础设计规范》GB 50007 对建筑物沉降量的要求。

基坑工程开挖至基底后手术楼沉降发展过程曲线如图 8.15 所示。基坑实景照片如图
8.16~图 8.18 所示。

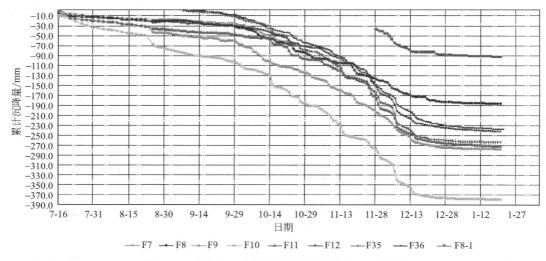

图 8.15　基坑施工阶段手术楼沉降发展过程曲线图

图 8.16　基坑现场照片一

图 8.17　基坑现场照片二

图 8.18　基坑现场照片三

# 参考文献

［1］刘建航，侯学渊，刘国彬，等．基坑工程手册［M］．2版．北京：中国建筑工业出版社，2009.

［2］李青伟，游杰勇，罗辉文，等．一种全粘结支护锚杆施工方法：CN2020105369380［P］.2023-08-25.

［3］周同和．一种聚氨酯锚杆及其施工工艺：CN2016105573511［P］.2023-08-25.

［4］付文光，宋晨旭，马君伟，等．一种用于预应力锚杆再张拉的楔形夹具：CN208533522U［P］.2019-02-22.

# 第9章 技术展望

基坑工程复合支护体系以其针对性强、安全可靠和经济合理的技术优势得到了长足发展与广泛的应用。我国差别迥异的地质条件、复杂多变的工程环境也为基坑复合支护与联合支护的发展提供了广阔的舞台。本书通过理论分析、现场试验、数值模拟和工程实测研究成果的介绍，展示了多种新型复合支护与联合支护体系。今后，为了适应各种复杂的环境条件、地质条件和不同基坑开挖需求，对深基坑复合支护技术发展趋势展望如下。

1. 支护与帷幕一体化技术

常规支护与帷幕一体化结构（如地下连续墙、排桩与水泥土桩咬合等）受接缝质量、咬合质量的影响，渗漏现象时有发生，围护结构嵌固深度受截水要求控制，经济性较差。扩体桩-帷幕一体化围护结构就是一种典型的支护与帷幕一体化支护结构，可根据各种使用要求调整帷幕深度、预制桩型号，具有较好的经济实用性和可靠性。郑州大学周同和团队研发了一种齿形帷幕扩体桩支护结构，该结构是一种新型的支护与帷幕一体化技术，由齿形帷幕墙、内插预制桩以及墙顶盖板组成，齿形帷幕墙由壁墙、肋墙组成（图9.1）。肋墙将主动区土体分割为小区块，考虑肋墙对该区域土体的减重作用，作用在壁墙上的土压力将大大减小。该支护结构的研发为未来支护结构无撑、锚设计提供了新的思路。

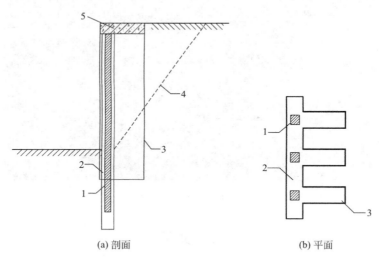

(a) 剖面　　　　　　　　　　　　　(b) 平面

1—预制桩；2—壁墙；3—肋墙；4—直线滑裂面；5—混凝土盖板

图9.1 齿形帷幕扩体桩结构

2. 基于主动区加固的复合支护技术

根据库仑理论，作用在基坑支护结构土压力由主动区土体沿破裂面滑动而产生，通过加筋、注浆、固化等手段将主动区土体加固或部分置换，或采用齿形帷幕等方法将被动区部分土体的自重荷载传至基坑底面以下稳定土层后，可以有效降低作用在支护结构上的土压力。这些方法或通过提高破裂面土体的抗剪强度，或通过改变土压力传递路径（所谓"减重理论"），一方面降低土压力，另一方面加固体可与支护桩墙相互作用共同工作，提高支护结构整体刚度，减少变形。

3. "零占位"复合支护结构与回收技术

基坑工程常常紧邻周边既有建筑物，现有的支护结构需要占用基坑侧壁部分空间，使得"寸土寸金"的城市密集区土地面积不能充分利用。紧邻建筑物"零占位"基坑支护技术集竖向承载、基坑支护挡土截水于一体，有效提高基坑空间利用率、有效控制紧邻建筑物位移和沉降，保证基坑安全，在城市密集地区的深基坑支护工程中应用广泛。支护结构的墙体及锚杆材料可回收再利用，以减少对地下空间资源的污染。

4. 支护结构装配化技术

建筑工业化是当代建筑技术发展趋势之一，为了提高地下工程施工的工业化程度，尤其需要改善地下工程内的施工环境，在围护结构方面，研发了预制混凝土波浪桩、预制混凝土板桩、预制混凝土空心板桩、预制混凝土 H 形桩、可回收钢管桩、可回收钢板-型钢、预制混凝土连续墙等，已大量应用于建筑、市政、公路、水利等围护结构中，对推动围护结构装配化起到了一定的作用。

在支撑构件方面，近年来大跨度组合 H 型钢支撑在国内应用广泛，与伺服式轴力控制系统结合后，有效解决了钢支撑的温度变形和内力控制问题，具有安装、拆除速度快，可租赁，可回收的优点。

在锚杆方面，近年来出现了预制锚杆结构（PHA），在土体或帷幕墙中成孔后植入孔内进行注浆形成锚固，在保证锚固体质量的同时，大大减少锚杆注浆量。

以上技术的引入，将进一步推动复合支护技术的升级和科技进步。